龟鳖疾病的中草药防治

赵春光◎主编

精华版

中国农业大学出版社

·北京·

内 容 简 介

　　本书内容共分七章，其中第一章主要介绍中草药防治龟鳖疾病的好处与应用误区，第二章介绍中草药的主要化学成分与如何应用，第三章介绍防治龟鳖疾病的常用中草药与瓜果蔬菜，第四章着重介绍不同龟鳖的形态特征、生活习性与抗病性能，第五章系统介绍龟鳖一般病理学与疾病诊断，第六章介绍龟鳖发病的主要原因与综合预防，第七章全面介绍龟鳖主要疾病的防治方法。本书是我国第一本系统介绍用中草药和中草药结合西药安全防治龟鳖疾病的科技书籍，特别是采用图文并茂、通俗易懂的表达方式，使不同层次的读者都能从中获得相关信息。

图书在版编目(CIP)数据

龟鳖疾病的中草药防治/赵春光主编. —北京：中国农业大学出版社，2016.02
ISBN　978-7-5655-1517-0

Ⅰ.①龟…　Ⅱ.①赵…　Ⅲ.①龟属-动物疾病-中药疗法②鳖-动物疾病-中药疗法
Ⅳ.①S947

中国版本图书馆CIP数据核字（2016）第027698号

书　　名	龟鳖疾病的中草药防治
作　　者	赵春光　主编

策划编辑	张 蕊　张 玉	责任编辑	张 玉
封面设计	郑 川	责任校对	王晓凤
出版发行	中国农业大学出版社		
社　　址	北京市海淀区圆明园西路2号	邮政编码	100193
电　　话	发行部 010-62818525，8625	读者服务部	010-62732336
	编辑部 010-62732617，2618	出 版 部	010-62733440
网　　址	http://www.cau.edu.cn/caup	E-mail	cbsszs@cau.edu.cn
经　　销	新华书店		
印　　刷	北京忠信印刷有限责任公司		
版　　次	2016年3月第1版　2016年3月第1次印刷		
规　　格	787×1092　16 开本　17.75印张　440千字		
定　　价	120.00元		

图书如有质量问题本社发行部负责调换

作者简介

赵春光，浙江杭州龟鳖研究所所长，高级工程师。

兼任中国渔业协会专家、理事，全国健康养鳖协作网专家委员，浙江省杭州市、广西钦州市龟鳖产业协会特聘专家，中文核心期刊《科学养鱼》《科学种养》杂志编委。

《人工快速培育中华鳖亲鳖技术研究》《黄喉拟水龟工厂化繁养技术》《红耳龟工厂化两年养三茬技术》等多项研究成果，分别获省局市级科技进步一、二、三等奖。省级以上刊物发表专业文章 380 余篇，编著有《中华鳖人工养殖与病害防治新技术》《最新生态养鳖技术》《节约型养鳖新技术》《观赏龟养殖与鉴赏》《甲鱼的抗癌保健与食用方法》《图说高效养龟关键技术》《图说龟鳖疾病的防控技术》《龟鳖饲料的合理配制与科学投喂》《甲鱼高效养殖百问百答》《观赏龟饲养与防病手册》《龟鳖的营养与保健》著作 11 部。并与其他专家合著 3 部。多次在国家级龟鳖产业研讨会上作学术报告。主笔起草我国第一个中华鳖、中华草龟、黄喉拟水龟养殖地方标准，多次参加鳖类、龟类的国家、行业标准审定。主笔起草了《明凤》《青溪花鳖》《龚老汉》《湘湖》《天海园》《金龟王》等国内知名品牌的地方和企业标准。参与浙江省淡水渔业优势产业龟鳖类区域规划、江西省甲鱼产业发展规划，担任国家高技术产业化重点项目《中华草龟良种快速繁育高技术产业化示范工程》的技术总负责，从事水产工作 40 年，龟鳖研究 35 年，为全国著名龟鳖专家。

编委会

主　编　赵春光

参　编（排名不分先后）

赵南星　李贵生　周　婷　周　晨

田文瑞　应国良　卜伟绍　陈小石

梁志玲　季龙辉　董燕生　尹炳坤

袁金标　伍俭勤　胡明荣　章乍荣

张金芳　陈国艺　费春平　蔚晓阳

前 言

　　龟鳖是我国传统的美食补品，但龟鳖的功用不单纯是食用保健，还有很高的观赏价值、药用价值和文化价值。所以在做好保护自然界野生种群的基础上，开展人工繁养和开发利用并形成我国特有的产业发展，前景看好。然而在龟鳖人工繁养过程中出现的病害已成为影响养殖产量、产品质量和外表形象的主要因素，多年来许多养殖企业和养殖户对龟鳖疾病的发生仍采取被动的头烂治头，脚腐治脚，不吃也喂药、不动也打针的不科学方式，不但效果差，成本高，也会间接影响产品质量。本书主要介绍如何正确了解和尊重龟鳖特有的生态生物学习性做好科学管理，并采用我国传统医药进行积极预防、及时控制、科学治疗的先进理念和防治方法。

　　本书共有图 608 幅，表 8 列。内容共分七章，其中第一章主要介绍中草药防治龟鳖疾病的好处与应用误区，第二章介绍中草药的主要化学成分与如何应用，第三章介绍防治龟鳖疾病的常用中草药与瓜果蔬菜，第四章着重介绍不同龟鳖的形态特征、生活习性与抗病性能，第五章系统介绍龟鳖一般病理学与疾病诊断，第六章介绍龟鳖发病的主要原因与综合预防，第七章全面介绍龟鳖主要疾病的防治方法。本书是我国第一本系统介绍用中草药和中草药结合西药安全防治龟鳖疾病的科技书籍，特别是采用图文并茂、通俗易懂的表达方式，使不同层次的从业人员都能从中获得相关信息。虽然笔者为本书的写作准备了二十几年，总结了大量的研究成果和实践经验，但难免还有不到之处，望广大读者包涵指正。

　　本书在撰写过程中得到了杭州市养鳖行业协会、广东省龟鳖产业协会、广西龟鳖产业协会、海南省龟鳖产业协会、钦州市龟鳖产业协会、龟友之家、东方龟友会、灵龟之家、神龟网、东方龟鳖联盟、金甲饲料等组织团体中众多朋友的热情帮助和支持，在此深表谢意。

赵春光

2015 年 10 月于杭州

CONTENTS 目录

第五章

龟鳖一般病理学与疾病诊断

第六章

龟鳖发病的主要原因与综合预防

第七章

龟鳖常见疾病的中草药防治

第一章　用中草药防治龟鳖疾病的好处与误区

第一节　中草药防治龟鳖疾病的好处

中草药是我国传统的疾病防治药物，在对人类的疾病防治过程中，它是通过对疾病的"辨证论治"和中草药的"四气五味"理论来进行施治的，随着现代中医药学的研究发展，中草药的成分和药理研究不断深入，使中草防治疾病的应用延伸至陆生动物和水生动物，并更趋科学合理，在龟鳖疾病防治中，虽然应用时间不长，但已充分显示出它的优点，其中以下几点较为突出。

一、综合药效好

由于许多中草药兼有营养性和药理性双重作用，既能促进糖代谢、促进蛋白质和酶的合成、增加机体抗体效价、刺激性腺发育，又具有杀菌抑菌、调节机体免疫功能以及非特异性抗菌作用。如黄芪除中医理论的补气固表、托毒排脓外，现代医学通过对它有效化学成分的测定研究发现，黄芪多糖能促进机体的抗体生成，可使抗体形成细胞数和溶血测定值增加，使血清中抗体细胞及 T、B 淋巴细胞和 NK 细胞增强。黄芪还可使肝炎患者的总补体（CH_{50}）和分补体（C_3）明显升高，以提高白细胞渗出干扰素的能力和提高免疫球蛋白的含量。所以黄芪有提高机体免疫功能增强体质的作用。再如豆科植物甘草是一味常用中药，这种中药在我国的种植产量也很高，中医理论归纳甘草的防治功效为补脾益气、清热解毒等。而现代医学研究发现甘草不但有较好的治疗肝硬化作用，还有较好的镇静、抗炎、抗菌和抗过敏作用。如笔者配用仙鹤草、龙胆草、蒲公英、北沙参、益母草、川芎等几味中药投喂产后亲鳖、亲龟，较好地提高了亲鳖、亲龟的越冬成活率和产蛋受精率。如浙江金甲水产饲料有限公司研发的中草药龟鳖防病饲料，不但防病效果好，而且成本低，很受养殖户的欢迎，所以，中草药防治龟鳖疾病，具有综合药效好的优点（图1-1）。

二、毒副作用小

许多化学药品在水产养殖的病害防治应用中经常发生的毒副作用，已引起广泛重视，如孔雀石绿（三苯甲烷）虽对水霉、毛霉等致病真菌有较好的抑制作用，但其残留后（残留期通常为300天）可诱发动物体致癌，故已把其视为水产养殖中病害防治的禁用品。再如目前许多抗生素极易产生抗药性，如红霉素在初次治疗的浓度或剂量失败后，再用时须是几倍的量。再

图1-1　直接给陆龟投喂新鲜的草药

如氯霉素在反复使用时就易造成血红细胞损害而导致溶血性疾病等等，目前这些药品已被国家列为禁用药品，相反，中草药物因大多来源于大自然，相对较少发生毒副作用。如同样对龟鳖水霉病、毛霉病的治疗，在调好水质的同时采用泼洒以大黄、五倍子、干草、苦参、乌梅等中草药配伍而成的煎剂或浸剂，不但效果好，还能培养水质，更无机体残留现象，特别是内服，在科学合理的配方下，中草药的安全更好于化学药。

三、成本低，来源广

千百年来，中国传统医药大多取于民间用于民生，所以中草药也就遍及全国各地的田园山林。中草药有的不但是防治疾病的药物，也是我们平时食用的瓜果菜蔬。因此来源之广、数量之多是化学药物难以相比的。特别是随着科学技术的高速发展，整理研究中国传统医药的工作更加细致明确，到20世纪90年代初，我国已整理出天然的中草药物5 000多种，最常用的1 000多种。取材于草、木、虫、鱼、禽、兽、金、石、果、菜、谷、土等几十类。说其成本低，大多因为中草药比较便宜，有条件的地方还可以直接到地头园旁、田间山林、河岸路边采挖应用。用量大的也可自己栽种，如上海金升龟鳖养殖场和宁波天地水产养殖有限公司，利用养殖场区内闲散的空地种植大蒜、胡萝卜、空心菜、脱力草、蒲公英等药用植物，每年每千克龟鳖的用药成本不超过0.1元，大大降低了用药成本（图1-2）。

图1-2　在农村随处可见的中草药材

四、能和西药结合应用

在一些龟鳖暴发性疾病流行时，为了提高效果，中草药还可以和西药一起联用，如在鳖的赤白板病暴发区域或养殖场，对还能吃食的鳖进行病情控制时，可用庆大霉素和板蓝根水剂交叉投喂内服，控制效果提高不少。而半水栖龟类的消化不良在山楂、鸡内金、陈皮的基础上配伍食母生效果良好。

综上所述，中草药作为一种绿色药物，应用于绿色食品的龟鳖养殖，有着十分重大的现实意义。

第二节　中草药防治龟鳖疾病的误区

由于龟鳖应用中草药的研究不深，相对实践也比较少，所以在应用时大多参考人和畜禽的应用实践和经验，但因龟鳖的生态生物学与陆生动物有很大的不同，所以在应用过程中也发生了许多的误区，而这些误区不但会给应用实践带来负面作用，也会造成应用理论的误导，所以应引起重视进行纠正。

一、给人治病的中医学理论指导应用

和人不同，龟鳖是变温动物，其生理结构与生活习性与自然气候变化关系密切，如当进入冬季，水栖类的龟鳖会随着环境气温的下降也进入冬眠状态，这时龟鳖的生理机能降低到维持生命的最低点，所以既不活动也不觅食，因此如果这个季节龟鳖有病，就不能用内服的办法治疗。而人是恒温动物，有自身调节体温的功能，加之人有发达的神经和思维，所以也有情感和情绪，发生疾病时，可以用药物和心理疏导等手段，所以用中草药调理治疗疾病已有一套成熟的理论和方法，而在治疗龟鳖疾病过程中有些人仍用中草药给人治病的理论和方法应用，笔者认为是个很大的误区，如有人解释用清热解毒药物防治龟的烂眼病，认为是龟有火，需要降火，这显然是没有科学依据的，当然也是没有效果的，相反投喂过多苦寒的中草药后反而影响龟鳖吃食（图1-3，图1-4，图1-5）。

二、凡是中药都是安全的

用中草药防治龟鳖疾病，可以说是相对安全的，但不是都绝对安全的，应用时也要了解龟鳖的生态生物学特性和中草药物中内含的化学成分及药理进行科学应用，否则就会适得其反。如大蒜是目前常用的一种无公害中药，其不但经济易得，应用效果也很好，但大蒜也有许多副作用，如大蒜有杀死精子的作用，特别是动物精子比人类的精子对大蒜更为敏感。还有大蒜用量过多，可抑制血红细胞合成从而引起龟鳖溶血而导致贫血。再是大蒜辣素的蒜臭味对小动物有强烈的刺激作用，如

图1-3 陆龟吃鲜草有极好的防病作用

本人曾试验用2%的大蒜浸泡液浸泡患有白点病的50克以下鳖苗、龟苗，结果不到20分钟就全部死亡。而内服对小动物消化道的刺激也很强，即使是小剂量内服，20克以内的稚鳖、稚龟解剖时亦可见消化道黏膜严重充血，而大剂量时则造成龟胃出血死亡。再如五倍子中的化学成分有较强的抗菌作用，所以五倍子是目前治疗龟鳖感染性疾病效果较好的常用药物，但因五倍子中的主要化学成分水解鞣质会对肝脏产生严重的损伤作用，所以用五倍子给龟鳖治病只能用于体表性疾病的外用，不能用于内服等等。

图1-4 加工好的甘草药粉

图1-5 加工好的黄芪药粉

三、认为中药无所不能

在给人类治病时中草药会有综合性作用，有时会有同时治好多种病症的效果，但给龟鳖治病就不能用给人治病的方法，因为中草药也不是万能的，一些人在宣传某种中药制剂时，把它说得天花乱坠，能治龟鳖的百病，其实即使是某种中草药有提高某种机能作用（如提高免疫力），也不能包治百病，因为龟鳖发生疾病是由多种因素造成的，所以认为中草药无所不能也是一种误区，因此不能无根据的长期投喂某种中草药剂。

第二章	中草药主要化学成分与应用

第一节　中草药主要化学成分与功能

中草药之所以能够有效的防治龟鳖的疾病，主要是中草药中有许多有效的化学成分，这些成分在动物生长发育过程中能很好的提高机体免疫力，起到保健和治疗疾病作用，为此简要地介绍一下中草药中有效成分的主要功能。

一、糖类

糖类是植物类中草药光合作用的主要产物，广泛分布于植物体内。糖类按其糖基的个数可分为单糖、低聚糖、多聚糖三类。

1.单糖类

单糖类为多羟基的醛或酮。单糖类多呈结晶状态，有甜味，易溶于水，难溶于乙醇，不溶于乙醚、氯仿、苯等低级溶剂。

中草药植物体内的单糖大多为五碳糖、六碳糖及其衍生物，其中以六碳糖最为重要。七碳糖的磷酸脂在动物和植物的糖代谢中起重要的作用。八碳糖是近年来从景天属植物中分离到。单糖类中仅有葡萄糖与果糖在植物体内以游离状态存在。

2.低聚糖类

低聚糖类是由2～9个单糖构成。如双糖中的蔗糖、麦芽糖，三糖中的龙胆三糖、甘露三糖，四糖中的水苏糖，五糖中的毛蕊糖等。植物体内的糖类主要以蔗糖形式运输，所以蔗糖在糖类代谢中占主要地位。低聚糖的理化性质和单糖类似，为结晶，易被水解成单糖。

3.多聚糖类

多聚糖类是由 10 个以上单糖分子缩合而成，广泛分布于中药中的低等、高等植物和动物体内，为有机能量的主要来源。多聚糖类可以由相同或不同的单糖组成，大多为无定形化合物。植物体内的多糖主要有淀粉、菊糖、黏液质、树胶、果胶、半纤维素、纤维素等。动物多糖主要为肝糖、甲壳质、肝素、硫酸软骨素、玻璃糖醛酸等。随着医学科学的发展，许多多糖如淀粉、树胶、微晶纤维等在医药已广泛应用。近年来还发现多糖具有独特的，多方面的生物活性，经研究证明多数多糖是免疫活性的主要物质，如从中药中提取的枸杞多糖、猪苓多糖、黄芪多糖、茯苓多糖、红花多糖、刺五加多糖、香菇多糖等（图 2-1，图 2-2）。

图 2-1　灵芝多糖提炼品　　　　　　　图 2-2　香菇多糖提炼品

这些多糖都有明显的免疫活性作用。如中药枸杞子中的有效活性成分枸杞多糖能提高和增强免疫系统中 T、B 淋巴细胞的功能，此外枸杞子中还含丰富的维生素 B 和维生素 C。再如茯苓多糖，能使动物体 T 细胞的功能增强二十几倍。茯苓聚糖和羟甲基糖还能促进动物机体的抗体生成。还有黄芪多糖可使有肝病动物的总补体（CH_{50}）和分补体（C_3）明显提高，同时还能提高白细胞渗出干扰素的能力，提高免疫球蛋白的含量，抑制病毒的繁殖。所以中药中的糖类对疾病的防治，有着十分重要的意义。

二、甙类

甙又称苷，配糖体或糖杂体，是由糖或糖的衍生物（如糖醛酸）与非糖化合物以甙键方式结合而成。甙类成分在中药的植物体内广泛分布，在某些海洋动物中亦有存在，甙类因甙元的不同有多种类型，如氰甙、黄酮甙、蒽甙、酮甙、豆香精甙等。含有这些甙类的中药都具有防治疾病的作用。甙类大多数为固体，无色、无臭，具苦味，少数有色，也有少数有甜味，如甘草皂甙和甜菊甙。多数甙类呈中性或酸性，大多甙类溶于水（图 2-3，图 2-4）。

1.氰甙

氰甙是由含氰基的氰醇衍生物和 1～2 个单糖结合而成，大多数易被酶或酸水

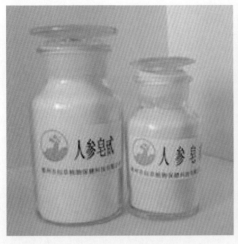

图 2-3 人参皂甙

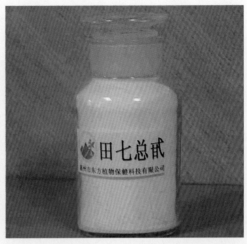

图 2-4 田七总甙

解产生氢氰酸。氰甙在蔷薇科植物如桃、杏、梅、枇杷等的种子、叶子与树皮中存在。忍冬科、豆科、亚麻科、大戟科、景天科等的植物中亦有分布。氰甙对特殊的疾病有特殊的治疗作用。如苦杏仁具有镇咳作用是由于苦杏仁甙水解后产生的氢氰酸所致。再如从垂盆草全草中分离得到抗肝炎活性成分垂盆草甙，是含氰的 β- 葡萄糖甙。

2. 酚甙和醇甙

酚甙的甙元为苯酚类化合物。醇甙的甙元为脂肪醇甙类芳香醇衍生物。中药的植物中均有分布。酚甙以杜鹃科、木犀科植物中较多，有不少具有一定的生物活性。如牡丹皮和徐长卿中的丹皮酚有镇痛镇静作用；杜鹃花科植物中的熊果甙有抗菌作用。而醇甙在藻类、毛茛科、豆科植物中分布，结构较简单，常无显著的生物活性。其中毛茛中的毛茛甙是原白头翁素具有抗菌作用。

3. 蒽甙

蒽甙类的甙元是蒽的衍生物，蒽甙类中以蒽醌类最为普遍。已知有 40 余种，以甙元或甙的形式存在于中药的被子植物中。尤以蓼科、豆科、茜草科、鼠李科、百合科等植物中为多。在某些真菌和地衣中亦有分布。含蒽醌类成分的常用中药有大黄、何首乌、虎杖、决明子、番泻叶、茜草、芦荟等。蒽醌类成分有多种生物活性，它们有泻下、抗菌、抗肿瘤、免疫抑制以及抗皮癣等功能。

蒽酚或蒽酮类成分多存在于新鲜的植物中，经氧化可变化成为蒽醌类。羟基蒽酚有一定的抗霉菌作用。但有的因刺激性很强应慎用，如苟杷素等。

4. 黄酮甙

黄酮类化合物也称黄碱素，在植物界从藻类到高等植物广泛分布，但以豆科、芸香科、唇形科、菊科植物中较多。黄酮甙一般易溶于热水、甲醇、乙醇等溶剂。难溶于乙醚、氯仿、苯，但游离的黄酮类化合物难溶于水、乙醇、甲醇、乙醚等。含黄酮类成分的中药有黄芩、槐米、陈皮、葛根、野菊花、甘草、水飞蓟、银杏叶、淫羊藿、芫花、鼠曲草、射干等。黄酮类化合物主要有抗菌、降压、抗癌、增强维生素C作用等功能。

5. 皂甙

皂甙又称皂素，因其水溶液经振摇后起持久的肥皂样泡沫而得名。皂甙在中药植物中广泛分布，在植物界已有76%的植物含有皂甙。根据皂甙元的化学结构，皂甙可分为甾体皂甙和三萜皂甙两类。其中三萜皂甙为三萜类衍生物，大多数甙元有—COOH基而称为酸性皂甙。三萜皂甙在植物性中药中分布较广泛，以石竹科、桔梗科、豆科、五加科、远志科、伞形科、菊科、茜草科、葫芦科较为集中。常用生药如：桔梗、党参、南沙参、远志、人参、三七、柴胡、甘草等均含有。甾体皂甙的甙元为甾类衍生物，均为中性皂甙，主要分布于单子叶植物类中药中。如百合科的麦冬、天冬、人参、田七、七叶一枝花、铃兰、万年青、知母、丝兰等。

大多数皂甙为白色无定形粉末，味苦、辛、无明显熔点。一般会刺激黏膜，尤其是刺激鼻黏膜引起打嚏、咳嗽。皂甙易潮，溶于水、甲醇、稀乙醇，特别是热水和热醇。皂甙与血液接触后会破坏红细胞，产生溶血现象，对冷血动物毒性尤高。溶血作用程度因皂甙的结构而异。一般以三萜皂甙较强，甾体皂甙较弱。所以用皂甙或含有皂甙的中药液不能注射，但口服无碍。这可能与皂甙在消化道被分解有关。但也有些皂甙不溶血反有凝血作用。如：沿街草皂甙、竹节人参皂甙与人参皂甙等。另外皂甙有降低胆固醇、抗炎、抗菌、抑制肿瘤、免疫、兴奋或抑制中枢神经，抑制胃液分泌以及杀死精子与软体动物等作用，如：人参皂甙、桔梗皂甙、远志皂甙、商陆皂甙、木桶皂甙、酸枣仁皂甙等，而甾体皂甙也有抗肿瘤、抗真菌和抗细菌以及降低胆固醇作用，所以皂甙在龟鳖的疾病防治中具有很重要的意义。

三、木脂素类

木脂素又称木脂体，是一类天然的二聚化合物，由两个C_6—C_3构成，多数游离，也有与糖结合成甙的。不少木脂素具生物活性。如五味子素能降低肝炎患者的谷丙转氨酶（GPT），六角莲与桃儿七中的鬼臼毒素及其衍生物具抑制肿瘤作用，又如芝麻中的芝麻素是杀虫增效剂、厚朴中的厚朴酚具肌松作用等。

四、萜类

萜类是由两个或更多的C_5单元，如异戊二烯、异戊烷或其他类化合物连接而成。萜类依C_5单元的数目可分为单萜、半单萜、二萜、三萜、四萜、多萜等。

单萜类除游离存在外有些与糖结合成甙，如环烯醚甙。一些含氧的单萜目特异芳香气味，常用作芳香剂、皮肤刺激剂、防腐剂、消炎剂等。

倍半萜类是萜类化合物中数量最多的一类，成分具有挥发性，多存在于挥发油中。但值得注意的是倍半萜内酯具有抗肿瘤、抗炎、解痉、抑制微生物、强心、抗原虫等作用。

二萜类是一类化合物结构类型众多，有较强生物活性的化合物。二萜类成分仅少数存在于挥发油中,大多存在于树脂,无挥发性。二萜类化合物不少具抗肿瘤活性,如卫矛科植物雷公藤和昆明山海棠中的雷公藤甲素、乙素、山海棠素,还有唇型科植物冬凌草中的冬凌草素等。

三萜类由 6 分子 C_5H_8 而成的具 30 个碳原子的化合物。直链或具三环、四环与五环、游离甙或与糖结合成皂甙。特别是以甙元形式的三萜类化合物大多为含氧化合物,具一定的生物活性,如苦楝皮中的苦楝素可驱虫,泽泻中的泽泻醇 A 及其衍生物具有降胆固醇作用等。

五、挥发油类

挥发油又称精油,是一类具有挥发性可随蒸气蒸馏的油状液体,气特异,大多芳香。含挥发油的植物中药很多,如马尾松、侧柏、辛荑、五味子、八角茴香、花椒、丁香等。含挥发油的生药与挥发油大多具有镇痛抑菌等作用。

六、鞣质类

鞣质又称鞣酸或单宁,是一类结构复杂的酚类化合物,在植物中药中广泛分布。鞣质中药具有收敛、止血、抗菌作用,并能杀死软体动物。

鞣质的水溶液遇三氯化铁试剂可产生蓝黑色或绿色沉淀。所以在煎熬和制备生药制剂时应避免与铁器接触。鞣质的水溶液遇明胶、石灰、重金属盐类(如醋酸铅、醋酸铜、重镉酸钾等)、生物碱或无机碱等也会产生沉淀。

鞣质根据其结构可分以下几类:一类是可水解鞣质,这类鞣质的中药有五倍子、没食子、诃子、石榴皮等。水解鞣质在医药上已提取用为消炎收敛药的为"鞣酸"。另一类是缩合鞣质,这类含鞣质的中药有儿茶、茶叶、虎杖、钩藤、槟榔、四季青等。再是混合鞣质,中药有地榆等。可水解鞣质的毒性远比缩合鞣质大,对肝脏有损伤作用,故应慎重。

七、生物碱类

生物碱是存在于生物体(主要是植物)中一类含氮的碱性化合物,大多数有复杂的环状结构,氮原子多包含在环内。含生物碱的药用植物很多,分布于 100 多个科中。但以双子叶植物为最多,其次为单子叶植物、裸子植物、蕨类植物,特别是在粗榧科、豆科、毛茛科、小檗科、夹竹桃科、茄科、菊科、百合科、石蒜科中分布较多。

生物碱大多不溶或难溶于水,溶于乙醇、甲醇、氯仿、乙醚、苯等有机溶剂。但生物碱盐类则溶于水与乙醇、甲醇,难溶或不溶于有机溶剂。但也有个别既溶于水也溶于有机溶剂,如麻黄碱等。生物碱有显著的生物活性,是中药中重要的有效成分之一,如黄连中抗菌消炎的小檗碱,麻黄中平喘的麻黄碱,萝芙木中降压的利血平,喜树中抗肿瘤的喜树碱,长春花中抗白血病的长春新碱等(图 2-5)。

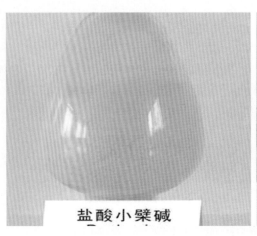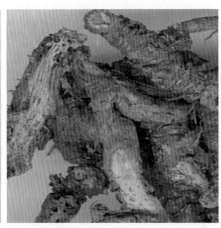

图 2-5 从黄连中提取的盐酸小檗碱

八、有机酸类

有机酸是分子结构中含羧基的化合物，在植物果实的中药中广泛分布。有机酸多溶于水或溶于乙醚、甲醇，难溶于其他有机溶剂。常见的中药有机酸为脂肪族的一元、二元，多羟羧酸如酒石酸、草酸、苹果酸、枸橼酸、抗坏血酸以及芳香族的甲苯酸、水杨酸、咖啡酸等。

中药乌梅、五味子、覆盆子等富含有机酸，有机酸中有的已应用于医学临床，如苹果酸、抗坏血酸、酒石酸等。有些特殊的有机酸如土槿皮中的土槿皮酸具有较好的抗真菌作用。青木香与马兜铃中的马兜铃酸能增强吞噬细胞功能，咖啡酸的衍生物氯原酸具抗菌、利胆、升高白细胞等作用。

中药的药用化学成分除上述以外还有氨基酸类、蛋白质类、多肽类、酶类、脂类、树脂类、植物色素类、无机成分类、都是目前广泛应用于医学临床的有效成分，但其在龟鳖疾病防治中应用较少，故不再讲述。

第二节　中草药的应用方法和配伍禁忌

一、中草药的应用方法

根据龟鳖的特点，应用中草药防治疾病的主要方法有以下几种。

1. 浸泡法

即把药物按计算用量用绳捆或网袋装好后直接在养殖池水中浸泡，使药物中的有效成分在水中逐步渗出从而达到防治病虫害的目的。也可把煎好的药水放在一定的容器内浸泡龟鳖体表，达到防治龟鳖体表性疾病的作用（图 2-6）。

2. 内服法

一般是对能正常吃食的健康龟鳖进行防病时采用的方法，即用中草药

图 2-6 盆内浸泡盐水消毒的陆龟

物的水煎剂或粉剂按比例拌入饲料中投喂。中药配方粉剂的制作方法是，按配方比例把各种中药的饮片合在一起后充分拌匀，再用超微粉碎机打成 80 目过筛细度的药粉，然后把药粉放置在阴凉干燥处保存备用，用药时粉剂在拌入饲料前需用 60℃温水中浸泡 5 小时以上，使药粉中的粗纤维和木质素充分膨胀软化，以免龟鳖摄入干药粉后在肠道膨胀堵塞肠道。值得提醒的是，50 克以下的龟鳖苗种尽量不内服药粉，这是因为龟鳖苗种对药粉的消化能力较弱，同时因药粉有很浓的中药气味会影响小苗吃食（图 2-7，图 2-8）。

图 2-7 不同中药粉配合拌匀

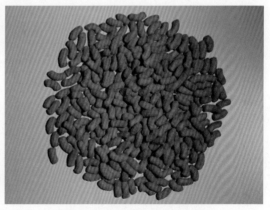

图 2-8 制成药饵投喂

3. 泼洒法

即按计算好的单位用量中草药煎熬或浸泡成水剂直接泼洒到养殖池中的方法，但在温室泼洒水煎剂时，要求水煎剂的水温调到与池中的水温一样，如果温度过高，万一泼到龟鳖的头部容易烫伤。

4. 涂抹法

把需要治疗龟鳖的疮口用盐水或双氧水洗净后，把药膏或浓药汁直接涂抹在龟鳖

体表的病灶上（图2-9，图2-10）。

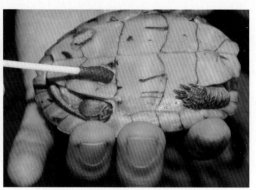

图2-9　在池塘泼洒　　　　　　　图2-10　给病龟抹药

二、中草药应用的配伍

配伍是根据病情需要，按用药法则，审慎选择两种以上中草药合用，以充分发挥药物效能，从而起到预防、控制、缓和及根治的目的。在配伍中，不但要针对性强，恰中病情，还须主次分明，所以要做到这一点，就必须善于巧妙配伍。虽然中草药中的成分和含量不像西药那样单一和精确，但正因为中草药中的成分是多样性的，所以在配伍时就要注意它们之间的相互作用，如在龟鳖疾病防治中，甘草与大黄合用，既可抑杀病原，又能提高机体免疫力和抗病力，同时还能中和大黄的苦味而不影响龟鳖的摄食。另外在配伍中还要分清主次，一般以一药为主，其他为辅以增强主药的作用。如茯苓能增强黄芪的补气利尿作用，故在防治龟鳖水肿病时两药合用有较好的疗效，所以在配伍过程中应掌握以下几点。

1.发挥药物专长

一般中草药都有一种以上的用途，但其中必有一种或两种用途是主要的，如槟榔有较好的杀虫作用，特别是杀灭绦虫具有专功，如果与南瓜子合用，效果就更佳。

2.掌握药物的相互促进作用

为了增强应用疗效，可选用功效相同的药物共用，如在防治龟的肺炎时，选用天门冬、麦门冬润肺，如再配伍知母、黄柏和金银花就有消炎抗病毒的作用，效果可以大大增强。

3.利用药物的相互抑制作用

某些中草药具有偏性或毒性，能产生副作用或不利于某种疾病的防治，若配以能制其偏或缓解其毒的药物，则可消除其不利因素，促进其有利因素，达到其治疗的目的。如黄连治疗龟的肠炎有较好的作用，但黄连太苦寒，反而会影响吃食和疗效，如配以大枣，就可起到滋补和缓冲黄连的苦寒作用，从而取得理想的疗效。

三、中草药应用的禁忌

禁忌是指药物对防治对象在应用中起到相反或药物间互配对治疗发生不良反应的配伍禁止和忌用。由于中草药中有的化学物质在相互作用下有拮抗、增强、减弱、中和或相互结合后产生另一种物质的现象发生。所以在应用配伍时既要考虑中医理论中的禁忌，又要了解中药之间化学成分的相互作用，如黄芩中的甙类物质与黄连中的碱类物质在体内结合形成结晶，这种结晶在经过肾脏时易造成对肾脏的损害，故不能合用。再如有些中药特别是有芳香型气味的中药制剂，就会明显影响龟鳖的食欲而影响生长等。中药禁忌分配伍禁忌、使用禁忌和中西药联用禁忌。

1.配伍禁忌

两药相互配伍会使药效降低或失效，甚至产生毒性反应或副作用，属于配伍禁忌。如萝卜与人参的配伍使其失效，所以不能合用。

2.使用禁忌

使用禁忌可分禁用和慎用两大类，禁用是指必须严格禁止使用。慎用是指在一定条件下可谨慎使用。但必须仔细观察使用对象的病情变化和活动反应。如用鲜大蒜汁因龟鳖苗种对大蒜辣素的气味耐受差就不能用于浸泡和泼洒，但经过处理后可以内服，同样用五倍子煎剂外用浸泡不但效果好还经济，但因五倍子对动物肝脏有损害作用，所以就不能内服。

3.中西药联用禁忌

为了提高疗效，有时进行中西药联合应用，但也要注意联合用药中的禁忌，如酸性较强的中药山楂、五味子、乌梅等中药在应用时就不能和磺胺类药物一起联用，因磺胺类药物在酸性条件下不会加速乙酰化的形成，从而失去抗菌作用，而且溶解度也会明显降低，极容易出现结晶尿和血尿等危及动物生命的后果。再是中西药联用后产生的药理性配伍禁忌，如金银花、连翘、黄芩、鱼腥草等中草药不能与菌类制剂乳酶生、促菌生和一些生物制剂合用，因为前面几种中药有较强的抗菌作用等。

四、影响中草药防治龟鳖疾病效果的主要原因

用中草药预防龟鳖疾病的好处是显而易见的，但许多地方在实际应用中却因种种原因出现效果差，不良反应多，有的甚至出现死亡的严重后果，所以有很长一段时间养殖者对中草药持排斥的态度。笔者经过多年的实地调查和应用试验，发现许多地方在用中草药预防龟鳖疾病的过程中存在以下不当。

（一）配伍不当

中药配方是有效用药的核心，配伍者不但要有扎实的龟鳖生态生物学、生药学，病理学等基础知识，更要有丰富的应用实践。但在调查中发现，在应用中草药预防龟鳖疾病的人员中大多是当地的传统中医，也有部分兽医或从别人处要来的所谓秘方，普遍存在以下不当。

1.用人的中医学说配方

中医中药是我国的传统医学，它主要应用于人疾病的治疗，后来又发展到陆生养殖动物疾病的治疗（如中兽医），而且效果很好。这是因为陆生动物有许多相同的生理生物学特性，如都是恒温动物。龟鳖是变温动物，它们的许多生理机能依赖于外部的环境条件，所以很难用中医的去热解毒、解忧除烦、理气补中等中医理论来套用，而应采用中药西用的方法进行，如我们首先弄清龟鳖引发疾病的原因和病原后再利用中药中的有效成分进行对症防治。但笔者在有些养殖场看到的配方大多是针对陆生动物的，方里有许多发汗去热的中药，所以其应用效果也就可想而知了。

2.配方无主次

一次笔者在苏北地区的一个养鳖场看到了一个由本场技术员提供的中药配方，他很神秘地告诉我是另一个养殖场的朋友给的，我看了后数了数一个配方中有48味药，几乎罗列了常用的所有中草药，当我问及是治疗龟鳖的什么疾病时，他说什么病都可以治，但后来在本场一个饲养员中得知，不见有什么效果，这是必然的。因龟鳖发生综合性疾病时必须弄清楚疾病的主次性，同样在不同生长时期用中药预防也要根据当时的情况主次分明，科学配方，不能笼统概全。

3.针对性不强

因任何中药配方在针对龟鳖的某个疾病时，必须有一味针对性强的中药，如对鳖苗白点病、腐甲病的中药外用治疗时，首先考虑的是含抗菌成分丰富，抗菌效果较好的五倍子和黄芩这两味中药水浸泡，其他再配几味辅助药，一般也不超过5味药，而一些地方在防治这些疾病的中药配方中却配有大量针对性不强的营养性中药，其治疗结果也是可想而知。

（二）应用不当

应用不当是目前最常见的一个现象，主要表现为以下几点。

1.炮制方法不当

中药的炮制分商品炮制（如饮片、药丸等）和应用炮制，因给龟鳖疾病防治的中药是直接购买的商品或自采的鲜品直接应用，所以属应用炮制，一般方法有浸泡、煎汁、磨粉等，并根据龟鳖疾病的类型采用不同的炮制方法，如幼苗阶段内服中草药，应采用煎汁后再按比例拌到饲料中投喂，但在煎熬时应放多少水，熬成多少药水就有一定的科学性，所以因炮制不当造成影响药效的例子不少。

2.用量不当

在用中草药防治龟鳖疾病时的用量不当目前较为普遍，由于用量不当造成防治无效或产生副作用的例子也不少，如我们在用煎汁泼洒的用量一般为每立方米水体用干物质的量，然后再用干药煎汁成多少药汁进行全池泼洒，但一些地方却把药汁当成泼洒量，其结果就可想而知。也有在配内服量时，虽按理论要求按存塘龟鳖的重量的百分比给药，但因不能正确判定龟鳖的实际存池量而出现给药量很大的误差，所以也会产生负面的结果。

3.给药方法不当

这也是一些养殖户中常见的现象，如龟鳖小苗阶段内服中药就不应用粉剂，因小苗的消化吸收功能较差，加之粉料吃了后会在肠道内膨胀，这对50克以上的龟鳖来说不成问题，但对小苗来说会出现肠道堵塞和肠炎病等不良后果。

（三）药物质量不好

1.假药

由于中药野生资源的缺乏，市场上出售假药现象经常发生，笔者就遇到几次假甘草、假黄柏的事情，由于大多数养殖者对中药的辨认经验不足，所以用假药的事情经常发生，而假药应用后不但起不到防治疾病的作用，有的还会发生严重的中毒现象。

2.变质药

中草药因运输、贮存不当或贮存时间过长会造成药物变质，这种变质药是绝对不能应用的。但一些养殖户因缺乏对中草药优劣辨认的知识，往往买来变质药也不知道，有的则因买来后自己保管不当造成发霉变质，应用变质药不但效果差也极易造成严重的毒副作用（图2-11）。

图 2-11 发霉变质的草药

第三章　防治龟鳖疾病常用中西药与瓜果蔬菜

第一节　防治龟鳖疾病常用中草药

　　我国应用于动物疾病治疗的中草药很多，但对龟鳖来说，由于应用研究和实践的时间比较短，所以用来应用的中草药的种类也大多是在参考人和陆生、水生动物的基础上的一些实践经验，现介绍一下在应用实践中效果比较确定的常用中草药。

一、增强机体免疫功能的中草药

1. 刺五加

刺五加为五加科植物五加的皮。

【形态特征】茎直立或攀援，枝条灰褐色具明显皮孔，有短而粗壮的弯刺。掌状复叶在长枝上互生，在短枝上簇生。叶柄细长有刺。叶小，倒卵形或披针形。小花黄绿色，伞形花序腋生或枝端生。浆果近球形，侧扁，熟时紫黑色（图3-1，图3-2）。

图 3-1　刺五加鲜株

图 3-2　刺五加皮饮片

【产地与采制】主要分布在我国的华东、华中、西南诸省。现多有人工栽培。夏秋采挖，人工栽培的须4年后采挖。挖根后去皮并抽掉木心再切片晒干。

【化学成分】近代科学从刺五加根中分离出七种刺五加甙，即胡萝卜甙、紫丁香酚甙、8-二甲基香豆精葡萄糖甙、乙基半乳糖甙等，根与干果中还含有水溶性多糖、维生素A、强心甙等，此外刺五加还含有多种微量元素等成分。

【药理作用】刺五加有明显的增强免疫功能作用和抗应激及耐低氧作用；刺五加中的某些有效成分能改变对应激反应的病理过程，使在此过程中肾上腺肥大、肾上腺中胆固醇与维生素C含量降低、胸腺萎缩及肾出血等情况减少。此外刺五加有效成分还有一定的抗菌作用。

【功效与应用】刺五加味辛性温。具有祛风除湿、强筋壮骨的功效。在龟鳖鱼疾病防治中可应用于龟鳖鱼在放养、分养及运输等操作环节中作抗应激、抗疲劳作用，在养殖动物快长阶段，适当添加有助其提高抗病作用。用量为干饲料量的0.5%～1%，连用7天，如根据当时养殖对象的具体情况和其他中草药配合应用效果更好。

2. 白芍

白芍为毛茛科植物芍药的干燥根。

【形态特征】根粗壮，圆柱形或纺锤形。茎直立，茎下叶为二回三出复叶，小叶披针形或椭圆形。花白色或粉红色，倒卵形，蓇葖果3～5个卵形。

【产地与采制】白芍多为人工栽培，主产于我国的浙江（杭白芍）、安徽（亳白芍）、四川（川白芍），河南、贵州等地也有栽培。一般于种植后4～5年开始收获，常在立夏前后采挖根部，挖后洗净，并按粗细切段分别于沸水中煮至断面透心后捞出浸于冷水中，冷却后取出刮去外皮然后晒干。

【化学成分】根含芍药甙、鞣质、苯甲酸、草酸钙、挥发油等成分。

【药理作用】芍药中有效成分有很明显的增强巨噬细胞的吞噬能力和提高免疫力的作用，芍药甙对消化道溃疡有明显的保护作用。此外，白芍煎剂对革兰氏阳菌和革兰氏阴性菌均有较强的抑制作用，对病毒和致病真菌也有较好的抑制作用。

【功效与应用】白芍味苦性微寒，具有养血敛阴、柔肝止痛的功效。在龟鳖鱼的疾病防治中，可用于龟鳖的肠炎和肝病。白芍对亲龟、亲鳖产后的应用具有保肝调血的作用。用量为当日干饲料量的0.6%～1%，连用7天（图3-3，图3-4）。

图3-3 白芍鲜株　　　　　　　　图3-4 白芍饮片

3. 黄芪

黄芪为豆科植物膜荚黄芪的根。

【形态特征】根直而长，圆柱形，表面棕黄色或深棕色。茎直立，具分枝，被长柔毛。单数羽状复叶互生，小叶卵状披针形或椭圆形。花小，叶腋抽出总状花序。荚果膜质，卵状长圆形（图3-5，图3-6）。

图3-5　黄芪鲜株　　　　　　　　图3-6　黄芪饮片

【产地与采制】黄芪主要分布于我国的东北、西北和华北等地。我国目前多有人工栽培。通常秋后挖根，人工栽培的须5年后采挖。挖后除去须根茎苗，晒干后切片。

【化学成分】黄芪主含黄酮类化合物，还有葡萄糖醛酸、黄芪皂甙、大豆皂甙、亚油酸、胆碱和氨基酸等成分。

【药理作用】①强心作用：黄芪能加强正常心脏收缩，对衰竭的心脏有强心作用。②抗菌作用：黄芪煎剂对多种病原体有较好的抑制作用，如贺氏痢疾杆菌、甲型溶血性链球菌、肺炎双球菌、枯草杆菌等。③抗病作用：黄芪中的多糖具有提高机体免疫力和增强体质作用。

【功效与应用】黄芪味甘性温，具补气固表、托疮生肌的功效。在龟鳖病防治中可用来亲龟、亲鳖产后的补养和龟鳖养成阶段的防细菌感染。用法为，把黄芪加工成100目过筛的细粉，以干饲料量1%～3%的比例添加。应用前可用温水浸泡2小时后再拌入饲料中制粒投喂，一般每月连续10天。

4. 茯苓

茯苓为多孔菌科植物茯苓的菌核。

【形态特征】寄生或腐寄生，有特殊臭味。球形或长圆形，表面粗糙呈瘤状皱缩，黑褐色。内部粉质。

【产地与采制】我国各地均有分布，多寄生于红松或马尾松的根部。3～7月采收，然后阴干。

【化学成分】茯苓主含茯苓酸、茯苓多糖、麦角甾醇、卵磷脂、果糖等有效成分。

【药理作用】茯苓煎剂有镇静作用和抗溃疡作用。茯苓多糖有抗癌和提高机体免疫力作用。

【功效与应用】茯苓味甘、淡，性平。具健脾补中宁心安神的功效。在龟鳖疾病防治中，对龟鳖的水肿病有较好的预防作用。特别是在温室集约化养殖中有提高苗种的免疫力和强心作用。用量为干饲料量的 0.5% ～ 1.2%。应用时最好与其他中草药配伍合用，效果会更好（图 3-7，图 3-8）。

图 3-7　茯苓鲜株　　　　　　　　　　图 3-8　茯苓饮片

5. 党参

党参为桔梗科植物党参的根。

【形态特征】根长圆锥状柱形，顶端有一膨大的根头，下端分枝或不分枝，外皮黄色或灰棕色。茎细长多分枝。叶对生、互生或假轮生，叶片卵形或广卵形。花单生叶腋，花萼绿色，花冠浅黄绿色，蒴果圆锥形，种子无翅（图 3-9，图 3-10）。

图 3-9　党参鲜株　　　　　　　　　　图 3-10　党参饮片

【产地与采制】主要分布于我国的东北、西北和西南诸省，目前野生的极少，多为人工栽培，且产量以河北、河南、山西较多。秋季采挖，洗净后要经过几次的搓晒，最后干品保存。

【化学成分】党参富含皂甙、菊糖、氨基酸、生物碱等。

【药理作用】①镇静催眠：党参煎剂和提取液有明显使动物安静和催眠及减少活动作用。②保护损伤：党参体取液对消化道损伤面有明显的保护和恢复作用。③抗缺氧作用：党参水煎剂能提高动物在缺氧环境下的耐受能力，从而提高动物的成活率。④提高免疫功能：研究表明，党参制剂能使网状内皮细胞吞噬能力增强。并能明显增强淋巴细胞转化、抗体形成的功能。

【功效与应用】党参味甘性平。具有补脾、益气、生津的功效。在龟鳖的疾病防治中主要用来提高龟鳖的体质和抗病力，一般每月添加 5 ～ 10 天，添加量为 50 克以上体重的龟鳖当日干饲料量的 1％～ 1.5％。用时可打成 100 目过筛的细粉浸泡后直接拌入即可。

6. 白术

白术为菊科植物白术的根状茎。

【形态特征】根状茎肥厚，略呈拳状，有不规则分枝，外皮灰黄色。茎直立，上部分枝，基部木质化，有不明显纵槽。叶互生，茎下部叶有长柄，叶片深裂，裂片椭圆形至卵状披针形。茎上部叶柄渐短，叶片不分裂，椭圆形至卵状披针形。头状花序单生于枝端，花冠紫色。瘦果椭圆形，稍扁，被有黄白色绒毛（图 3-11，图 3-12）。

图 3-11　白术鲜株　　　　　　　　图 3-12　白术饮片

【产地与采制】主要分布于我国的长江流域。但全国各地均有栽培。冬至采挖，除去须根洗尽晒干或烘干。

【化学成分】白术含白术内酯、苍术醇、苍术酮、维生素 A、甘露聚糖等有效成分。

【药理作用】①提高抗病力：白术煎剂能促进抗病力和增强活动能力，活化网状内皮系统，增强其吞噬功能。②保肝利胆作用：对四氯化碳所至的肝损害，白术中的苍术酮对肝脏有明显的保护作用。此外，白术的醋酸乙酯提取物有较好的利胆作用。③抗氧化作用：白术中的有效成分有降低脂质过氧化作用，降低 LPO 含量，提高 SOD 活性，增加机体清除自由基的能力。

【功效与应用】白术味甘、苦性温。具有健脾、燥湿、和中的功效。在龟鳖的疾病防治中，可起到促进生长、提高抗病能力及养殖快长期的保肝利胆的作用。用量为，当日干饲料量的 0.5％～ 1％ 连喂 6 ～ 8 天，用时可打成 100 目过筛的细粉浸泡后直接拌入即可。

二、抗病毒类中草药

1. 金银花

金银花为忍冬科植物忍冬的花蕾（图 3-13，图 3-14）。

图 3-13 金银花鲜株

图 3-14 金银花饮片

【形态特征】茎细左缠，中空多分枝，皮棕褐色。叶对生，寒冬不落，故有忍冬之称。叶片卵形至长卵形。花对生于叶腋，夏季开花，初时花白色，后变为黄色，故名金银花。浆果球形，熟时黑色有光泽。

【产地与采制】金银花我国各地均有分布，现多为人工栽培，并以河南、山东产量最多。每年的夏季日出前采花并当日晒干，晒时不要翻动，否则花易变黑。

【化学成分】金银花主含多种绿原酸类化合物、黄酮类化合物、肌醇和挥发油等有效成分。

【药理作用】①抗菌作用：金银花水浸剂对金黄色葡萄球菌、绿脓杆菌、变形杆菌、溶血性链球菌等病原菌有较好的抑制作用。②抗病毒作用：金银花中的有效成分对感冒病毒、单纯疱疹病毒等病毒有抑制作用。③利胆保肝作用：金银花中所含的绿原酸可增进胆汁分泌和肝细胞再生，故呈现保肝利胆的作用。此外金银花煎剂有降低血中胆固醇水平和阻止胆固醇的肠道吸收作用。④止血作用：金银花中的绿原酸和咖啡酸有显著的止血作用，其能使凝血及出血时间缩短。

【功效与应用】金银花味甘性寒，具有清热解毒、止血利胆的功效。在龟鳖疾病防治中既有保健作用又有疾病防治作用，如内服可防治鳖的赤、白板病和龟的肝病。用量为干饲料量的 1%～ 1.5%，一般连喂 8 ～ 12 天。时间在温室出池前后各喂一次。作为保健，平时可与其他中草药一起以不低于25%的比例配伍，每月投喂 10 天。

2. 板蓝根

板蓝根为十字花科植物菘蓝的根。

【形态特征】主根深长，稍弯曲，圆柱形，外皮灰黄色。茎直立，上部多分枝，光滑无毛。单叶互生，叶片长圆状椭圆形。小花黄色，排成宽总状花序。角长圆形，扁平翅状（图 3-15，图 3-16）。

【产地与采制】目前多为人工栽培，以我国的河北安国、江苏南通较多。野生的也分布于东北、西北和华北诸省。秋季采挖，去茎留根，洗净晒干。

【化学成分】板蓝根富含靛甙、靛红、芥子甙、水苏糖、板蓝根乙素等有效成分。

【药理作用】板蓝根煎剂有较好的抗病毒和抗菌作用，特别是感冒病毒。对枯草杆菌、大肠杆菌、伤寒杆菌等病原菌均有较好的抑制作用。

【功效与应用】板蓝根味苦性寒。具有清热解毒，凉血的功效。在龟鳖疾病防

图3-15　板蓝根鲜株　　　　　　　　　图3-16　板蓝根饮片

治应用中，主要用来防治鳖的赤、白板病。用法为：在工厂化温室的鳖种移到室外养殖前5天开始投喂，一直到出池后的6天进行预防。用量为每日干饲料量的1.5%～2%。用时煎汁后拌入饲料中投喂。治疗时如鳖还能吃食，可用板蓝根和其抗病毒中药及西药合用效果更好。当然板蓝根也可用来治疗龟的感冒，用量和鳖相同。此外，菘蓝的叶为中药大青叶，其成分与作用与板蓝根差不多，故应用时可参考板蓝根。

3. 鱼腥草

鱼腥草为三白草科植物蕺草的全草。

【形态特征】多年生草本，有特殊腥味。地下茎为节，白色，地上茎直立，紫红色。单叶互生，叶片心形。花小白色，穗壮花序生于茎顶与枝对生。蒴果顶端开裂（图3-17，图3-18）。

图3-17　鱼腥草鲜株　　　　　　　　　图3-18　鱼腥草饮片

【产地与采制】我国江南诸省均有分布，西藏等地也有出产。多生于较潮湿的田头沟边及山坡林地。夏秋采割，洗净晒干，也有鲜用。

【成分与药理】鱼腥草富含挥发油、蕺菜碱、钾盐、鱼腥草素、异槲皮甙等有效成分。鱼腥草干品煎剂和鲜草对溶血性链球菌、肺炎球菌、大肠杆菌、伤寒杆菌等病原菌均有较强的抑制作用。鱼腥草挥发油对霉菌也有较好的抑制作用。此外，鱼腥草有效成分还有提高机体免疫力和止血作用。但因鱼腥草含有小毒，故在应用内服时应控制用量，否则会引发肠道不适反应而影响吃食。

【功效与应用】鱼腥草味辛、性凉，有小毒。具有清热解毒、利水消肿的功效。在龟鳖病防治中，外用可防治鳖的白点病、白斑病、腐皮病和疖疮病。内服可防治龟鳖的肠炎病和出血病和龟的肺炎和感冒。用法：外用每立方米水体用干品10～12克，连泼2天，如同时与西药合用效果更佳。内服当日干饲料量的0.5%～0.8%。连用5天，但通常应用时多和其他草药配用。

4. 大黄

大黄为蓼科植物掌叶大黄的根和根茎（图3-19，图3-20）。

图3-19 大黄鲜株   图3-20 大黄饮片

【形态特征】掌叶大黄茎高2米左右，地下肉质根。茎粗壮中空。单叶互生并具粗壮长柄，柄上有白色刺，基生叶圆形或卵圆形。花黄白色，圆锥花续顶生，瘦果矩卵形有三棱。

【产地与采制】掌叶大黄主要分布在我国的西藏、甘肃、四川等地。春季开花前和秋季茎叶枯萎时采挖生长三年以上的地下根与根茎，挖起后除去顶芽与细根，刮去外皮，然后按大小横切成片并焙干或阴干。

【化学成分】大黄主含蒽醌类化合物，如大黄素、大黄酚、大黄酸等。此外还有大黄单宁、番泻甙、鞣质、树脂及糖类等化学成分。

【药理作用】①大黄中番泻甙等结合大黄酸能增加动物体肠道的张力和蠕动，可促进消化吸收和增进食欲，大黄中的鞣质有收敛和修复创面作用。②最近的研究报道还表明，大黄还有较好的抗病毒和抗肿瘤的作用。③大黄煎剂有较好的抗菌和抑菌作用，如金黄色葡萄球菌、溶血性链球菌、大肠杆菌、痢疾杆菌等。还对一些致病性真菌也有杀灭作用。④大黄中的一些活性成分还可降低毛细血管的通透性和改善其脆性，还能增加血小板促进血液凝固，故有明显的止血作用。

【功效与应用】大黄味苦性寒，具泻热通肠、凉血解毒的功效。在龟鳖疾病防治中，内服可防治鳖的赤白板病和龟鳖的肠炎病。用量为预防以当日干饲料量的0.8%，煎成汁拌于饲料中连服5天，如是成体龟鳖，也可把大黄粉碎成100目过筛的细粉直接拌入饲料中投喂。外泼可防治鳖的白点病、白斑病和龟腐皮病烂甲病。用量为每立方米水体10～15克煎汁全池泼洒，一般应连泼2～3天。大黄也可与其他中草药合用，配方比例为25%左右。

5. 虎杖

虎杖为蓼科植物虎杖的根、茎、叶。

【形态特征】多年生草本植物。根状茎直立,圆柱形,中空。单叶互生,叶片广卵形至圆形。圆锥花序顶生或腋生。瘦果卵形,红棕色或黑棕色(图3-21,图3-22)。

图 3-21　虎杖鲜株　　　　　　　　图 3-22　虎杖饮片

【产地与采制】主要分布在我国长江以南各省。多生于山沟、林边的湿地。秋季挖根,春夏采茎叶,采后洗净晒干。

【化学成分】虎杖主含蓼甙、大黄素、虎杖甙、葡萄糖、维生素C等有效化学成分。

【药理作用】虎杖有明显的止血作用。虎杖煎剂对金黄色葡萄球菌、链球菌、大肠杆菌、绿脓杆菌等病原菌有较强的抑制作用。虎杖煎剂还抗多种病毒作用。

【功效与应用】虎杖味苦、酸,性凉。具有止血散瘀,抗菌解毒的功效。在龟鳖疾病防治中,外用可防治龟鳖的疥疮病、腐皮病、穿孔病、烂甲病和鳖的白点病。用法为每立方米水体8～12克煎汁泼洒,病情轻的连用2天,病情重的连用3天。内服可防治鳖的赤、白板病和龟鳖的肝病。用法为以当日干饲料量的1%连喂5天为防,而治疗可与其他中草药配伍应用,用量为当日干饲料量的0.5%～1.5%。一般连用7天为一疗程。

6. 空心莲子草

空心莲子草为苋科植物空心莲子草的全草,也叫喜旱莲子草,别名水花生。

【形态特征】茎基部匍匐,着地节处生根,茎上部直立,中空,分枝。叶对生,叶片倒卵形,先端圆钝。花白色,头状花序生于叶腋。

【产地与采制】主要分布于我国的华东、华中、华南、西北、西南及东北诸省。空心莲子草多生于沟边、湿地和流量较小的河中。夏秋采摘,洗净晒干。亦可鲜用。

【成分与药理】全草主含6-甲氧基木犀草素、7-L-鼠李糖甙等有效成分。空心莲子草有很强的抗病毒和抗菌作用。

【功效与应用】空心莲子草味苦、甘,性寒。具有清热利尿、凉血解毒的功效。在龟鳖疾病防治中可预防鳖的赤、白板病和龟的病毒性感冒,效果不错。由于空心莲子草分布较广,又较易得,所以平时可作鲜活饲料长期添加。用量为:鲜品以干饲料量 5% ~ 10% 的比例打成草浆拌入饲料中投喂。干品以 2% 的比例打成干粉拌入饲料中每月 10 天投喂（图 3-23，图 3-24）。

图 3-23　空心莲子草鲜株　　　　　　图 3-24　空心莲子草干品

三、抗细菌类中草药

1. 黄芩

黄芩为唇形科植物黄芩的根。

【形态特征】主根粗壮，外皮棕褐色，折断面由鲜黄色遇潮湿渐变黄绿色。茎四棱形，基部多枝。叶绿色对生，叶片披针形。花蓝紫色，总壮花序顶生。坚果近球形，黑褐色（图 3-25，图 3-26）。

图 3-25　黄芩鲜株　　　　　　　　图 3-26　黄芩饮片

【产地与采制】主要分布于我国的华北、东北、西北和西南等地。多生于较干旱向阳的山坡路旁。春秋采挖，去外皮后切片晒干。

【化学成分】黄芩主含黄芩甙、汉黄芩素等五种黄酮成分。还含有苯甲酸、黄芩酶及淀粉等化学成分。

【药理作用】黄芩煎剂对甲型链球菌、肺炎球菌、霍乱弧菌、痢疾杆菌、绿脓杆菌等病原菌均有较强的抑制作用。此外对一些病毒也有较好的抑制作用。黄芩有加强皮层抑制过程，从而起到镇静作用。研究表明，黄芩还有保肝利胆的作用；这与黄芩能增加胆汁排泄量和黄芩素能因动物四氯化碳引起的肝脏中毒有解毒作用有关。

【功效与应用】黄芩味苦性寒。具解毒、止血的功效。在鳖病防治中外用可防治体表感染的各种皮肤病。内服可防治肝胆病、病毒病、和各种细菌感染的疾病。外泼用量：每立方米水体 5～8 克。内服以干饲料量的 0.5%～0.8%。由于黄芩味极苦且木质素和粗纤维较高，故不宜应用于 50 克体重内的龟鳖幼苗内服。

2. 黄柏

黄柏为芸香科植物黄柏的树皮。

【形态特征】为落叶乔木。主干树皮灰色，小枝树皮棕褐色。单数羽状复叶对生。花单性，黄绿色。核果圆球形。成熟时紫黑色（图 3-27，图 3-28）。

图 3-27　黄柏鲜株　　　　　　　　图 3-28　黄柏饮片

【产地与采制】主要分布于我国的西北、西南、华北、华中、东北等地区。一般在立夏采收，树皮剥下后先刮去外皮，然后晒干切丝。

【化学成分】黄柏主含小檗碱等生物碱，还有黄柏内酯、黄柏酮、脂肪油和黏液质等成分。

【药理作用】黄柏水煎剂有较强的抗菌作用，其中对霍乱弧菌、伤寒杆菌、大肠杆菌有杀灭作用。对一些真菌也有抑制作用。黄柏所含的小檗碱还有增强血液中白细胞吞噬能力，起到提高动物体抗病能力的作用。小檗碱对血液中的血小板有保护作用，使其不易破碎。此外小檗碱还有减轻创面充血的作用。

【功效与应用】黄柏味苦性寒。具清热解毒、内治肠炎黄胆、外治疮疡脓肿等功效。在龟鳖的疾病防治中，外用可防治龟鳖的疥疮病、腐皮病、烂甲病。内服可防治肠炎病。用量为外泼每立方米水体 10 克，煎汁连用 2 天。内服以当天干饲料量的 1% 煎汁拌入连续投喂 5 天。

3. 牡丹皮

为毛茛科植物牡丹的根皮（图 3-29，图 3-30）。

图 3-29　牡丹鲜株　　　　　　　　图 3-30　牡丹皮饮片

【形态特征】落叶灌木。分枝短而粗，树皮黑灰色。叶纸质，为三回三出复叶。花白色、红紫或黄色，单生枝顶。蓇葖果卵形，密生褐黄色毛。

【产地与采制】我国黄河中下游诸省均有栽培。通常 3～4 年后于秋季叶枯时采挖，洗净后去木心，然后晒干。

【化学成分】根皮主含芍药甙、丹皮酚、葡萄糖、苯甲酸、挥发油等有效成分。

【药理作用】丹皮酚有抗惊镇静抗应激作用。牡丹皮煎剂还有较好的抗菌作用，特别是对痢疾杆菌、伤寒杆菌、霍乱弧菌、边形杆菌、绿脓杆菌、肺炎球菌都有较强的抑制作用。此外，对常见的皮肤性真菌也有较强的杀灭作用。

【功效与应用】牡丹皮具有清热凉血、活血行瘀的功效。在龟鳖疾病防治中，外泼，可防治苗种阶段鳖的白斑、白点病和龟的腐皮病。内服可防治肝病和鳖的赤、白底板病和龟的肺炎病。用量：外泼，可以每立方米水体 10～15 克煎汁泼洒，每天一次，连泼 3 天。内服可以当日干饲料量的 1%～1.5% 煎汁后拌入饲料中连喂 6 天。此外，在进行分养、运输和放养前投喂 5 天可起到抗应激，防损伤的作用。应用时和别的中草药科学合用效果更好。

4. 黄连

黄连为毛茛科植物黄连的根茎。

【形态特征】根状茎细长，常分枝成簇生长。茎折断面皮部红棕色，木质部黄色，味极苦。叶片坚纸质，三角卵形。小花白绿色，顶生聚伞花序。蓇葖果长 6～8 毫米（图 3-31，图 3-32）。

【产地与采制】主要分布于我国的西北、西南、华东、华中、华南诸省。一般以冬季 10～12 月采挖 6 年生的根茎，去须根去泥，晒 2 天后低温烘干。

【化学成分】黄连根茎含多种异喹啉类生物碱，其中小檗碱占 5%～8%，其他还有黄连碱、甲基黄连碱、巴马汀、药根碱、木兰碱等。酚性成分有阿魏酸、氯原酸等。

【药理作用】黄连煎剂中的活性成分如小檗碱和黄连碱对革兰氏阳性菌和革兰氏阴性菌均有较强的抑制作用。对一些真菌和原虫也有较好的杀灭作用。这里黄连碱的作用最强，其作用的机理在于能有效抑制微生物 RNA 蛋白质的合成。黄连中的小檗碱型季铵碱均有显著的抗炎作用，黄连煎剂中的小檗碱还有明显的抗溃疡作用。黄连中的有效成分还有较好的抗病毒作用。

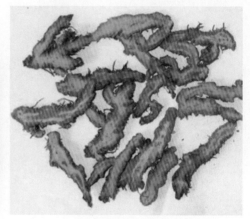

图 3-31　黄连鲜株　　　　　　　　　图 3-32　黄连饮片

【功效与应用】黄连味苦性寒，具泻火解毒的功效。在龟鳖疾病防治中，可用于龟鳖消化道疾病和腐皮病等外症。但在采用内服时因黄连较苦，如比例过高会影响龟鳖的吃食，故以不超过当日干饲料量的 0.5% 为好。如与其他中药配伍，配方比例以不超过 15% 为适。外用时可以每立方米水体 10 克的量煎汁泼洒。值得注意的是，黄连中的有效成分小檗碱能与甘草中的甘草甙、黄芩中的黄芩甙、大黄中的鞣质类成分反应后生成难溶沉淀物，故在应用时应避免与甘草、大黄、黄芩等含甙类和鞣质类含量较高的中药配伍。

5. 蒲公英

蒲公英为菊科植物蒲公英的全草。

【形态特征】多年生草本，含白色乳汁。根深长，单一或分枝，外皮黄棕色。叶基生，排列成莲坐状，叶片条状披针形或倒卵形。花葶由叶丛抽出，密被白色丝状毛，头状花序单一，顶开，总苞钟状。瘦果倒披针形，顶端生有白色冠毛，熟时淡黄褐色。

【产地与采制】我国各地均有分布，开花前采挖全草，采后洗净切段晒干。也可鲜用。

【成分与药理】根含多种三萜醇，为蒲公英甾醇、蒲肥英赛醇，还有蒲公英苦素及咖啡酸等。全草含肌醇、天冬酰胺、苦味素、皂甙、树脂、菊糖、果胶、胆碱、黄呋喃素和 B 族维生素等有效化学成分。蒲公英水煎剂对多种病原菌有较强的抑杀作用。对常见致病性皮肤真菌也有较强的抑制作用。蒲公英水浸剂有很好的利胆作用。最近研究报道，蒲公英有较好的抗癌作用。

【功效与应用】蒲公英味苦、甘，性寒。具有清热解毒、消痈散结的功效。在龟鳖的疾病防治中主要用来防治龟鳖的腐皮病、霉菌病。用法为：外用每立方米水体 12～15 克煎汁连泼 3 天。内服防治肝病，用量为干品以当日干饲料量的 1.5%～2% 煎汁拌入饲料中连喂 7 天，也可用鲜品以 10% 的比例榨汁拌入饲料中投喂 10 天（图 3-33，图 3-34）。

图 3-33 蒲公英鲜株　　　　　　　图 3-34 蒲公英干品

6. 白头翁

白头翁为毛茛科植物白头翁的根。

【形态特征】根圆锥形，外皮黄褐色，粗糙有纵纹。叶基生，叶片宽卵形。花蓝紫色，单朵顶生（图 3-35，图 3-36）。

图 3-35 白头翁鲜株　　　　　　　图 3-36 白头翁饮片

【产地与采制】主要分布于我国的东北、西南、华东、华北等地。现多有人工栽培。春秋采挖，人工栽培的须 4 年以上。采挖后洗净晒干。

【成分与药理】白头翁富含白头翁素、皂甙、葡萄糖等有效成分。白头翁有较好的抗菌作用，如绿脓杆菌、大肠杆菌等。白头翁还有较好的杀虫作用，和其他中药配伍可防治寄生虫病。

【功效与应用】白头翁味苦性寒。具清热解毒、凉血的功效。在龟鳖的疾病防治中外用可防治龟鳖的腐皮病、疖疮病、烂甲病和寄生虫病。用量为：煎汁全池泼洒每立方米水体用药 8 ～ 10 克。和其他中草药配伍内服，可预防鳖的赤白板病和龟的肠炎病，用量为干饲料量的 0.5% 的比例煎汁拌入饲料中连喂 6 天。

7. 半枝莲

半枝莲为唇形科植物半枝莲的全草（图3-37，图3-38）。

图 3-37　半枝莲鲜株　　　　　　　　图 3-38　半枝莲干品

【形态特征】茎下匍匐伏生根，上部直立四棱形。叶对生，叶片卵形至披针形。花浅蓝色，轮伞花序顶生。小坚果卵形。

【产地与采制】主要分布于我国的华东、华南、西南、华中诸省，多生于山坡草地和河岸路边。开花期采集全草，采后洗净晒干或鲜用。

【成分与药理】半枝莲主含生物碱、黄酮甙、甾类、鞣质等有效化学成分。半枝莲有较好的抗菌和抗癌作用。

【功效与应用】半枝莲味苦性凉，具有清热解毒、消肿活血的功效。在鳖病防治中主要用来预防鳖的赤白板病，用量为干饲料量的1.5%的比例添加10天，用时可把干草药打成细粉直接拌入饲料中。

8. 半边莲

半边莲为桔梗科植物半边莲的全草（图3-39，图3-40）。

图 3-39 半边莲鲜株　　　　　　　　图 3-40 半边莲干品

【形态特征】全株光滑,折断有乳汁样白色液体。根细,圆柱形。茎细弱匍匐,节处生须根。叶互生,无柄,条形或披针形。花小,白色或淡紫色。子房下位。蒴果顶端开裂。种子细小。

【产地与采制】我国长江中下游地区及华南诸省均有分布。多生于沟边、田边地头、路边的潮湿地。夏秋采收,采后洗净晒干或鲜用。

【成分与药理】半边莲主含山梗菜碱、山梗菜酮碱等生物碱。还含皂甙、黄酮类有效成分。半枝莲有较好的止血作用,研究表明,半枝莲还有较好的抗菌和抗癌作用。

【功效与应用】半枝莲味辛、苦。性平。具有解毒利尿消肿的功效。在龟鳖的疾病防治中,半枝莲可用来防治龟鳖的肝性水肿和鳖赤、白板病。外泼可防治龟鳖的疔疮病、腐皮病和烂甲病。用量:鲜草可以当日干饲料量的5%～8%打成草浆拌入饲料中连续投喂10天。干品以饲料量2%的比例煎汁拌入连喂7天。外用时最好与其他中药合用煎汁浸泡。

9. 翻白草

翻白草为蔷薇科植物翻白草的根和全草(图3-41,图3-42)。

图3-41 翻白草鲜株　　　　　　　图3-42 翻白草干品

【形态特征】根肥厚,数条簇生,外皮土棕色。单数羽状复叶基生,披白色长绵毛。花黄色,聚伞花序着生于顶端。瘦果卵形,淡黄色。

【产地与采制】我国各地均有分布,多生于山坡草丛中。夏秋采挖,洗净晒干。也可鲜用。

【成分与药理】全草富含黄酮类和水解鞣质及缩合鞣质。翻白草有较好的抗真菌作用。

【功效与应用】翻白草味甘、微苦,性平。具有清热解毒、凉血止血的作用。在龟鳖的疾病防治中,对龟鳖幼苗阶段的霉菌病有较好的防治作用。用量为每立方米水体用20克煎汁,连泼3天。因翻白草含有损害肝脏的水解鞣质,故尽量不用来内服。

10. 白花蛇舌草

白花蛇舌草为茜草科植物白花蛇舌草的全草(图3-43,图3-44)。

图 3-43 白花蛇舌草鲜株 　　　　　图 3-44 白花蛇舌草干品

【形态特征】根圆柱状，细长，分枝。叶十字形对生，无柄，叶片条形或披针形。花白色细小，从叶腋单生或对生。种子细小，棕黄色，具三个棱角。

【产地与采制】主要分布在我国的华东、华南及西南诸省。多生于较湿润的沟河路旁。夏秋采集，洗净晒干，也可鲜用。

【成分与药理】全草主含乌索酸、齐墩果酸、豆甾醇、葡萄糖等有效成分。白花蛇舌草有增强白细胞的吞噬能力，故有抗癌防癌的作用。白花蛇舌草有较好的防肝病作用。此外，还有镇静、催眠的作用。

【功效与应用】白花蛇舌草味甘、淡，性凉。具有清热解毒、活血止痛、散瘀消肿的功效。在鳖病防治中，可用来防治龟鳖的肝病和出血病。用量内服以当日干饲料量的 1.5%，连喂 7 天。

11. 千里光

千里光为菊科植物千里光的全草（图 3-45，图 3-46）。

图 3-45 千里光鲜株 　　　　　　　图 3-46 千里光干品

【形态特征】根状茎粗壮呈圆柱形，土黄色。茎圆柱形细长，曲折稍呈"之"字形上升并有分枝。叶椭圆状、三角形或卵状披针形。花黄色，头状花序生于枝端，成圆锥状伞房花丛。瘦果圆筒形，白色。

【产地与采制】我国的西北、华东、华南、西南诸省均有分布。千里光多生于河滩、沟边、林地、路旁等处。夏秋采集，洗净晒干，亦可鲜用。

【成分与药理】千里光全草含黄酮类、酚类、有机酸、鞣质等化合物。千里光有效成分有广谱抗菌作用。但内服量较大时，因其含有丰富的水解性鞣质，对肝脏会引起损伤。

【功效与应用】千里光味苦、辛，性凉。具有清热解毒、凉血消肿、清肝明目的作用。在龟鳖的疾病防治中，可用来对龟鳖的白斑病、白点病、腐皮病和烂甲病的外泼防治。用量为每立方米水体用千里光干品20克，连用3天。

12. 地锦草

地锦草为大戟科植物地锦草的全草（图3-47，图3-48）。

图 3-47　地锦草鲜株　　　　　　　　图 3-48　地锦草干品

【形态特征】茎纤细，假二歧分枝，枝柔细，红色。单叶对生，叶片长圆形。花浅红色，杯状聚伞花序生于叶腋。蒴果三棱状锥形。种子卵形，黑褐色。

【产地与采制】我国各地均有分布，多生于田边、路旁、林缘。夏秋采全草，洗净晒干。也可鲜用。

【成分与药理】地锦草主含黄酮类化学成分和没食子酸等有效成分。地锦草煎剂有较好的抗菌作用。研究表明，地锦草有较好的止血作用，此外，地锦草有效成分还有中和毒物的作用。

【功效与应用】地锦草味苦、辛，性平。具有解毒消肿、凉血止血的功效。在龟鳖的疾病防治中，内服可防治各种出血症。外用可防治龟鳖的腐皮病、白点病和烂甲病。用量为：外用每立方米水体用干品20克煎汁连泼3天。内服可防治龟鳖的肠炎病，鲜品以干饲料量6%的比例打成草浆拌入饲料中连喂7天。干品以干饲料量 2% 的比例煎汁拌入饲料中连喂 7 天。

13. 穿心莲

穿心莲为爵床科植物穿心莲的全草。

【形态特征】一年生草本。茎四棱形，多分枝。叶对生纸质，长圆卵形至披针形。花白色，枝顶生或腋生。蒴果橄榄核形而稍扁。种子棕黄色（图 3-49，图 3-50）。

图 3-49　穿心莲鲜株　　　　　　图 3-50　穿心莲干品

【产地与采制】全国各地均有分布与人工栽培，但以华东、华南较多。开花前采割，采后洗净切段晒干。也可鲜用。

【成分与药理】穿心莲富含穿心莲内酯、穿心莲烷、穿心莲蜡、穿心莲酮、穿心莲甾醇、氯化钾、氯化钠、生物碱等有效化学成分。穿心莲煎剂对多种革兰氏阳性菌和革兰氏阴性菌有较强的抑制作用。穿心莲还有促进白细胞吞食细菌的作用。

【功效与应用】穿心莲味苦、性寒。具有清热解毒、消肿止痛的功效。在龟鳖的疾病防治中，可用于龟鳖苗阶段常发的白斑病、白点病和腐皮病的防治，内服可用于防治赤、白板病龟的感冒。用法为：外泼，每立方米水体 10 ～ 15 克连用 3 天。内服以当日干饲料量的 1% ～ 2% 煎汁拌入饲料中连喂 8 天。如长期防病，可每月以干饲料量 1.5% 的比例连续投喂 10 天。

14. 五倍子

五倍子为漆树科植物盐肤木、青麸杨、红麸杨的囊状虫瘿。

【形态特征】①角倍：呈不规则的囊状，有瘤状突起和角状分枝，表面黄棕色或灰棕色。气特异，味极涩。②肚倍：呈纺锤形囊状，无突起和分枝，较角倍光亮。

【产地与采制】主要分布于我国的西北、西南、华东、华南的诸省，其中贵州产量最大。角倍秋季采摘，肚倍夏季采摘。摘后用开水煮 5 分钟杀死瘿内之虫，然后晒干。

【化学成分】五倍子主含鞣质，约占 70% 左右，且大多为水解性鞣质。其他还有没食子酸、鞣酸、脂肪、蜡质、淀粉等。

【药理作用】①收敛止血作用：五倍子鞣酸能使皮肤、黏膜、溃疡等局部组织的蛋白质凝固，呈收敛作用。能加速血液凝固而起止血作用。②解毒作用：五倍子中的鞣酸能沉淀生物碱的作用，故有解生物碱中毒作用。③抑菌作用：五倍子煎剂有较好的抑菌作用，如金黄色葡萄球菌、溶血性链球菌、绿脓杆菌等。

【功效与应用】五倍子味酸、咸性平。具有收敛止血、抑菌解毒的功效。在龟鳖的疾病防治中可用来防治龟鳖幼苗阶段的体表细菌、真菌感染的白点病、白斑病和腐皮病病。用量为每立方米水体8～10克。一般连用3天。值得注意的是五倍子不要用来内服，因五倍子中的水解性鞣质对肝脏有很强的损害作用（图3-51，图3-52）。

图3-51　五倍子鲜株

图3-52　五倍子药材

15.七叶一枝花（华重楼）

为百合科植物七叶一枝花的根茎。

【形态特征】根状茎棕褐色，横走而肥厚，表面粗糙具节，节上生纤维状须根。茎单一，直立圆柱形，光滑无毛，基部紫红色。叶七片，轮生茎顶，其上生花一朵，故名"七叶一枝花"。叶片纸质或膜质，倒披针形。花黄绿色，茎顶抽出单独顶生，萼片卵状披针形。蒴果室背开裂（图3-53，图3-54）。

图3-53　七叶一枝花鲜株

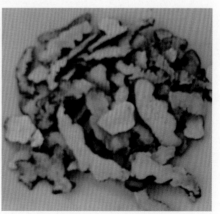
图3-54　七叶一枝花饮片

【产地与采制】主要分布于我国的西南、华南等地，目前我国多有人工栽培。夏秋采挖，人工栽培的须 3～5 年后采挖。采后洗净切片晒干。

【化学成分】七叶一枝花主含甾体皂甙、生物碱和氨基酸等有效成分。

【药理作用】①抑菌：七叶一枝花煎剂对痢疾杆菌、金黄色葡萄球菌、绿脓杆菌、沙门氏菌等有较强的抑制作用。②镇静作用：七叶一枝花所含甾体皂甙中的蚤休甙可使动物的自由活动减少。

【功效与应用】七叶一枝花味苦性寒有小毒。其具有清热解毒、消肿止痛的功效。在鳖病防治中，主要用来治疗鳖的疖疮和白点病。用法为，外泼每立方米水体 6～10 克，内服为干饲料量的 0.5%～0.8%，用时煎汁后拌入饲料中投喂。

16. 食盐

食盐为纯净的氯化钠无色透明的立方晶体（图 3-55）。

【产地与采制】氯化钠大量存在于海水和天然盐湖中，我国一般的食用品商店都能采购。

【化学成分】食盐的主要成分氯化钠，离子型化合物。由于杂质的存在使一般情况下的氯化钠为白色立方晶体或细小的晶体粉末，比重为 2.165（25/4℃），熔点 801℃，沸点 1442℃，相对密度为 2.165 克/厘米^3，味咸，含杂质时易潮解；溶于水或甘油，难

图 3-55 食盐（氯化钠）

溶于乙醇，不溶于盐酸，水溶液中性并且导电。固态的氯化钠不导电，但熔融态的氯化钠导电。在水中的溶解度随着温度的升高略有增大。

【药理作用】食盐的杀菌机理是利用高渗透作用，破坏病原体细胞而致病原体死亡。此外，食盐在维持神经和肌肉的正常兴奋性上也有作用。

【功效与应用】味咸，性寒，入胃、肾、大小肠经，具有清热解毒、凉血润燥、滋肾通便、杀虫消炎、催吐止泻的功能。食盐在龟鳖疾病防治中，具有安全高效的作用，主要用来龟鳖放养和分养时的体表消毒，特别是在龟鳖体表细菌和真菌感染初期的治疗效果明显，所以对龟鳖体表疾病有很好的防治作用。龟鳖体表消毒时一定要严格控制浓度与时间，通常规格 100 克以内的龟鳖苗消毒浓度为 1%，100 克以上的龟鳖为 2% 的浓度，消毒时间为 5 分钟。治疗时可用 2.5% 的浓度，苗种浸泡 5 分钟，成体浸泡 10 分钟，但要求在浸泡治疗过程中注意观察，如反应强烈应及时加水冲淡浓度进行补救。

四、抗真菌类中草药

1. 土槿皮

土槿皮为松科金钱松属植物金钱松的根和皮。

【形态特征】落叶乔木，高 20～40 米。茎干直立，枝轮生平展；长枝有纵纹细裂，

叶散生其上，短枝有轮纹密生，叶簇生其上，作辐射状。叶线形，长约3～7厘米，宽1～2毫米，先端尖，基部渐狭，至秋后叶变金黄色。花单性，雌雄同株；雄花为荑荑状，下垂，黄色，数个或数十个聚生在小枝顶端，基部包有无数倒卵状楔形之膜质鳞片；雌花单生于有叶之短枝顶端，由多数螺旋状排列的鳞片组成。球果卵形，直立，长约5～7.5厘米，径约3～6厘米，鳞片木质，广卵形至卵状披针形，先端微凹或钝头，基部心脏形，成熟后脱落，苞片披针形，长6～7毫米，先端长尖，中部突起。种子每鳞2个，长8毫米，富油脂，有膜质长翅，与鳞片等长或梢短。花期4～5月。果期10～11月。喜生于多阳光处（图3-56，图3-57）。

图3-56 金钱松鲜株　　　　　　　　图3-57 土槿皮药材

【产地与采制】江苏、浙江、安徽、江西、湖南、广东等地多有栽培。立夏前后采收根皮和近根树皮，晒干平叠。

【成分与药理】土槿皮主含土槿皮酸、酚性成分、鞣质及色素等。土槿皮中的有效成分具有显著的抗肿瘤作用，抗生育作用，抗真菌和抗细菌作用。

【功效与应用】土槿皮味辛、性温，有毒，具有止痒杀虫和治疗皮癣的功效。在防治龟鳖的真菌性感染的水霉等皮肤病时和乌梅等中草药配合有很好的防治作用。一般配伍量为每立方米5～8克左右，用于浸泡或泼洒。

2. 皱叶酸模

皱叶酸模为蓼科酸模属植物皱叶酸模的根或全草（图3-58，图3-59）。

【形态特征】皱叶酸模，多年生草本，高0.6～1米。根粗大，黄棕色，味苦。茎直立，有浅纵沟，通常不分枝，或分枝较短。叶具柄，叶片薄纸质，披针形至长圆形，基生叶较大，长16～22厘米，宽1.5～4厘米，基部多为楔形，茎生叶向上渐小，先端急尖，基部圆形，截形以致楔形，边缘波状皱褶，两面无毛，托叶鞘筒状，膜质，边缘破碎。春季叶腋生黄色或淡绿色小花，花多朵成束，并由多束稠密的花束组成总状花序，复排为窄长的圆锥，花序中无叶，花两性，花被6裂，排为两轮，内面3片在结果时增大呈卵圆形，顶端钝，基部心型或截平，有网状脉纹，全缘或有不明显的齿，每裂片的背部有一长圆状小瘤状突起。雄蕊6个，柱头3个，画笔状。瘦果椭圆形，有3棱，棕色，光滑。

图 3-58 皱叶酸模鲜株　　　　　　　图 3-59 皱叶酸模药材

【产地与采制】生于山坡、村边，路旁的阴湿处。主要分布于东北、内蒙古、青海、宁夏、福建、台湾、广西、四川等地。春秋季挖根，洗净切片晒干。

【成分与药理】皱叶酸模主含蒽醌类化合物，如大黄酚、大黄素、大黄素甲醚、糖类、鞣质、草酸钙等有效成分。皱叶酸模中的水浸液或浸膏对小芽孢癣菌有抑制作用，还对急性淋巴细胞型白血病细菌有较强的抑制作用。

【功效与应用】皱叶酸模味苦、酸，性寒，有小毒。具有清热解毒、止血、通便、杀虫的作用，现代医学还发现皱叶酸模对真菌性感染的皮肤病有较好的防治作用。在龟鳖疾病的防治中，可用来预防和控制龟鳖的真菌性感染的白毛病、肤霉病等体表性疾病。和其他中药配伍，每立方米水体泼洒为 6～8 克，浸泡液为 4% 干品的浓度。

3. 乌蔹莓

乌蔹莓为葡萄科植物乌蔹莓的全草（图 3-60）。

【形态特征】老茎紫绿色，幼茎绿色。卷须叶对生，上部两枝，鸟足状复叶互生，小叶膜质，椭圆形，倒卵形或披针形。小花黄绿色，聚伞花序腋生，具长柄。浆果卵形，成熟时黑色。种子较少，一般为 2～4 粒。

【产地与采制】主要分布在我国的华东、华南诸省。乌蔹莓喜向阳和有攀附

图 3-60 乌蔹莓鲜株

物的生长环境。故多生长在山坡和林地。夏秋采集，洗净切段后晒干。亦可鲜用。

【成分与药理】乌蔹莓含硝酸钾、甾醇、黄酮类、酚类、氨基酸及黏液汁。乌蔹莓有较强的抗菌作用。

【功效与应用】乌蔹莓味酸、苦，性寒。具有解毒消肿、活血止血的功效。在龟鳖的疾病防治中外用可防治龟鳖的细菌、真菌的腐皮病和烂甲病，内服可预防鳖的赤、白板病和龟的肠炎病，用量为干饲料量 2% 的比例煎汁拌入饲料中连喂 7 天。

外用用量为每立方米水体用鲜品 50 克榨汁或用干品 20 克煎汁连泼 3 天。

4.乌梅

乌梅为蔷薇科植物梅的果实。

【形态特征】落叶乔木，小枝细长，先端刺状。叶片椭圆状宽卵形。花有香气，叶腋簇生，花冠白色或淡红色。核果球形。

【产地与采制】乌梅主产于我国的西北、华东、华南和西南诸省。现多为人工栽培。五六月梅果青黄时采收，用火焙干后闷 3 天果色变黑即可。

【化学成分】乌梅主含苹果酸、枸橼酸、九石酸、琥珀酸、三萜成分等。

【药理作用】乌梅对革兰氏阳性菌和革兰氏阴性菌均有较好的抑制作用，对体外的一些真菌也有较好的抑制作用。

【功效与应用】乌梅味酸、涩，性温。具有敛肺涩肠、驱虫止痢的功效。在龟鳖的疾病防治中，主要用来防治龟鳖幼苗阶段鳖的白点病、白斑病和龟的霉菌病、腐皮病。用法：以每立方米水体 10～15 克煎汁连续泼洒 3 天（图 3-61，图 3-62）。

图 3-61　乌梅鲜株

图 3-62　乌梅药材

5.马齿苋

马齿苋为马齿苋科植物马齿苋的全草。

【形态特征】茎下部匍匐，四散分枝，上部直立或斜上。全草肥厚多汁，光滑无毛。单叶互生，叶片先端圆稍凹下或平截似马齿。花簇生于枝顶的总苞内。蒴果锥形。种子黑色，扁圆细小（图 3-63，图 3-64）。

【产地与采制】我国各地均有分布，多生长于地头园旁、沟边草地等向阳处。夏秋采集，洗净蒸后晒干。亦可鲜用。

【成分与药理】全草富含维生素 A、维生素 B_1、维生素 B_2、烟酸、维生素 C、胡萝卜素。还含有皂甙、鞣质、脂肪、苹果酸、氨基酸等成分。马齿苋中丰富的维生素 A 样物质能促进受损上皮细胞的生理功能趋于正常，并能促进表皮溃疡的愈合。马齿苋煎剂有较好的抑菌作用。研究还表明，马齿苋中的有效成分还有抑制皮肤真菌和止血作用。

图 3-63　马齿苋鲜株　　　　　　　　图 3-64　马齿苋药材

【功效与应用】马齿苋味酸，性寒。具有清热利湿、凉血解毒的功效。在龟鳖的疾病防治中可用来防治龟鳖幼苗阶段的体表疾病，如白点病、白斑病和龟的水霉病、腐皮病。内服可防治龟鳖的肠炎病，用量为当日投喂量的 4% 的比例添加，效果很好。鲜草还可用来放养前的肥水，用量为：肥水每立方米水体用鲜草 0.3 千克打成草浆泼洒。平时防病，用鲜草每立方米水体 50 克或干品 20 克连泼 2 天。

此外，食盐也对真菌有较好的抑制作用。

五、杀寄生虫类中草药

1. 苦参

苦参为豆科类植物苦参的根。

【形态特征】根圆柱形，外皮浅棕黄色。茎直立，多分枝，幼枝被疏毛。单数复叶互生，叶片卵状椭圆形。花淡黄色，顶生总状花序。荚果条形。种子近球形，棕褐色（图 3-65，图 3-66）。

图 3-65　苦参鲜株　　　　　　　　图 3-66　苦参药材

【产地与采制】全国各地均有分布，多生于山坡、林地、河岸沙地。现多有人工栽培。秋季采挖，洗净切片晒干。

【化学成分】苦参富含生物碱，如苦参碱、野靛碱等。种子含脂肪油。

【药理作用】苦参有很好的杀虫作用，苦参煎剂有很强的抗真菌作用。但苦参碱有麻痹中枢神经作用。

【功效与应用】苦参味苦、性寒，有小毒。在龟鳖的疾病防治中一般不作内服，因其有毒和麻痹神经中枢的副作用。故主要用来防治龟鳖的水霉病、毛霉白斑病及外塘的寄生虫病。用量为每立方米水体 8 ～ 10 克，连用 2 天。

2. 艾叶

艾叶为菊科植物艾的干燥叶。

【形态特征】多年生草本。茎直立，茎从中部以上有分枝，外被灰白色软毛。叶互生，叶片卵状椭圆形，羽状深裂。花呈头状花序，无梗。瘦果长圆形，无毛。

【产地与采制】我国各地均有分布，多生长在山坡草地、林缘路旁。每年未开花前采收，采后晒干（图 3-67，图 3-68）。

图 3-67　艾叶鲜株　　　　　　　　图 3-68　艾叶药材

【化学成分】艾叶主含挥发油，如桉油精等。还含多种维生素及淀粉酶等成分。

【药理作用】艾叶少量内服可增进食欲。水浸剂对体外多种细菌和真菌有较好的抑制作用。

【功效与应用】艾叶味苦、辛，性温。具有散寒除湿、温经止血的功效。在龟鳖的疾病防治中，外用可防治龟鳖幼苗阶段的白斑病和水霉病。用时最好同其他中药配伍效果更好。用量为每立方米水体 8 ～ 12 克。内服可增进龟鳖的消化吸收，促进生长。用量为干饲料量的 0.5% ～ 1%。

3. 蛇床子

蛇床子为伞形科植物蛇床的果实。

【形态特征】茎直立，中空，多分枝，幼茎卧地似蛇状，随生长而起立。叶为 2 ～ 3 回羽状复叶。花小白色，呈复伞花序。双悬果椭圆形略扁，有香气（图3-69，图 3-70）。

图3-69　蛇床子鲜株　　　　　　　　图3-70　蛇床子药材

【产地与采制】全国各地均有分布，多生长在河边路旁、田边湿地等较潮湿的地方。夏秋果实成熟时采摘，然后晒干。

【化学成分】蛇床子含丰富的蛇床子素与挥发油。

【药理作用】蛇床子有效成分有类似性激素的作用。蛇床子煎剂有较强的杀真菌作用。

【功效与应用】蛇床子味辛、苦，性温。具有除癣杀虫的功效。在龟鳖疾病防治中主要用来防治龟鳖的毛霉菌、水霉菌感染的鳖苗白斑病和龟水霉病等，用量为每立方米水体8～10克煎汁泼洒，一般需连用3天。因蛇床子有类似性激素的成分，故不应作内服。

4. 雷公藤

雷公藤为雷公藤属植物雷公藤的根，藤本灌木（图3-71，图3-72）。

图3-71　雷公藤鲜株　　　　　　　　图3-72　雷公藤药材

【形态特征】雷公藤藤本灌木高1～3米，小枝棕红色，具有4～6根细棱，被密毛及细密皮孔。叶椭圆形、倒卵椭圆形、长方椭圆形或卵形，长4～7.5厘米，宽3～4厘米，先端急尖或短渐尖，基部阔楔形或圆形，边缘有细锯齿，侧脉4～7对，达叶缘后稍上弯；叶柄长5～8毫米，密被锈色毛。圆锥聚伞花序较窄小，长5～7厘米，宽3～4厘米，通常有3～5分枝，花序、分枝及小花梗均被锈色毛，花序梗长1～2厘米，小花梗细长达4毫米；花白色，直径4～5毫米；萼片先端急尖；花瓣长方卵形，边缘微蚀；花盘略5裂；雄蕊插生花盘外缘，花丝长达3毫米；子房具3棱，花柱柱状，柱头稍膨大，3裂。翅果长圆状，长1～1.5厘米，直径1～1.2厘米，中央果体较大，约占全长1/2～2/3，中央脉及2侧脉共5条，分离较疏，占翅宽2/3，小果梗细圆，长达5毫米；种子细柱状，长达10毫米。

【产地与采制】生于背阴多湿的山坡、山谷、溪边灌木丛中。主产于我国的福建、浙江、安徽、河南等地。秋季采根，夏秋采叶、采花、采果。采后晒干阴凉处储藏。

【成分与药理】雷公藤根含雷公藤碱，雷公藤次碱，雷公藤碱乙，雷公藤碱丁即雷公藤春碱（wil-皮酰胺，南蛇藤β-呋喃甲酸胺，南蛇藤苄酰胺，雷公藤内酯（A、B，雷酚萜醇，16-羟基雷公藤内酯醇，雷公藤内酯醇即雷公藤甲素，表雷公藤内酯三醇，雷贝壳杉烷内酯，雷公藤酸，直楔草酸，β-谷甾醇及胡萝卜甙等有效化学成分。

雷公藤有抗肿瘤作用，特别对白血病有抗肿瘤活性；也可抑制乳腺癌与胃癌细胞。雷公藤醋酸乙酯提取物对佐剂性关节炎有抑制作用。雷公藤多甙灌胃可使雄性大鼠附睾精子成活率明显下降，有抗生育作用。雷公藤内酯有一定的毒性，可使动物的心肌出现颗粒性变，肝脏坏死等副作用。

【功效与应用】雷公藤味苦、辛，性凉，大毒。雷公藤主要用于龟鳖的体表性疾病的治疗，如真菌和细菌感染的腐皮病和寄生虫病等，应用时和其他中草药配伍合剂，用量为泼洒为每立方米水体5克。特别指出的是在给龟鳖疾病的防治中因有一定的毒性，所以要避免内服。

5.生石灰

生石灰别名白灰，为石灰岩经加热煅烧而成。

【形态特征】为白色或淡黄色块状物，质地较硬，易溶于酸，微溶于水，暴露在空气中吸收水分后则逐渐分化成熟石灰（图3-73）。

【产地与采制】我国大多地方有开采和烧制。保存须在阴凉干燥处密封。

【化学成分】主要成分为碳酸钙，也有少量镁、铁、铝等物质。

图3-73 生石灰

【药理作用】是淡水养殖中最经济易得、操作方便且效果好的环境消毒药。在龟鳖鱼疾病防治中有三种作用。①消毒作用：生石灰在养殖池中遇水变成氢氧化钙。首先是增加温度，使一些病原菌在突然上升的高温中死亡。其次是生石灰分解后能迅速提高池中的pH，当pH提高到11以上时，能破坏病原菌的酶系统，使病原菌的蛋白质凝固，起到直接杀死病原体的作用，通过试验表明，当龟鳖池水pH提高到11以上时，2小时后检测，除龟鳖以外几乎所有的生物都被杀死。②杀寄生虫作用：养殖水体中的水蛭是危害龟鳖生长的寄生虫之一，由于水蛭喜欢在酸性环境中生活，所以利用生石灰提高水体的 pH，对预防龟鳖水蛭病有很好的效果。③调水作用：生石灰有改善水质，为养殖水体提供营养元素的作用。使水体变肥，促进水中增氧的浮游植物生长。此外它还有缓冲 pH 作用。使水体的 pH 保持稳定，给龟鳖创造一个适宜生长的良好环境。所以生石灰在龟鳖病防治中，既是清塘消毒又是改善生态环境的良药。

【功效与应用】应用生石灰清塘可采取干法。即用生石灰每平方米 0.5～1 千克的量打成小细块遍撒，然后放水 10～15 厘米任其分解，第二天再用铁耙耙一遍，使其充分分解。就可起到消毒的作用。调节水质时可把生石灰化成石灰水泼洒。用量要视当时鳖池 pH 情况酌用，应注意的是应用时应做好身体的防护，以免化石灰时灼伤身体。

6. 贯众

贯众为鳞毛蕨科植物粗茎鳞毛蕨的根茎及叶柄残基（图 3-74，图 3-75）。

图 3-74　贯众鲜珠　　　　　　　　　图 3-75　贯众药材

【形态特征】多年生草本，高 50～100 厘米。根茎粗壮，斜生，有较多坚硬的叶柄残基及黑色细根，密被深褐色、长披针形的大鳞片。叶簇生于根茎顶端；叶柄长 10～25 厘米，基部以上直达叶轴密生棕色条形至钻形狭鳞片，叶片草质，倒披针形，长 60～100 厘米，中部稍上处宽 20～25 厘米，二回羽状全裂或深裂；羽片无柄，裂片密接，长圆形，圆头或圆截头，近全缘或先端有钝锯齿；上面深绿色，下面淡绿色，侧脉羽状分叉。孢子叶与营养叶同形，孢子囊群着生于叶中部以上的羽片上，生于叶背小脉中部以下，囊群盖肾形或圆肾形，棕色。

【产地与采制】主产于广东、广西、江西、福建和浙江等地，秋季采收。

【成分与药理】贯众粗茎鳞毛蕨的根茎含绵马酸、黄绵马酸、白绵马素、东北贯众素），α-D-葡辛糖-δ-内酯-烯二醇，异戊烯腺甙，还含三萜成分：里白烯、羊齿烯、铁线蕨酮、29-何帕醇、里白醇、雁齿烯等化学成分。贯众的驱虫作用：粗茎鳞毛蕨有驱除绦虫、欧绵马能麻痹绦虫作用。复方煎剂对牛片形吸虫病及阔吸盘吸虫病有治疗功效。贯众对流感病毒有较强的抗病毒作用，水煎剂也有抗单纯疱疹病毒的作用。贯众对皮肤真菌也有抑制作用。

【功效与应用】贯众味苦、涩，性寒。具有杀虫清热、解毒、凉血止血的功效。在龟鳖疾病防治中主要用于杀灭体表大型寄生虫，一般应用时和其他中草药配伍，泼洒为每立方米水体 5 克左右。

7. 使君子

为使君子科、风车子属攀援状灌木。

【形态特征】使君子攀援状灌木，高 2～8 米；小枝被棕黄色短柔毛。叶对生或近对生，叶片膜质，卵形或椭圆形，长 5～11 厘米，宽 2.5～5.5 厘米，先端短渐尖，基部钝圆，表面无毛，背面有时疏被棕色柔毛，侧脉 7 或 8 对；叶柄长 5～8 毫米，无关节，幼时密生锈色柔毛。顶生穗状花序，组成伞房花序式；苞片卵形至线状披针形，被毛；萼管长 5～9 厘米，被黄色柔毛，先端具广展、外弯、小形的萼齿 5 枚；花瓣 5，长 1.8～2.4 厘米，宽 4～10 毫米，先端钝圆，初为白色，后转淡红色；雄蕊 10，不突出冠外，外轮着生于花冠基部，内轮着生于萼管中部，花药长约1.5 毫米；子房下位，胚珠 3 颗。果卵形，短尖，长 2.7～4 厘米，径 1.2～2.3 厘米，无毛，具明显的锐棱角 5 条，成熟时外果皮脆薄，呈青黑色或栗色；种子 1 颗，白色，长 2.5 厘米，径约 1 厘米，圆柱状纺锤形。花期初夏，果期秋末（图 3-76，图3-77）。

图 3-76　使君子鲜株

图 3-77　使君子药材

【产地与采制】使君子生长在山坡、路旁、平地、灌木丛中。主产福建、台湾、四川、贵州至南岭以南各处。江西南部、湖南、广东、广西、四川、云南、贵州有人工栽培。

【成分与药理】使君子种子含使君子酸钾，并含脂肪油 20%～27%。油中含油酸 48.2%、棕榈酸 29.2%、硬脂酸 9.1%、亚油酸 9.0%、肉豆蔻酸 4.5%、花生酸、甾醇。种子尚含蔗糖、葡萄糖、果糖、戊聚糖、苹果酸、柠檬酸、琥珀酸、生物碱如 N- 甲基烟酸内盐、脯氨酸等。果壳也含使君子酸钾。花含矢车菊素单糖甙等化学成分。

使君子水浸剂有抗皮肤真菌作用；对体外堇色毛癣菌、同心性毛癣菌、许兰氏黄癣菌、奥杜盎氏小芽孢癣菌、铁锈色小芽孢癣菌、羊毛状小芽孢癣菌、腹股沟表皮癣菌、星形奴卡氏菌等皮肤真菌有不同程度的抑制作用。使君子粉剂对蛲虫病有一定的驱蛲作用。与百部粉剂合用，效力较单用时好，且对幼虫亦稍有作用。使君子水浸剂有抗肠道的蛔虫作用。

【功效与应用】使君子味甘性温，有小毒。使君子具有杀虫消积的功效。在龟鳖疾病防治中，使君子和其他药物配伍可用来杀灭体表寄生虫的作用，用量泼洒一般为每立方米水体 6 克左右。

8. 百部

为百部科植物直立百部的干燥块根。

【形态特征】块根肉质，成簇，常长圆状纺锤形，粗 1～1.5 厘米。茎长达 1 米许，常有少数分枝，下部直立，上部攀援状。叶 2～4（或 5）枚轮生，纸质或薄革质，卵形、卵状披针形或卵状长圆形，长 4～9 厘米，宽 1.5～4.5 厘米，顶端渐尖或锐尖，边缘微波状，基部圆或截形，很少浅心形和楔形；主脉通常 5 条，有时可多至 9 条，两面均隆起，横脉细密而平行；叶柄细，长 1～4 厘米；花序柄贴生于叶片中脉上，花单生或数朵排成聚伞状花序，花柄纤细，长 0.5～4 厘米；苞片线状披针形，长约 3 毫米；花被片淡绿色，披针形，长 1～1.5 厘米，宽 2～3 毫米，顶端渐尖，基部较宽，具 5～9 脉，开放后反卷；雄蕊紫红色，短于或近等长于花被；花丝短，长约 1 毫米，基部多少合生成环；花药线形，长约 2.5 毫米，药顶具一箭头状附属物，两侧各具一直立或下垂的丝状体；药隔直立，延伸为钻状或线状附属物；蒴果卵形、扁的，赤褐色，长 1～1.4 厘米，宽 4～8 毫米，顶端锐尖，熟果 2 片开裂，常具 2 颗种子。种子椭圆形，稍扁平，长约 6 毫米，宽 3～4 毫米，深紫褐色，表面具纵槽纹，一端簇生多数淡黄色、膜质短棒状附属物。花期 5～7 月，果期 7～10 月（图 3-78，图 3-79）。

图 3-78 百部鲜株

图 3-79 百部药材

【产地与采制】百部生长于山地林下或竹林下，海拔 300～400 米的山坡草丛、路旁和林下。分布于华东及河南、湖北、浙江、江苏、安徽、江西等省。

【成分与药理】块根含多种生物碱。蔓生百部：根含百部碱、百部定碱、异百部定碱、原百部碱、百部宁碱、华百部碱等。直立百部：根含百部碱、原百部碱、百部定碱、异百部定碱、对叶百部碱、霍多林碱、直立百部。对叶百部：根含百部碱、对叶百部碱、异对叶百部碱、斯替宁碱、次对叶百部碱、氧化对叶百部碱。尚含糖 2.32%，脂类 O.84%，蛋白质 9.25%，灰分 12.1%，以及乙酸、甲酸、苹果酸、琥珀酸、草酸等。

百部煎剂对多种致病菌如肺炎球菌、乙型溶血型链球菌、脑膜炎球菌、金黄色葡萄球菌、白色葡萄球菌与痢疾杆菌、伤寒杆菌、副伤寒杆菌、大肠杆菌、变形杆菌、白喉杆菌、肺炎杆菌、鼠疫杆菌、炭疽杆菌枯草杆菌，以及霍乱弧菌等都有不同程度的抑菌作用。百部水浸液在体外对致病真菌也有一定的抑制作用。

【功效与应用】百部味甘、苦，性微温。百部具有润肺止咳，杀虫的功效。在龟鳖疾病防治中，主要用于龟鳖的体表寄生虫和真菌引起的感染，用量一般每立方米水体 6 克左右。

六、提高消化吸收类中草药

1. 山楂

山楂为蔷薇科植物山里红的果实。

【形态特征】落叶小乔木，多分枝，并有少数短刺。单叶互生，叶片广卵形或菱状卵形。伞状花序叶腋抽出，花冠白色。梨果球形，深亮红色，有黄白色小斑点。

【产地与采制】山楂主要分布在我国的东北、华北、西北、华东诸省。现多有人工栽培。秋季采摘，切片晒干（图 3-80，图 3-81）。

图 3-80　山楂鲜株　　　　　　　图 3-81　山楂药材

【化学成分】山楂果实富含山楂酸、酒石酸、枸橼酸、苹果酸、黄酮类、甙类、解脂酶及糖类等有效化学成分。

【药理作用】山楂能胃中消化酶的分泌，促进消化。特别是山楂中所含的解脂酶能促进肢类食物的消化。山楂还有抗病原菌的作用，如痢疾杆菌、绿脓杆菌等。

【功效与应用】山楂味甘、酸，性温。具有消食化滞、散瘀止痛的功效。在龟鳖养殖生产中主要作为一种帮助消化吸收的中药添加剂，特别是养成阶段，对促进生长有很好的作用。用量为干饲料量的 1%～2%，每月添加 10 天。

2. 干姜

干姜为姜科植物姜的干燥根茎。

【形态特征】干姜呈扁平块状，具指状分枝。表面灰黄色或浅灰棕色，粗糙，具纵皱纹和明显的环节。分枝处常有鳞叶残存，分枝顶端有茎痕或芽。质坚实，断面黄白色或灰白色，粉性或颗粒性，内皮层环纹明显，维管束及黄色油点散在。气香、特异，味辛辣（图 3-82，图 3-83）。

图 3-82 姜鲜株   图 3-83 干姜药材

【产地与采制】全国大部分地区有产，主产四川、贵州等地。冬季采挖，除去须根和泥沙，晒干或低温干燥。

【成分与药理】姜的化学成分主要有挥发油及辛辣成分两大类。辛辣成分中主要有姜辣素、姜烯酚和姜酮等酚类成分。干姜对应激性溃疡、吲哚美辛加乙醇性、盐酸性和结扎幽门性胃溃疡均有明显抑制作用。干姜含芳香性挥发油，对消化道有轻度刺激作用，可使肠张力、节律及蠕动增强，从而促进胃肠的消化机能。煎剂能使胃液分泌和游离酸分泌增加，脂肪分解酶的活性加强。干姜还能增强唾液分泌，加强对淀粉的消化力。姜酮及姜烯酮的混合物是镇吐的有效成分。

【功效与应用】干姜味辛，性热。有温中散寒，回阳通脉，燥湿消痰，温肺化饮之功效。在龟鳖疾病防治中，干姜可用来增进食欲，促进大肠蠕动和消化作用。

3. 陈皮

陈皮为芸香科植物橘及其栽培变种的干燥成熟果皮。

【形态特征】常剥成数瓣，基部相连，有的呈不规则的片状，厚 1～4 毫米。外表面橙红色或红棕色，有细皱纹和凹下的点状油室；内表面浅黄白色，粗糙，附黄白色或黄棕色筋络状维管束。质稍硬而脆。气香，味辛、苦（图 3-84，图 3-85）。

图 3-84　橘鲜株　　　　　　　　图 3-85　陈皮药材

【产地与采制】产于福建、浙江、广东、广西、江西、湖南、贵州、云南、四川等地。果实成熟时采收，干燥后置阴凉干燥处，防霉，防蛀。

【成分与药理】陈皮含挥发油 2%，油中主要成分为 D-柠檬烯、还含 β-月桂烯、β-蒎烯等，还含黄酮类成分橙皮苷、新橙皮苷、柑橘素、二氢川陈皮素及 5-去甲二氢川陈皮素等化学成分。陈皮所含挥发油，对胃肠道有温和的刺激作用，可促进消化液的分泌，排除肠管内积气，显示了芳香健胃和祛风下气的效用。陈皮煎剂、醇提取物等能兴奋心肌，但剂量过大时反而出现抑制。另外，它还可使血管产生轻度的收缩，迅速升高血压。陈皮中的果胶对高脂饮食引起的动脉硬化也有一定的预防作用。 陈皮所含挥发油有刺激性被动祛痰作用，使痰液易咯出。陈皮煎剂对支气管有微弱的扩张作用。其醇提取物的平喘效价较高。 陈皮煎剂可使肾血管收缩，使尿量减少。 陈皮煎剂与维生素 C、维生素 K 并用，能增强消炎作用。

【功效与应用】陈皮味苦、辛，性温。具有理气降逆、调中开胃、燥湿化痰之功。陈皮在龟鳖疾病防治中主要是促进消化和防治龟鳖肠炎的作用，应用时主要是和其他中草药配伍进行内服，单位用量不超过当日饲料量的 2% 比例添加。

4. 麦芽

为禾本科植物大麦的成熟果实经发芽干燥的炮制加工品（图 3-86，图 3-87）。

图 3-86　大麦鲜株　　　　　　　图 3-87　麦芽药材

【形态特征】大麦越年生草本。秆粗壮，光滑无毛，直立，高50～100厘米。叶鞘松弛抱茎；两侧有较大的叶耳；叶舌膜质，长1～2毫米；叶片扁平，长9～20厘米，宽6～20毫米。穗状花序长3～8厘米（芒除外），径约1.5厘米小穗稠密，每节着生3枚发育的小穗，小穗通常无柄，长1～1.5厘米（除芒外）；颖线状披针形，微具短柔毛，先端延伸成8～14毫米的芒；外稃背部无毛，有5脉，顶端延伸成芒，芒长8～15厘米，边棱具细刺，内稃与外稃等长。颖果腹面有纵沟或内陷，先端有短柔毛，成熟时与外稃黏着，不易分离，但某些栽培品种容易分离。花期3～4月，果期4～5月。麦芽呈梭形，长8～12毫米，直径3～4毫米。表面淡黄色，背面为外稃包围，具5脉；腹面为内稃包围。除去内外稃后，腹面有1条纵沟；基部胚根处生出幼芽和须根，幼芽长披针状条形，长约5毫米。须根数条，纤细而弯曲。质硬，断面白色，粉性。气微，味微甘。

【产地与采制】全国大部分地区均产。将麦粒用水浸泡后，保持适宜温、湿度，待幼芽长至约5毫米时，晒干或低温干燥。

【成分与药理】麦芽主要含β-淀粉酶、催化酶，过氧化异构酶等。另含大麦芽碱，大麦芽胍碱、腺嘌呤胆碱、蛋白质、氨基酸、维生素D、维生素E、细胞色素。麦芽煎剂对胃酸与胃蛋白酶的分泌似有轻度促进作用。麦芽浸剂口服有降低血糖作用。本品所含的大麦碱A和B有抗真菌活性。

【功效与应用】麦芽味甘，性平。具有行气消食，健脾开胃的功效。在龟鳖疾病防治过程中可配伍成预防肠道疾病的保健添加剂，和其他中草药配伍用量为当日饲料量的2%左右的比例。

5. 鸡内金

为雉科动物家鸡的干燥砂囊内壁（图3-88，图3-89）。

图3-88 活鸡

图3-89 鸡内金药材

【形态特征】本品为不规则卷片，厚约2毫米。表面黄色、黄绿色或黄褐色，薄而半透明，具明显的条状皱纹。质脆，易碎，断面角质样，有光泽。气微腥，味微苦。

【产地与采制】全国各地均产。杀鸡后，取出鸡肫，立即剥下内壁，洗净，干燥。

【成分与药理】含胃激素、角蛋白、微量胃蛋白酶、淀粉酶、多种维生素。并含赖氨酸、组氨酸、精氨酸、谷氨酸、天冬氨酸、亮氨酸、苏氨酸、丝氨酸、甘氨酸、丙氨酸、异亮氨酸、酪氨酸、苯丙氨酸、脯氨酸、色氨酸等 18 种氨基酸及铝、钙、铬、钴、铜、铁、镁、锰、钼、铅、锌等微量元素。鸡内金中的化学成分有增加胃液分泌胃增和强运动机能的作用，鸡内金还有消食和抑制肿瘤细胞的作用。

【功效与应用】味甘，性平。具有健胃消食，涩精止遗，通淋化石的功效。在龟鳖疾病防治中主要用于龟鳖的促进消化吸收的作用，和其他中药配伍制成保健添加剂应用。

七、保肝利胆类中草药

1.连翘

连翘为木犀科植物连翘的果实。

【形态特征】连翘为落叶灌木。枝条细长，浅综色，节间中空无髓。单叶互生，卵形或长圆卵形。花簇生或腋生，花冠黄色。蒴果木质，有皮孔，卵圆形。种子多数，有翅。

【产地与采制】主要分布在我国的西北、华北、华中及华东地区，现多为人工栽培。每年的白露前采青果晒干为青翘，寒露前采老果实蒸透晒干为老翘。

【化学成分】连翘果壳含连翘酚、齐墩果酸、甾醇。种子含三萜皂甙，枝叶含连翘甙、乌索酸，花含芦丁。植物全株还含维生素 P 等。

【药理作用】①抗菌作用：连翘煎剂对金黄色葡萄球菌、志贺氏痢疾杆菌、伤寒杆菌、肺炎双球菌等细菌有较好的抑制作用。②护肝作用：连翘对四氯化碳致成动物的肝损伤明显减轻，并使肝细胞内蓄积的肝糖原以及核糖核酸含量大部恢复正常，血清谷 - 丙转氨酶活力明显下降，表明连翘中的有效化学成分具有抗肝损伤作用。

【功效与应用】连翘味苦性寒，具有清热解毒、消痈散结的功效。在龟鳖疾病防治中可用来防治龟鳖的脂肪肝和肝炎病。用量为，预防每月 10 天以干饲料量的 1% 投喂，治疗按 1.5% 的量和其他西药配合应用。此外也可和其他中药配合外用防治鳖的白点病，用量为每立方米水体 8 ～ 10 克，连用 3 天，效果也不错（图3-90，图 3-91）。

图 3-90　连翘鲜株

图 3-91　连翘药材

2. 甘草

甘草为豆科植物甘草的根茎。

【形态特征】根粗壮，圆柱形，外皮红棕色，味甜。茎直立，被白色短毛。单数羽状复叶互生，小叶卵状椭圆形。叶淡红紫色，腋叶抽出总状花序。荚果条状长圆形。种子扁圆形（图3-92，图3-93）。

图3-92 甘草鲜株　　　　　　　　　　图3-93 甘草药材

【产地与采制】甘草主要分布在我国的东北、西北、华北等地，主要生长在较干燥的向阳山坡和草地上。目前多有人工栽培。秋季采挖，人工栽培的需4年后采挖。采后除去残茎晒干切片。

【化学成分】甘草富含甘草甜素、葡萄糖酸醛和葡萄糖。还有甘草次酸、甘草黄甙、甘草醇、苹果酸、生活素、氨基酸等有效成分。

【药理作用】①解毒作用：甘草甜素中的葡萄糖醛酸通过物理、化学方式的沉淀、吸附与结合，能加强肝脏的解毒机能。②护肝作用：甘草煎剂能使肝损伤和肝变性坏死明显减轻，并能使肝细化内蓄积的肝糖原及核糖核酸含量大部恢复或接近正常，血清丙谷转氨酶活力显著下降。③抗癌作用：甘草中的甘草次酸对癌细胞有较强的抑制作用。此外，甘草还有较好的抗菌和保护消化道黏膜的作用。

【功效与应用】甘草味甘性平，具有清热解毒、调和诸药、补脾益气的功效。在龟鳖疾病防治中可用来预防肝病，用量为：每日干饲料量的1%～2%，用时最好是煎汁拌于饲料中投喂，一般每月10天。但甘草与其他药合用时配伍比例以不超过20%为好，比例太高甘草中的糖类因有中和作用反而会影响其他药物的作用。

3. 连钱草

连钱草为唇形科植物连钱草的全草（图3-94，图3-95）。

【形态特征】茎细长，四棱形有分枝。叶对生有柄，叶片圆形或肾形。花淡紫色，轮伞花序腋生。小坚果长圆形。

【产地与采制】我国各地均有分布，主要生长在水沟河边、山野草丛及林缘路旁。现多有人工栽培。夏秋采集，洗净晒干。也可鲜用。

【成分与药理】连钱草全草含挥发油、水苏糖、熊果糖、胆碱、鞣质、无机盐等有效成分。连钱草有利胆作用，可促进肝细胞的胆汁分泌。故有间接帮助消化脂

图 3-94 连钱草鲜株　　　　　　　图 3-95 连钱草药材

肪的作用。此外，连钱草还有较好的抗菌作用。

【功效与应用】连钱草味苦、辛，性凉。具有清热解毒、散瘀消肿的作用。在龟鳖病防治中连钱草可预防龟鳖的脂肝病，用量为以干饲料量 2% 的比例添加，每月连续投喂 10 天，用时可打成细粉后直接拌入饲料中。

4.茵陈蒿

茵陈蒿为菊科植物茵陈蒿的去根幼苗。

【形态特征】茎直立，基部木质化，多分枝。茎生叶披散地上，2～3 回羽状全裂。基生叶无柄，裂片细线形或毛管状，叶脉宽。花淡绿色。瘦果长圆形，无毛（图3-96，图 3-97）。

图 3-96 茵陈蒿鲜株　　　　　　　图 3-97 茵陈蒿药材

【产地与采制】全国各地均有分布，多生于山坡河边及草地。春季采挖去根洗净晒干或晾干。

【化学成分】茵陈富含叶酸、茵陈酮、挥发油等有效化学成分。

【药理作用】茵陈水煎剂内服，可促进动物胆汁的分泌，有助于脂肪的消化吸收。茵陈对肝炎病毒有较好的抑制作用，并对肝实质性损伤有明显的改善作用。

【功效与应用】茵陈味苦、辛，性微寒。具有消脂利胆、清热排毒的功效。在龟鳖疾病防治中可用来防治龟鳖的肝炎和脂肝病。用量为当日干饲料量的1%～1.2%。

5. 龙胆草

龙胆草为龙胆科植物的根。

【形态特征】根状茎短，周围簇生多数细长圆柱状根，根稍肉质，土黄色或白色。茎直立，不分枝，常带紫色有糙毛。叶茎生单叶对生，叶片卵形或卵状披针形。花蓝色，聚伞花序生于枝顶或叶腋。蒴果细长，棱形有柄。种子条形，周边具翅（图3-98，图3-99）。

图 3-98　龙胆草鲜株　　　　　　　图 3-99　龙胆草药材

【产地与采制】多分布于我国的东北、华北和江浙地区。目前人工栽培较多。春季采挖，洗净后晒干。

【化学成分】龙胆草主含龙胆苦苷、龙胆碱、龙胆糖等有效成分。

【药理作用】龙胆草煎剂有促进消化道内食物的消化作用，使动物的食欲改进，摄食量增加。抗菌作用：龙胆草水浸剂对多种细菌、真菌有较好的抑制作用。

【功效与应用】龙胆草味苦性寒。具有泻火去湿、消食去积的功效。在龟鳖的疾病防治中，外用可预防龟鳖幼苗阶段的白点病、白斑病和龟的腐皮病。内服可促进龟鳖养成阶段的食欲作用。用法为：外用每立方米水体8～10克，内服以当日干饲料量的0.5%～0.8%，每月两次，一次3天。应注意的是龙胆草味很苦，故龟鳖幼苗阶段不用内服为好，否则会影响饲料的适口性而降低食欲。

6. 栀子

栀子为茜草科植物栀子的果实。

【形态特征】根淡黄色。茎多分枝。对生叶或轮生，披针形。花白色有香气，单生于枝端或叶腋。蒴果倒卵形或椭圆形。熟时金黄色或橘红色。

【产地与采制】栀子主要分布在我国的华东、华南和西南诸省，现多有人工栽培。秋季摘果，去杂后用开水稍泡后捞出晒干。

【化学成分】栀子主含栀子甙、栀子素、胡萝卜素、果胶及鞣质等有效化学成分。

【药理作用】栀子水浸剂有较好的利胆作用。栀子素有较好的止血作用。栀子水煎剂还有较强的杀虫作用。

【功效与应用】栀子味苦，性寒。具有凉血散瘀、清热解毒的功效。在龟鳖的疾病防治中，可用来防治龟鳖的出血病和肝病。长期少量内服不但可帮助消化吸收，栀子中的黄色素还能使龟鳖的外观更加艳丽。特别是有些宠物水龟，能增加龟体的外表品相。而外用则可用来防治龟鳖幼苗阶段的白斑病、水霉病。用量内服防治肝病为干饲料量的 0.8% ～ 1.5%，煎汁拌于饲料中投喂，连服 5 ～ 7 天。外用每立方米水体 10 ～ 15 克，一般连泼两天就可（图 3-100，图 3-101）。

图 3-100　栀子鲜株

图 3-101　栀子药材

7. 地耳草

地耳草为金丝桃科植物地耳草的全草。

【形态特征】根须状。茎直立或斜举，具四棱。叶对生，叶片卵形或宽卵形。花黄色，聚散花序顶生。蒴果宽卵球形，棕黄色。种子细小量多（图 3-102，图 3-103）。

图 3-102　地耳草鲜株

图 3-103　地耳草药材

【产地与采制】我国西南、华东、华南、诸省均有分布。地耳草多生于温暖潮湿的山坡草丛、沟、河、田边地头。春夏采集，洗净晒干。

【成分与药理】地耳草主含内酯、香豆精、酚类、蒽醌、黄酮甙、氨基酸、鞣质及多种维生素。地耳草煎剂有较强的抗菌作用。研究表明，地耳草对肝炎、肝硬化及痈疖肿毒有较好的防治作用。

【功效与应用】地耳草味甘、微苦性凉。具有解毒消肿、散瘀去痈的功效。在龟鳖的疾病防治中，内服可预防非寄生性肝病和肠道出血病。用量为以干饲料量1.5%的比例连喂7天。外用可预防鳖的白斑病和龟的水霉病，用量为每立方米水体用干品15克煎汁连泼3天。

八、止血类中草药

1. 三七

三七为五加科植物三七的块根。

【形态特征】根状茎短，主根粗壮肉质，有分枝和多数枝根，表面棕黄色。茎直立，单生不分枝，近于圆柱形。掌状复叶轮生茎顶。倒卵形或长圆披针形。花淡黄绿色，伞形花序单生于叶丛中。果扁球形熟时红色。种子扁球形（图3-104，图3-105）。

图3-104　三七鲜株　　　　　　　　　　图3-105　三七药材

【产地与采制】三七主要分布在我国的广西、云南。现江西、湖北、湖南等省有人工栽培。三七须三年以上，开花前采挖，挖起后晒至7成干，然后边搓边晒至足干。

【化学成分】三七富含皂甙类、黄酮类、生物碱类化学成分。

【药理作用】三七煎剂主要表现在止血作用上，其作用在于它能增加血液中的凝血酶，并使局部血管收缩。三七还能明显增加血小板数和缩短凝血时间。

【功效与应用】三七味甘、微苦，性温。具活血祛瘀、消肿止痛、平肝止血的功效。在龟鳖病防治中主要用来防治鳖的赤、白板病和龟的各种出血症，用量为干饲料量的0.5%～1%，连喂5天。

2. 铁苋菜

铁苋菜为大戟科植物铁苋菜的全草（图3-106，图3-107）。

图3-106　铁苋菜鲜株　　　　　　　　　图3-107　铁苋菜药材

【形态特征】茎细直立，有分枝，表面有白色细柔毛。单叶互生，叶片膜质，卵形至卵状菱形或近椭圆形。先端稍尖。花单性，雌雄同序无花瓣。蒴果小，三角状半圆形，披粗毛。淡褐色。

【产地与采制】我国各地均有分布。多生于草地、路旁、林缘等处。夏秋采集，洗净晒干。

【成分与药理】全草富含铁苋菜碱、水解鞣质、黄酮类、酚类等有效成分。铁苋菜煎剂有较强的抗菌作用。此外铁苋菜还有较好的止血作用，故又名叫"血见愁"。

【功效与应用】铁苋菜味苦涩，性凉。具有清热解毒、消积止血的功效。在龟鳖病防治中，外用可防治龟鳖体表性疾病的疗疮病、白点病、腐皮病。用量为：每立方米水体用干品20克煎汁连泼3天。内服可预防龟鳖的肠道出血病和鳖的赤、白板病。用量为：干品以干饲料量1％的比例煎汁拌入饲料中连喂7天。由于铁苋菜含有水解鞣质，故不宜长期投喂，否则对肝脏不利，用时最好与其他中草药合用。

3. 仙鹤草

仙鹤草为蔷薇科植物仙鹤草的全草。

【形态特征】根状褐色，横走，着生细长的须根。茎直立，上部分枝。顶生小叶片较大，椭圆状卵形或倒卵形。小花黄色，茎顶细长的总状花序。瘦果小，藏于萼筒内（图3-108，图3-109）。

【产地与采制】我国各地均有分布，多生于山野、路边、草地。夏秋采割，切段晒干。

【化学成分】仙鹤草主含仙鹤草素、仙鹤草内酯、黄酮甙类、维生素C、维生素K、鞣质及挥发油等有效成分。

【药理作用】仙鹤草有很好的止血作用。仙鹤草煎剂有较强的抗菌作用。仙鹤草有效成分还有调整心率和增强细胞抵抗力的作用。

【功效与应用】仙鹤草味苦、涩，性平。具有收敛止血、杀菌驱虫的功效。在龟鳖的疾病防治中，外用可防治龟鳖在放养、分养等操作后的体表出血和细菌感染，

图 3-108　仙鹤草鲜株

图 3-109　仙鹤草药材

用量为每立方米水体 10～15 克煎汁连泼 4 天。内服可预防鳖的赤、白板病和龟的肠炎病，用量为干饲料量的 1% 连喂 7 天。

4. 辣蓼

辣蓼为蓼科植物辣蓼的全草。

【形态特征】茎直立，分枝稀疏，节膨大，呈淡红紫色。全株有腺点和毛茸。单叶互生，叶片广披针形。花淡红色，穗状花序顶生，瘦果双凸镜形或钝三角形，包于萼内（图 3-110，图 3-111）。

图 3-110　辣蓼鲜株

图 3-111　辣蓼药材

【产地与采制】主要分布于我国的东北、华东、华南等地，全草四季可采，采后洗净晒干。

【化学成分】辣蓼富含挥发油、鞣质和黄酮类有效成分。如水蓼素、水蓼素-7-甲醚、鼠李素及金丝桃甙，还含蒽醌衍生物、蓼酸等。

【药理作用】抑菌作用：辣蓼煎剂对多种病原菌有较好的抑制作用，如变形杆菌、绿脓杆菌、痢疾杆菌、伤寒杆菌等。止血作用：辣蓼中的含甙类化学成分有加速血液凝固的作用。

【功效与应用】辣蓼味辛性温。具有散瘀止痛、解毒消肿的功效。在龟鳖疾病防治中，辣蓼可用来预防龟鳖的肠炎和出血性肠炎病，外用也可防治龟鳖的腐皮病和穿孔病等。用量为：外用泼洒，每立方米水体8～10克。煎汁连用2～4天。内服以当天干饲料量的0.5%～0.8%，如是苗阶段须煎汁去渣拌料投喂，如是100克以上的鳖种，可把药打成100目过筛的细粉浸泡后直接拌入饲料中投喂，一般一天一次，连喂5～7天。

5.地榆

地榆为蔷薇科植物地榆的根。

【形态特征】根状茎粗，木质化，外皮红褐色。茎直立，上部分枝。单数羽状复叶，基生叶较大，茎生叶互生。小花暗紫红色，穗状花序呈头状，椭圆形或矩状圆柱形，有长梗直立，花序再排成疏散的聚伞桩。瘦果椭圆形，种子一粒（图3-112，图3-113）。

图3-112 地榆鲜株

图3-113 地榆药材

【产地与采制】我国各地均有分布，多生于山坡草地，田边路旁。春秋采挖，挖后除去基茎须根，洗净后切片晒干。

【化学成分】地榆富含鞣质、地榆皂甙等有效化学成分。

【药理作用】地榆粉对创面有明显的收敛作用。地榆中的鞣质有很好的止血作用。地榆煎剂对多种病原菌有较强的抑制作用，如大肠杆菌、霍乱弧菌、绿脓杆菌、伤寒杆菌等。但地榆中的鞣质大多为水解性鞣质，水解性鞣质内服后对肝组织有较大损伤，故在内服时应注意用量。

【功效与应用】地榆味苦、酸，性微寒。具有凉血止血、收敛止泻的功效。在龟鳖病防治中可和其他中草药配伍后外用防治龟鳖的白点病、白斑病、腐皮病。用量为每立方米水体5～8克。内服预防鳖的赤、白板病和胃肠炎病。用量为干饲料量的0.5%。

6.旱莲草

为菊科植物鳢肠的全草。

【形态特征】主根细长，微弯曲。茎下部常匍匐着地生根，上部直立，圆柱形，全株披白色粗毛。叶互生，叶片披针形，茎叶折断后断口处即变为墨黑色，故又称墨旱莲。头状花序顶生或腋生。瘦果扁，长圆形（图3-114，图3-115）。

【产地与采制】我国东北、华北、华东、西南等地有分布。旱莲草喜温暖湿润的环

图 3-114　旱莲草鲜株　　　　　　　图 3-115　旱莲草药材

境，故多生长在沟河与田边地头。夏秋采集，洗净晒干。也可鲜用。

【成分与药理】旱莲草主含挥发油、鞣质、皂甙等有效成分。旱莲草有较好的止血作用。

【功效与应用】旱莲草味甘，性凉。具有凉血止血、滋补肝肾的功效。在龟鳖病防治中，可用于防治龟鳖的肠道出血病和鳖的赤、白板病。用量为：鲜品以干饲料量5%的比例榨汁拌入饲料中连喂10天。干品以2%的比例煎汁拌入饲料连喂7天。

第二节　配合中草药防治龟鳖疾病的常用中成药和西药

一、配合防治龟鳖疾病的常用中成药

中成药主要是能在一般药店买到的人用中成药，应用对象是比较贵重的宠物龟类，特别是家庭观养的少量宠物龟，应用比较方便。

1.健胃消食片

健胃消食片为浅棕黄色的片或薄膜衣片，也可为异形片，薄膜衣片除去包衣后显浅棕黄色；气微香，味微甜、酸（图3-116）。

图 3-116　健胃消食片

【成分与功效】配方药物组成：太子参，陈皮，山药，麦芽（炒），山楂。方中太子参益气健脾，以护胃气为主药。辅以陈皮理气和胃，山药健脾和胃；山楂消一切饮食积滞，尤消肉食油腻之积；麦芽消米面食积。诸药合用，有健脾消食之功效。

【应用方法】主要应用于宠物龟暴食后的消化不良和辅助防治肠胃炎，10千克体重1片，研碎后灌服或拌饲料中投喂。

2. 护肝片

护肝片为糖衣片，除去糖衣后显棕色至褐色；味苦。

【成分与功效】药物配方组成：柴胡、茵陈、板蓝根、五味子、猪胆粉、绿豆。有疏肝理气，健脾消食、降低转氨酶的功效。

【应用方法】主要应用于宠物龟类，防治龟的脂肪肝、药物性肝损伤、慢性肝炎等。具有降脂、解毒、抗炎等作用，应用时可按说明书中儿童的用量（图3-117）。

图3-117 护肝片

3. 党参健脾丸

党参健脾丸为棕褐色的大蜜丸；味甜、稍苦（图3-118）。

图3-118 党参健脾丸

【成分与功效】药物配方组成：党参50克、白术（土炒）、薏苡仁（土炒）120克、白扁豆（土炮）60克、山楂（去核清炒）60克、谷芽（清炒）50克、芡实（麸炒）50克、陈皮50克、六神曲（麸炒）60克、莲子肉（土炒）60克、麦芽（清炒）60克、茯苓60克、山药（麸炒）60克、枳壳（麸炒）30克、砂仁40克、甘草（蜜炙）30克。以上十六味中药，粉碎成细粉，过筛，混匀。每100克粉末加炼蜜120～130克制成大蜜丸即得。具有健脾，开胃，消食的作用。

【应用方法】主要应用于名贵的宠物龟类，防治龟的消化不良，少食消瘦等症，用量为说明中儿童用量的50%化水后拌入饲料中投喂或灌服。

4. 疮疡膏

疮疡膏为浓缩成稠膏状的膏剂。

【成分与功效】药物配方组成：当归、红花、大黄、黄芩、乳香、三七、冰片、芝麻油。具有消炎止痛、防腐生肌的功效。

【应用方法】主要应用于龟鳖的皮肤感染、疖肿、疮疡、褥疮、烧烫伤症状。应用时先把创口洗净，然后涂抹于患部就可，创口大的应适当包扎（图3-119）。

图 3-119 疮疡膏

二、配合中草药防治龟鳖疾病的常用西药

主要是遇到重大急难病症时配合中草药应用，同时这些西药也是国家规定可用的药物，并通过实践应用效果比较好。

1.二氧化氯合剂

本品无色、无臭、无味，是一种强消毒剂。

【作用与药理】二氧化氯的作用机理是，药物释放出新生态氧及亚氯酸根离子，渗透至病原微生物内部，使蛋白质中氨基酸氧化分解，破坏病原微生物的酶系统，从而达到迅速杀灭细菌和病毒的作用，二氧化氯主要用来环境消毒和池塘池水消毒。

【应用方法】 由于目前二氧化氯的制品较多，且各种制品的特性有很大差异，所以用时要严格按所购产品的说明应用（图3-120）。

2.聚维酮碘 （PVP-I）

碘与表面活性剂的不定型结合物叫碘伏，聚维酮碘刺激性小，稳定性好(图4-121)。

【作用与药理】聚维酮碘的杀菌机制是基于它的碘化作用以及对细胞外层的破坏作用。游离碘可直接与菌体蛋白以及细菌酶蛋白发生卤化反应，破坏了蛋白的生物学活性导致微生物死亡。

图 3-120 二氧化氯消毒药

图 3-121 聚维酮碘消毒药

【应用方法】聚维酮碘可用于室内环境、水体、用具等消毒,室内环境为 1 / 40 000 浓度的消毒水喷洒,如用于水体消毒,一般每立方米水体 8 ～ 10 克,作用 10 分钟就可达到消毒目的。

3. 高锰酸钾

高锰酸钾是一种强氧化剂外用消毒药物,外观是暗紫色,具有金属光泽,菱形片状晶体,在干燥不暴露空气时,稳定性能良好,故可在室温下长期保存,但它的水溶液如果暴露在空气中则不稳定。

【应用与药理】高锰酸钾主要应用于皮肤或黏膜的消毒,也可用于一些鲜活青饲料的消毒。因此,应用水溶液时要现配现用。高锰酸钾的杀菌机理是它能氧化微生物体内的活性基而致微生物死亡。此外,高锰酸钾还能有效地杀死各种病毒。影响高锰酸钾消毒效果的主要因素为有机物、碘化物和还原剂,后两者可使高锰酸钾失去杀菌能力。所以在消毒环境中如有机物浓度越高,则效果越差。此外,温度对高锰酸钾的影响也较明显。一般温度越高,作用越强。

【应用方法】在龟鳖病防控中,高锰酸钾可作为龟鳖幼种、亲龟亲鳖的体表消毒药。应用浓度为 0.01%,使用时间视温度情况约 1 ～ 2 分钟。

高锰酸钾也可治疗 50 克以上龟种、鳖种的水霉病,应用方法是,先把原池水换成 10 厘米深的干净水,然后用每立方米 20 克药化好后泼洒,10 分钟后在把水注到标准水位。也可把病龟病鳖捞出,用同样浓度的药水浸泡 10 分钟后放回池中。值得注意的是,高锰酸钾溶液即使是低浓度也不可用来给 3 ～ 5 克规格的龟苗鳖苗消毒。因高锰酸钾易氧化破坏龟苗鳖苗体表的一层保护膜,从而使龟苗鳖苗感染真菌病 (图 3-122)。

4. 硫醚沙星

硫醚沙星是一种可替代孔雀石绿的抗真菌药物。

【作用与药理】对水霉、毛霉等真菌有较好的杀灭作用,对一些病原细菌也有一定的杀灭作用,所以对龟鳖的真菌感染性疾病有较好的防控作用。

【应用方法】应用时可按市售产品说明进行。

图 3-122 高锰酸钾

5. 硫酸铜 (石胆)

硫酸铜是一种防治原生动物寄生虫疾病的重金属盐类(图 3-123)。

【作用与药理】其杀虫的机理是铜能与蛋白质结合成蛋白盐沉淀。特别是重金属能与一些酶的巯基结合,而巯基是一些酶的活性基团,当它们与重金属离子结合后就会失去活性,从而影响寄生虫的生长繁殖,所以,硫酸铜的杀虫对象主要是单细胞原生动物寄生虫。如寄生在龟鳖体表的黏孢子虫、纤毛虫等,在水体中影响硫

图 3-123　硫酸铜

酸铜效果的因素很多，但主要有以下几点：一是温度，一般情况下温度越高，毒性越大；二是 pH，越偏碱性越影响效果；三是有机物的浓度，浓度越大，效果越差。所以，应用时应根据当时的具体情况灵活应用。

【应用方法】浸泡龟鳖体表除虫，用 1 毫克 / 升浓度在水温 20℃时浸泡 3 分钟。全池泼洒，水温 25℃时，每立方米水体用 0.6 克。水温 20℃时，每立方米水体用 0.8 克；低于 20℃时，每立方米水体用 1 克。

6. 敌百虫

敌百虫是一种有机磷广谱杀虫剂。

【作用与药理】敌百虫 90% 含量为白色晶体，易溶于水，水溶液呈微碱性。有机磷的水解产物能抑制虫体神经的胆碱酯酶活性，破坏水解乙酰胆碱的能力，使乙酰胆碱蓄积，导致虫体神经先兴奋后麻痹死亡，所以敌百虫对无神经结构的单细胞寄生虫不起作用。

【应用方法】在龟鳖疾病防控中，可用来杀死寄生在龟鳖体表上的水蛭、线虫等。但因龟鳖对敌百虫较敏感，所以尽量不用泼洒法，只可用来浸泡，浸泡可用 0.5 毫克 / 升浓度的药水浸泡 2 分钟。根据国家有关规定，本药物在龟鳖产品上市前 28 天应停用（图 3-124）。

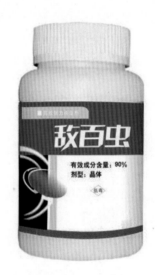

图 3-124　敌百虫

7. 高铁酸锶

高铁酸锶是近年来新研制的新型强氧化消毒剂和杀虫药。

【作用与药理】高铁酸锶杀灭病原体的原理是，其释放出来的初生氧迅速氧化（烧死）细菌、病毒、原虫及低等藻类等微生物，破坏其膜壁、原生质、核质等微生物体内活性基团，从而终止其繁殖及生存。

【应用方法】主要用来龟鳖池塘水和温室内环境消毒，应用方法可按市售产品各种剂型的使用说明。

8. 纤虫净

纤虫净为纤毛虫类专用杀虫剂，由多拉菌素、纳米锌、杀虫增效剂组成。

【作用与药理】能在水中生成的有效成分与虫体细胞的蛋白质结合成蛋白盐，使其沉淀，同时破坏虫体细胞酶的活性，有效杀灭各种固着类纤毛虫。

【应用方法】主要防治龟鳖体表纤毛类寄生虫，应用可按产品说明进行，或按每亩水深 1 米用本品 15 ～ 20 克，每天一次，可连用 2 天。纤毛虫危害严重时，可增加用量至 25～30 克。龟鳖幼苗用量减半（图 3-125）。

应用时注意事项：一是在水温低于 15℃时，减半使用。二是水体缺氧时禁用，或用后开增氧机。三是龟大量脱壳时禁用。四是捕捞前 15 天停止使用。五是包装用后集中销毁。

9. 利巴韦林

利巴韦林是抗多种病毒的药物。

【作用与药理】本品为白色结晶性粉末，无臭，无味，溶于水，如流感病毒、疱疹病毒等。

【应用方法】在龟鳖病防控中，对龟鳖由病毒引起的感染如白底板病有一定的疗效，特别是与抗病毒的中草药合用，效果较好。但利巴韦林在应用中只能用来内服，所以当白底板病发展到停食时也就无用了，因此只能用来防病。应用量为干饲料量的 0.1％～0.5％的比例添加，一般预防为 3 天，治疗为 5 天（图 3-126）。

图 3-125　纤虫净　　　　　　图 3-126　利巴韦林

10. 吗啉胍

吗啉胍又叫病毒灵。

【作用与药理】对 DNA 病毒（腺病毒和疱疹病毒）和 RNA 病毒（埃可病毒和甲型流感病毒）均有抑制作用，对游离的病毒颗粒无直接作用。

【应用方法】在龟鳖病害防治中，主要用于病毒感染引起的出血病，如鳖的白底板病等，主要用于内服，按每千克体重 5 毫克添加应用，或按产品说明。应用时最好制成药饵单独投喂。

11. 利福平

利福平是一种抗革兰氏阴性菌的抗菌药物。

【作用与药理】本品为鲜红或暗红色结晶粉末，无臭，无味，遇光易变质，水溶液易氧化而降低效果。利福平对阴性杆菌的杀灭作用强于阳性菌，如与抗阳性菌药物联合使用效果更佳。利福平极易产生抗药性，故不应长期使用，一般使用 1 次后，最好隔 1 个月。

【应用方法】利福平在龟鳖疾病防控中，主要用于体表的疾病，如白点病、腐皮病、烂脚病和疖疮病等。用时可用浸泡法，通常配成200毫克/升浓度的药水浸泡10分钟就可。如用泼洒法，每立方米池水用1克就可。注意在用泼洒法时，应先换去原池1/2的老水后再进行。利福平价格较贵，故不得已时应少用或不用（图3-127）。

图 3-127 利福平

12. 庆大霉素

庆大霉素是由小单孢菌所产生的多成份广谱抗生素，其盐酸为白色粉末，有吸湿性，易溶于水。对温度及酸、碱都稳定。

【作用与药理】对多种革兰氏阳性菌及阴性菌都具有抗菌作用，故适用于各种球菌与杆菌引起的感染。在龟鳖疾病防控中，既适合外伤引起感染，也适合化脓性炎症。如同青霉素、四环素类、磺胺类药物合用，常有协同增效作用。

【应用方法】庆大霉素因性质较稳定，所以可肌注也可内服。应用数量可视龟鳖的病情程度灵活应用，也可参考市售兽药产品说明应用，但一般每千克体重注射不超过20万单位。值得注意的是，庆大霉素对肾功能也有损害，还极易产生抗药性，故不宜长期和反复使用（图3-128）。

13. 盐酸米诺环素

盐酸米诺环素属广谱类抗生素。

【作用与药理】盐酸米诺环素对四环素敏感或耐药的金黄色葡萄球菌均有效；对绿色葡萄球菌、星形放线菌、肺炎双球菌和细菌样微生物、奈瑟氏淋球菌的作用比其他四环素类略强，对大肠杆菌、变形杆菌、沙门氏菌、志贺氏杆菌、克雷伯氏杆菌、假单胞杆菌的抗菌强度与四环素类相近（图3-129）。

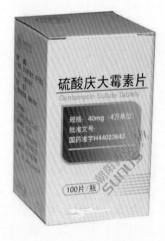

图 3-128 盐酸庆大霉素片

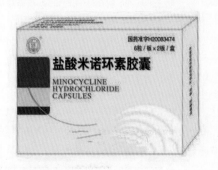

图 3-129 盐酸米诺环胶囊

常用其盐酸盐，为黄色结晶性粉末，无臭、味苦、遇光可引起变质。溶解于水，略溶于乙醇，易溶于碱金属的氢氧化物或碳酸盐溶液中。

【应用方法】在龟鳖的疾病防治中，盐酸米诺环素外用可防治龟鳖的体表性疾病，如白点病、白眼病和腐皮病等，浸泡治疗用量为每立方米水10克，浸泡10分钟。内服可治疗肺炎病、肠炎病等，口服用量为3毫克/千克。

14. 氟苯尼考

氟苯尼考别名氟洛芬、氟甲砜霉素。为白色或类白色粉末，在水中溶解。

【作用与药理】氟苯尼考能通过脂溶性可弥散进入细菌细胞内，主要作用于细菌70S核糖体的50S亚基，抑制转肽酶，使肽酶的增长受阻，抑制了肽链的形成，从而阻止蛋白质的合成，达到抗菌目的。本品抗菌谱广，对革兰氏阳性菌和革兰氏阴性菌及支原体均有强效。本品口服吸收迅速，分布广泛，半衰期长，血药浓度高，血药维持时间长（图3-130）。

【应用方法】在龟鳖的疾病防治中，氟苯尼考主要用于细菌性感染的各种疾病，如体表的腐皮烂甲病，内服用来防治龟鳖的肺炎、肠炎等疾病。应用方法和用量可按市售商品的说明使用，值得提出是氟苯尼考味较苦，所以幼苗阶段内服会影响食欲，用时要注意剂量。

15. 土霉素

土霉素为土壤链丝菌产生的抗生素，主要是干扰病原菌蛋白质的合成。土霉素碱为灰黄色粉末，易溶于酸或碱液中。土霉素盐酸盐为黄色结晶性粉末，易溶于水，而且水溶液呈显著的酸性。

【作用与药理】土霉素的抗菌谱同四环素，最适合于治疗肠道感染。也可用来治疗或控制多种病症的并发症，如腐皮病、烂甲病和肿脖子病等。由于其水溶液呈显著的酸性，所以在温室的龟鳖苗种培育阶段，还可以控制真菌感染引起的白斑病（图3-131）。

【应用方法】土霉素内服要视龟鳖的规格而言，内服一般苗阶段以当日饲料量的0.4％比例添加，种阶段0.8％，成阶段1％，连服5天。在温室培育池中如用泼洒法，每立方米水体10克，3天1次，连泼两次。

图3-130　氟苯尼考　　　　　　图3-131　土霉素

16.多烯磷脂酰胆碱

多烯磷脂酰胆碱为人用的不透明硬胶囊，内容物为黄色黏稠物。

【作用与药理】本品含多烯磷脂酰胆碱[天然多烯磷脂酰胆碱，带有大量的不饱和脂肪酸基，主要为亚油酸（约占70%）、亚麻酸和油酸]。辅料为：氢化蓖麻油，硬脂肪、乙基香兰素，4-甲氧基苯乙酮、乙醇。为辅助改善中毒性肝损伤（如药物、毒物、化学物质引起的肝损伤等）以及脂肪肝和肝炎。

【应用方法】可防治宠物龟类的各种肝病，用量按产品说明中的儿童体重用量（图3-132）。

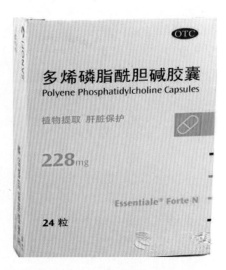

图3-132　多烯磷脂酰胆碱胶囊

三、国家禁用的药物

由于龟鳖有美食补品的美誉和食用价值，为了产品的安全卫生，中华人民共和国农业部第193号公告规定了以下禁用药物，所以在给龟鳖疾病防治中不得应用这些药物(表3-1)。

表3-1　禁用药物清单（对所有养殖者）

序号	兽药及其化合物名称	禁止用途	禁止动物
1	兴奋剂类：克仑特罗 Clenbuterol, 沙丁胺醇 Salbutamol, 西马特罗 Cimaterol 及其盐,酯及制剂	所有用途	所有食品动物
2	性激素类：已烯雌酚 Diethylstilbestrol 及其盐,酯及制剂	所有用途	所有食品动物
3	具有雌激素样作用的物质：玉米赤霉醇 Zeranol, 去甲雄三烯醇酮 Trenbolone, 醋酸甲孕酮 Mengestrol Acetate 及制剂	所有用途	所有食品动物
4	氯霉素 Chloramphenicol, 及其盐,酯,酯(包括(琥珀氯霉素 Cholramphenicol Succinate) 及制剂	所有用途	所有食品动物
5	红霉素		所有食品动物
6	氨苯砜 Dapsone 及制剂	所有用途	所有食品动物
7	硝基呋喃类：呋喃唑酮 Fuazolidone, 呋喃它酮 Furaltadone, 呋喃苯烯酸钠 Nifurstyrenate sodium 及制剂	所有用途	

（续表 3-1）

序号	兽药及其化合物名称	禁止用途	禁止动物
8	硝基化合物：硝基酚钠 Sodium nitrophenolate, 硝呋烯腙 Nitrovin 及制剂	所有用途	所有食品动物
9	催眠, 镇静类：安眠酮 Methaqualone 及制剂	所有用途	所有食品动物
10	林丹（丙体六六六）Lindane	杀虫剂	所有食品动物
11	毒杀芬（氯化烯）Camahechlor	清塘剂 杀虫剂	所有食品动物
12	呋喃丹（克百威）Carbofuran	杀虫剂	所有食品动物
13	杀虫脒（克死螨）Chlordimeforn	杀虫剂	所有食品动物
14	双甲脒 Amitaz	杀虫剂	所有食品动物
15	酒石酸锑钾 Antimony potassium tartrate	杀虫剂	所有食品动物
16	锥虫胂胺 Tryparsamide	杀虫剂	所有食品动物
17	孔雀石绿 Malachite green	抗菌杀虫剂	所有食品动物
18	五氯酚酰钠 PentachloropHenol sodium	杀螺剂	所有食品动物
19	各种汞制剂包括：氯化亚汞（甘汞）Calomel, 硝酸亚汞 Mercurous nitrate, 醋酸汞 Mercurous acetate, 吡啶基醋酸汞 Pyridyl mercurous acetate	杀虫剂	所有食品动物
20	性激素类：甲基睾丸酮 Methyltestosterone, 丙酸睾酮 Testosterone propionate，苯丙酸诺龙 Nandrolone phenylpropionate, 苯甲酸雌二醇 Estradiol benzoate 及其盐, 酯及制剂	促生长	所有食品动物
21	催眠, 镇静类：氯丙嗪 Chlorpromazine, 地洋泮（安定）Diazepam 及其盐, 酯及制剂	促生长	所有食品动物
22	硝基咪唑类：甲硝唑 Metronidazole, 地美硝唑 Dimetronidazole 及其盐, 酯及制剂	促生长	所有食品动物

第三节　防治龟鳖疾病的常用瓜果蔬菜

一、常用辅助龟鳖疾病防治的瓜果

　　瓜果既可看作是中药也是动物体健康生长必需的营养品。所以在龟鳖疾病的防治中，用于直接治疗和间接辅助治疗都有不可或缺的特殊意义。现把常用于龟鳖疾病防治的瓜果菜蔬介绍如下。

　　1. 西瓜

　　西瓜为葫芦科植物西瓜的果实（图3-133，图3-134）。

图3-133　西瓜鲜株	图3-134　西瓜果实

　　【成分与药理】西瓜富含糖、蛋白酶、氨基酸、苹果酸、番茄素、维生素C等物质。西瓜中的糖有很好的解毒作用，而苹果酸有很好的适口性。

　　【功效与应用】西瓜有利尿解毒的功效。在龟鳖疾病防治中可用来预防龟鳖的水肿病和水中毒症。用量为：治疗用鲜品以干饲料量8%～10%的比例榨汁拌入饲料中投喂。预防则用5%的比例。

　　2. 苹果

　　苹果为蔷薇科植物苹果的成熟果实。

　　【成分与药理】苹果富含苹果酸、蛋白质、糖类、奎宁酸、酒石酸、鞣酸及各种维生素。研究表明，苹果有补脑补血、安眠、解毒的作用。

　　【功效与应用】苹果味甘、微酸，性凉。具生津止渴、益脾止泻的功效。在龟鳖疾病防治中，平时添加可预防维生素缺乏症，在治疗时添加可起到提高治疗效果的作用。用量为：预防，当日干饲料量7%的比例榨汁添加。治疗以10%～12%的比例添加（图 3-135，图 3-136）。

图 3-135　苹果鲜株　　　　　　　　　　图 3-136　苹果果实

3. 橘子

橘子为芸香科植物多种橘类的果实（图 3-137，图 3-138）。

图 3-137　橘子鲜株　　　　　　　　　　图 3-138　橘子果实

【成分与药理】橘含丰富的维生素 C、维生素 A、蛋白质、糖类，此外还含丰富的枸橼酸，橘皮还含橙甙、柠檬酸、柠檬帖的有效成分。橘中的维生素 C 有很好的抗氧化作用。维生素 C 也叫抗坏血酸，故有协同治疗各种感染症的作用。

【功效与应用】橘味甘、酸，性温。具有疏肝理气、消肿解毒的功效。在龟鳖的疾病防治中，橘皮晒干后的陈皮，可起到帮助消化增进食欲的作用，每月添加 10 天，可促进生长。用量为：以当日干饲料量 1% 的比例煎汁拌入饲料中投喂。鲜橘榨汁添加，可提高免疫力，增强抗病能力的作用。添加量为：干饲料量的 5%～7% 的比例添加。但应注意的是橘子中的有机酸能刺激消化道黏膜，所以对 50 克以下的龟鳖幼苗应少用或不用。

4. 梨

梨为蔷薇科植物白梨或秋梨的果实（图 3-139，图 3-140）。

【成分与药理】梨含丰富的有机酸、葡萄糖、蛋白质和各种维生素，这些物质有营养和解毒作用。

【功效与应用】梨味甘、微酸，性凉。具有生津止渴、解毒的功效。在龟鳖的

图 3-139 梨鲜株

图 3-140 梨果实

疾病防治中，可作食物的解毒剂，如当龟鳖氨中毒时可和葡萄合用榨汁以干饲料量 10%～15% 的比例拌入投喂，有较好的解毒与恢复体质的效果。平时添加可作 B 族维生素缺乏的补充，从而达到防病目的。用量为：用鲜品以干饲料量 5% 的比例榨汁添加。

5. 大枣

大枣为鼠李科植物枣的成熟果实（图 3-141，图 3-142）。

图 3-141 大枣鲜株

图 3-142 大枣果实

【成分与药理】大枣含丰富的维生素 B、维生素 C、维生素 P，还有糖类、有机酸、微量元素的有效成分。大枣有保护动物肝脏和增强动物体能的作用，大枣还有补血的作用。

【功效与应用】大枣味甘性平，具有利血养神、解毒和胃的功效。特别是龟鳖幼苗阶段添加。可增进龟鳖苗食欲、促进生长和提高机体免疫力的作用。添加量为用干品以干饲料量 3% 的比例煎汁每月添加 10 天。

6. 猕猴桃

猕猴桃为猕猴桃科植物猕猴桃的成熟果实（图 3-143，图 3-144）。

【成分与药理】猕猴桃富含各种维生素，其中维生素 C 是苹果的 20 倍。此外还有糖类、蛋白质和微量元素。猕猴桃有防治肝炎的作用。常食猕猴桃，还可避免亚硝酸铵的产生，因亚硝酸铵是一种致癌物质。

【功效与应用】猕猴桃味甘、酸，性寒。具有生津和胃的功效。在龟鳖的疾病

图 3-143 猕猴桃鲜株　　　　　　图 3-144 猕猴桃果实

防治中，平时适当添加可预防温室龟鳖的肝病。在治疗感染性疾病时，可作为补充维生素 C 辅助性良药，可大大增强治疗效果。添加量为：平时用鲜品以干饲料量 5％的比例榨汁添加。治疗时以干饲料量 8％的比例榨汁添加 7 天。

7. 菠萝

菠萝为凤梨科植物菠萝的成熟果实。

【成分与药理】菠萝含糖类、多种维生素和有机酸。菠萝果汁中还含有菠萝元酶，这种物质能在消化道内分解蛋白质，故能帮助蛋白质食物的消化吸收。菠萝还有消水肿和抗炎的作用，故在治疗感染性疾病时与抗生素合用，有提高疗效的作用。

【功效与应用】在龟鳖的疾病防治中，菠萝既可作为营养物质添加也可辅助治疗疾病。特别是预防消化道疾病和肝病。添加量：平时可用鲜果以当日干饲料量 5％的比例榨汁添加。治疗时以 8％的比例添加（图 3-145，图 3-146）。

图 3-145 菠萝鲜株　　　　　　图 3-146 菠萝果实

8. 草莓

草莓为蔷薇科植物草莓的成熟果实。

【成分与药理】草莓富含糖类、维生素、氨基酸、柠檬酸、苹果酸和微量元素。草莓是一种低热能多营养的滋补佳品，故有果中皇后之称。

【功效与应用】草莓具有生津健脾的功效。在龟鳖的疾病防治中，对暴发性疾病的辅助防治，有很好的效果，如鳖的赤、白板病和龟的感冒病。添加量为：用鲜果以当日干饲料量的 5％～ 8％榨汁拌入饲料中投喂。有条件的可每月 10 天以干饲料量 5％的鲜果榨汁长期应用（图 3-147，图 3-148）。

图 3-147　草莓鲜株　　　　　　　　图 3-148　草莓果实

9. 葡萄

葡萄为葡萄科植物葡萄的成熟果实。

【成分与药理】葡萄富含葡萄糖和多种维生素。特别是维生素 C 和维生素 P 含量丰富。所以葡萄有很好的营养和解毒作用。

【功效与应用】葡萄味甘、微酸，性平。具有补肝益肾、利尿解毒的功效。在龟鳖的疾病防治中，可预防龟鳖的水中毒和非寄生性肝病。平时适量添加可提高龟鳖的抗病力。用量为：平时用鲜品以当日干饲料量 5% 的比例榨汁添加。协助治病时用鲜品以干饲料量 10% 的比例榨汁拌入饲料中连喂 7 天（图 3-149，图 3-150）。

图 3-149　葡萄鲜株　　　　　　　　图 3-150　葡萄果实

二、常用辅助龟鳖疾病治疗的蔬菜

和瓜果类一样，蔬菜也可看作是中药，是动物体健康生长必需的营养品。所以在龟鳖疾病防治中，同样有直接治疗和间接辅助治疗的特殊药用意义。现把常用于龟鳖疾病防治的菜蔬介绍如下。

1.菠菜

菠菜别名波斯菜。为藜科植物菠菜的茎叶（图3-151）。

【成分与药理】菠菜全草富含胡萝卜素、维生素C、叶酸、草酸、蛋白质、微量元素等物质。菠菜中的粗纤维可促进动物消化道运动，有帮助消化吸收的作用。最近的医学研究还发现菠菜中还含有辅酶Q10和维生素E，故又具有提高机体免疫力和增强抗病力的作用。

【功效与应用】菠菜味甘，性凉。具有养血、止血、通利肠胃、健脾和中的功效。在龟鳖的疾病防治中，菠菜作为营养鲜活饲料添加能提高鳖的抗病能力和促进消化吸收，增进食欲促进生长的作用。特别是亲鳖的产前添加，可提高亲鳖的受精率。菠菜的添加量为：以当日干饲料量8%比例鲜品打成菜汁拌入饲料中每月10天。

2.白菜

白菜为十字花科植物白菜和青菜的叶（图3-152）。

【成分与药理】白菜含有多种维生素和矿物质，此外还有蛋白质等营养物质。研究表明，白菜汁有较好的解毒作用。

图3-151 菠菜

图3-152 白菜

【功效与应用】白菜味甘，性平。具有补中、消食、利尿、通便、清肺、除瘴等功效。在龟鳖的疾病防治中，白菜既可用作解毒又可作营养剂。由于含有丰富的维生素，可在防治赤、白板病时作辅助防治的添加物，可起到很好的增效作用。用量为：以干饲料量10%的比例榨汁添加在饲料中投喂。而平时也可作为营养剂添加，用量为当日干饲料量5%的比例榨汁添加。

3.卷心菜

卷心菜为十字花科植物甘蓝的茎叶（图3-153）。

【成分与药理】卷心菜含葡萄糖、芸薹素、酚类、多种维生素，特别是含有丰富的维生素U，这种维生素对消化道有很好的保护作用。

【功效与应用】卷心菜味甘性平。具有益脾和胃、补骨髓的功效。在龟鳖的疾病防治中，既可防治消化道疾病，又可作营养添加以促进龟鳖的生长。用量为：当日干饲料量5%～10%的比例打成菜浆拌入饲料中投喂。

4. 空心菜

空心菜为旋花科植物蕹菜的茎叶（图3-154）。

【成分与药理】空心菜含有大量的维生素，如烟酸、胡萝卜素、维生素C、B族维生素。特别是嫩稍中的含量最多。其他还含有蛋白质、糖类、无机盐等营养物质。空心菜还有抗病毒的作用。

【功效与应用】空心菜味甘，性寒。具有凉血止血、润肠通便、消肿去瘤、清热解毒的作用。在龟鳖的疾病防治中，由于其含有丰富的维生素，所以辅助防治龟鳖的病毒性疾病有明显提高疗效的作用。此外，平时也可作为营养剂长期添加。用量为：辅助治疗，以当日干饲料量10%的比例榨汁连续10天。平时添加，以干饲料量5%的比例榨汁添加。

图3-153 卷心菜

图3-154 空心菜

5. 大蒜头

大蒜头为百合科植物大蒜的鳞茎。

【成分与药理】大蒜头含有丰富的挥发油、大蒜辣素和大蒜素。此外还有多种维生素和微量元素。研究表明，大蒜素可分解为二丙烯基三硫化物。大蒜是一种抗菌力强、抗菌谱广的抗菌植物。此外，大蒜还能刺激机体免疫系统，增强机体的免疫功能和刺激消化道促进消化液分泌从而增强动物食欲的作用。

【功效与应用】大蒜味辛，性温。具有健胃止痢、杀菌驱虫的功效。在龟鳖的疾病防治中主要用来防治龟鳖的细菌性感染引发的疾病。但因大蒜有刺激性很强的蒜辣味，用鲜汁外用会影响龟鳖的活动和吃食。特别是龟鳖苗因耐受刺激的能力较差，如不慎，极易引发死亡。故建议尽量不作外用，而应用于50克以上龟鳖幼种的内服添加。用量为：治疗以当日干饲料量的1.5%～2%的比例榨汁连续添加7天。防病以干饲料量1%的比例每月连续添加10天（图3-155）。

6.番茄

番茄为茄科植物番茄的果实（图3-156）。

图3-155 大蒜头

图3-156 番茄

【成分与药理】番茄中含有多种维生素，其中维生素C因番茄带酸性而不会被热所破坏。还有番茄中的维生素P有保护动物皮肤健康、维护消化道消化液的正常分泌和促进红细胞形成的作用。番茄中还有一种抗癌物质叫谷胱甘肽，当动物体内谷胱甘肽的含量上升时，就不易产生癌肿的疾病。此外，番茄中的柠檬酸和苹果酸及糖类，也有帮助消化吸收促进生长的作用，而番茄中的番茄素有较强的抑菌作用。

【功效与应用】番茄味甘、酸，性凉。具有清热生津、凉血消肿的功效。在龟鳖的疾病防治中，番茄可预防多种维生素缺乏症，如烂眼病、白眼病、烂脚病、腐皮病等。也可起到抗菌消炎的作用。所以在平时的饲料日粮中，经常添加，既可补充营养促进生长，又可起到防病作用。特别是在发生暴发性疾病时，作为辅助药治疗的添加物，有很好的协同作用。添加量为：用鲜品以干饲料量5%～10%的比例打浆拌入饲料中投喂。如能长期添加，效果更好。

7.辣椒

辣椒为茄科植物辣椒的果实（图3-157）。

【成分与药理】辣椒含有丰富的蛋白质、维生素，其中以胡萝卜素和维生素C含量最多。辣椒还含辣椒碱、辣椒红色素、龙葵甙等有效成分。其中辣椒素能刺激心脏跳动，加快血液循环，从而起到增进食欲促进生长的作用。

【功效与应用】辣椒味辛性温。具有散瘀止痛、解毒消肿的功效。在龟鳖的疾病防治中，辣椒内服可促进龟鳖的消化吸收，添加量为干品以干饲料量0.2%～0.5%的比例煎汁拌入饲料中每月投喂7天。外用有杀虫抑菌的作用，可防治龟鳖的腐皮病和寄生虫病。用量为：每立方米水体用5克煎汁泼洒2天。

8.萝卜

萝卜为十字花科植物莱菔子的根（图3-158）。

图 3-157　辣椒　　　　　　　　　　　　　图 3-158　萝卜

【成分与药理】萝卜含有丰富的蛋白质、糖类。此外，萝卜中还含有能分解食物的糖化酵素和淀粉酶。它们能分解食物中的淀粉与脂肪。萝卜块根的醇提取物有较好的抗菌作用。最近的研究还表明，萝卜还有较好的抗癌作用。

【功效与应用】在龟鳖的疾病防治中，萝卜既可作为帮助消化吸收促进生长的营养物质，同时也有较好的防病作用。如龟鳖的脂肝病等。萝卜最好鲜用。用量为：当日干饲料量的 6%～10%，打成浆拌入饲料中每月投喂 10 天。

9. 胡萝卜

胡萝卜为伞形科植物胡萝卜的根（图 3-159）。

【成分与药理】胡萝卜主要含糖类、蛋白质和多种维生素。其中以胡萝卜素含量最多。胡萝卜素在动物体内可转化为维生素 A，而维生素 A 能保护动物上皮细胞结构和功能的完整性。胡萝卜素还有抗氧化作用，所以它是一种很好的防病物质。

【功效与应用】在龟鳖的疾病防治中，胡萝卜有防治龟鳖的烂眼病和腐皮病的作用，胡萝卜长期添加还能使龟鳖的脂肪变成自然的奶黄色。所以长期添加胡萝卜不但可防病，还能提高龟鳖的质量和品相。用量为：当日干饲料量的 5%～10%，煮熟后打浆添加投喂。

10. 生姜

生姜为姜科植物姜的块茎（图 3-160）。

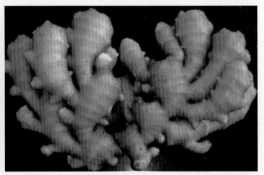

图 3-159　胡萝卜　　　　　　　　　　　　图 3-160　生姜

【成分与药理】生姜含有丰富的姜辣素、天门冬素、淀粉和各种氨基酸。同辣椒一样，生姜中的姜辣素能加快动物体的血液循环，增强机体新陈代谢，从而起到促进生长的作用。生姜汁还有抑制真菌的作用。

【功效与应用】在龟鳖的疾病防治中，治疗龟鳖体表感染时与其他药合用，可起到通透表皮协助作用，但不可用来预防。用量为：每立方米水体 5～8 克干品煎汁泼洒。内服可增进食欲防病促长的作用。用量为：干饲料量 0.5％的比例煎汁添加，通常为每月 7 天。

第四章　充分了解养殖龟鳖的生态生物学特性与抗病性能

虽然龟鳖是一种抗逆性很强的远古生物，但也有其独特的生态生物学特性和抗病性能，特别是在人工养殖过程中，龟鳖疾病的发生有许多是因为养殖者违背了养殖对象的生态生物学特性，造成养殖对象因为对环境与所需物的不适而致病，因此，了解龟鳖不同品种与其生活习性及抗病性能，从而创造和提供适合龟鳖生长的良好环境和所需物，是预防龟鳖疾病的首要。为此介绍一下不同龟鳖品种的外部特征、内部生理结构和其生活习性及抗病性能（图4-1，图4-2）。

图4-1　龟的外部形态　　　　图4-2　鳖的外部形态

第一节　鳖的外部形态特征与内部生理结构

一、鳖的外部形态特征

1.体色

鳖的皮肤具有色素细胞，体色往往与其生存环境相一致。在野生环境中，鳖的背部体色通常为灰绿、黄褐、灰褐或暗褐色，有的还具有非常规则而漂亮的图案花纹，而鳖的腹部大多为灰白或黄白色，如太湖流域的鳖体背呈暗褐色，且体背和腹部都有黑色花斑，看上去就像京剧的脸谱，笔者把它命名为"江南花鳖"。鳖的体背前部还有大小不等的疣粒，而疣粒的生长部位和多少也是区别鳖品种（系）的一个标志形状，如中华鳖的疣粒细小，山瑞鳖的疣粒粗大等。在人工养殖中还不断出现一些变异的体色，如带有乳白的"白鳖"，橘黄的"金鳖"等，这些变异的异化体色不是鳖的什么新种，只是一种异化现象而已，因为它们的后代不一定也会出现这种体色。在鳖的疾病防治中，我们可以通过鳖

图4-3　体表黑色的鳖

的体色判断鳖的生长环境和疾病发生的关联性，如在池塘中发现个别发病鳖的体色特别黑时，就可判断鳖的眼睛已经变瞎，病鳖是长期栖息在饲料台下的黑暗环境中形成的，在温室中也是如此等等（图4-3至图4-5）。

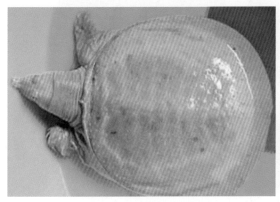

图4-4　体表黄色的鳖

图4-5　体表青色的鳖

2.头部

鳖头前端稍扁，背面略呈三角形，后部近圆柱状。吻端延长成管状，称之为"吻突"，吻长约等于眼径，为采食的主要器官。上下颌无齿，被以唇瓣状的皮肤皱褶和角质喙，角质喙边缘锋利，俗称"全牙"，用以咬住或切碎食物。鳖的喙强劲有力，如被1千克以上的鳖咬到手指，有被咬断的可能，鳖的口大，口裂向后伸达眼后缘，鳖有发达的肌肉质舌，但不能伸展，仅具吞咽的功能。从鳖的口及附属器官的构造可以推测出，鳖是一种凶猛、好斗、以动物为饵的动物，所以鳖的有些体表性疾病

是与鳖的互相撕咬和抓伤有关。鳖的两对鼻孔开口在吻突前端，鳖眼小，上侧位，有眼睑及瞬膜，便于开闭（图4-6）。

3. 颈部

鳖的颈部粗长，近圆筒形，可灵活转动，头和颈部可完全缩入壳内。当颈缩入壳内时，呈"U"形弯曲。鳖的头颈总长度约为甲长的80%。鳖的头颈起到翻身和追食物作用，但也是容易损伤的部位，在密度较高的人工养殖环境中，鳖的头颈极易患病，从而引发死亡的现象不在少数（图4-7）。

图4-6　鳖的头部　　　　　　　　图4-7　鳖的颈部

4. 躯干

鳖的躯干宽短而略扁，背部近圆形或椭圆形，鳖的主要器官系统均位于此，躯干外部由骨板形成的硬壳保护，硬壳由稍弓起的背甲和扁平的腹甲构成，背腹甲二者的侧面以韧带组织相连，鳖的背腹甲外层无角质盾片，而覆以柔软的革质皮肤，皮肤腺缺乏，这样能防止鳖体背水分减少，避免干燥，背甲边缘的结缔组织发达，就是"裙边"。革质的皮肤和鳖特有的裙边，便于鳖的游泳和潜入泥沙中蛰伏（图4-8）。

5. 四肢

鳖的四肢粗短而稍扁平，为五趾型，位于体侧，能缩入壳内，鳖的后肢比前肢大，脚指和脚趾间有发达的蹼膜。第1～3指、趾均有钩型利爪，突出于蹼膜之外，第4～5指、趾爪不明显或退化，藏于蹼膜之中。粗壮的四肢和宽大的蹼膜，既能支持身体在陆地上爬行活动，又适于在水中划动游泳，锐利的爪可兼作捕食器官，一般情况下在水中时鳖的爪很少露出来，但一离开水就会露出利爪，所以我们在养殖操作时最好是带水操作，这样可减少鳖互相之间抓伤和感染（图4-9）。

图 4-8　鳖的体背　　　　　　　　　　图 4-9　鳖的脚趾和蹼

6.尾部

鳖不同性别的尾部长短各异,雌体尾短不达裙边外缘,雄体尾长,伸出裙边外缘,尾的长短是识别鳖雌雄的重要特征之一(图 4-10,图 4-11)。

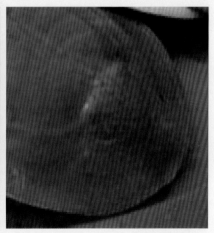

图 4-10　鳖的尾部　　　　　　　　　　图 4-11　鳖的裙边

二、鳖的内部生理结构

1.消化系统

鳖的消化系统包括口、口腔、咽喉、食道、胃、小肠、泄殖腔、泄殖孔等消化器官,以及肝脏、胰脏等消化腺两部分。

鳖的口位于头部的腹面,上下颌包有边缘尖锐的角质喙及唇状的皮肤皱褶。口腔内有舌,舌小呈三角形,舌上有倒生的锥形小突起,可防止被捕获的鱼虾等饵料滑脱,舌还有助于吞咽。

咽喉的咽壁上有许多颗粒状突起,黏膜富有微血管,功能如鱼类的鳃,有辅助呼吸作用,故也叫鳃状组织。食道后部略为膨大,有"U"形胃。胃壁肌肉发达,伸缩性强，可容纳较多食物。

小肠可分为十二指肠和回肠两部分。鳖为食肉性，所以其盲肠不明显。

大肠可分为结肠和直肠。直肠末端膨大为泄殖腔，以一纵裂开口于尾的基部，为泄殖孔（图4-12，图4-13）。

图4-12　鳖的肠道

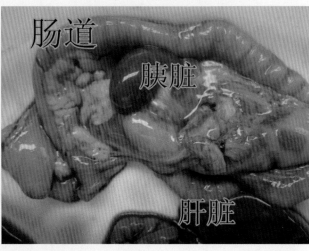

图4-13　鳖的胰脏

图4-14　鳖的肝脏、胆囊

肝脏和胰脏为消化腺，肝脏很大，储存有黄绿色脂肪体，这些营养物质用来供应机体代谢、生长发育及冬眠的需要，与鳖能长时间不取食有关。脾脏则为造血组织。

从口腔到泄殖腔，成年鳖的消化道总长70厘米左右，其中最长的肠道为回肠，为食物的消化与营养吸收的主要场所。消化道总长不超过鳖体长的2～3倍，这与鳖以肉食为主又兼食植物的食性有关（图4-14）。

2.骨骼和肌肉系统

鳖的骨骼系统由外骨骼和内骨骼组成。背甲和腹甲为外骨骼，中轴骨和四肢骨即脊柱、头骨、肩带及前肢，腰带和后肢骨为内骨骼。鳖的背腹甲无角质板（鳖的背甲大多为八根肋板组成，有极少数是九根肋板）而覆以厚实的皮肤，腹甲发育不全等，都表现出对水栖生活的适应。由于鳖经常在陆地上活动，依赖于四肢支重和运动，颈部头部和四肢的肌肉较发达。脊柱的加强，促使躯干的肌肉进一步分化，发展了肌间肌和皮肤肌等，所以鳖的全身由150条肌肉组成（图4-15，图4-16）。

图 4-15　鳖的骨骼系统
1.尾椎骨 2.背甲 3.腹甲 4.脚趾骨 5.颈椎骨 6.头骨

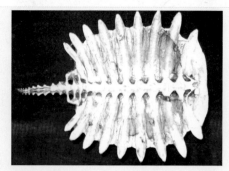

图 4-16　九肋的鳖甲

3.呼吸和循环系统

呼吸系统包括呼吸道和肺等部分，空气从外鼻孔进入，进鼻腔、内鼻孔、喉头、气管至肺。肺为一对黑色薄膜囊，紧贴背甲内侧，其腹面覆盖着结实的腹膜。鳖的肺很发达，其容量也较大。

鳖的循环系统已具有静脉窦及二心耳一心室。心室内有隔膜，但仍有孔，进化尚不完善，因此血液循环属于不完全的双循环。鳖调节体温的能力很差，其活动能力随外界温度的变化而变化。鳖的淋巴系统也比较发达（图4-17）。

图 4-17　鳖的肺脏和气管

鳖的呼吸运动主要依靠腹壁及附肢肌肉的活动，改变体腔的背腹径，从而改变内脏器官对肺的压力。例如腹横肌收缩时，内脏器官对肺的压力增加，肺内气体排出，为呼气。腹斜肌收缩时内脏器官对肺的压力减少，外界空气便经过呼吸道进入肺，为吸气。半水栖的鳖，头部前端有长吻，只将吻端的外鼻孔露出水面就能进行呼吸。又因鳖的肺较大，呼吸间隙时间也较长，所以鳖潜入水中后，可在水底维持较长时间不到水面呼吸。当然这也与鳖的代谢水平低、心跳慢、对血液中二氧化碳的敏感性差，以及缺氧时以厌氧性的糖酵解获得能量等生理特性有关。

鳖主要是肺呼吸，但也有辅助呼吸器官与辅助呼吸功能，如口腔及副膀胱壁的黏膜上有许多微血管，上颚及下颚的群毛状突起，都能起到辅助呼吸的作用。因此养鳖时同样需要清除养殖环境中，特别是水体中的残渣污物，以保持水体洁净和溶解氧丰富，以免造成中毒或诱发疾病。

初孵化出的稚鳖需氧较多，对水中因缺氧产生的甲烷、硫化氢、氨等有害气体较为敏感。

4.泌尿生殖系统

鳖的排泄器官为后肾，输尿管及膀胱分别开口于泄殖腔。鳖为雌雄异体，雌性具卵巢一对，成熟个体的卵巢很大，除有 10 ～ 20 个较大的黄色成熟卵外，还有大

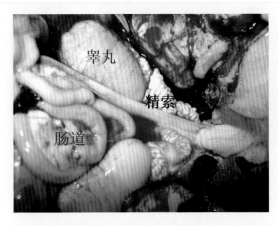

图 4-18　鳖的睾丸和精索

小不一、发育程度不等数以百计的小卵，充塞在体腔的两侧。鳖的输卵管较长，迂回在卵巢两边，前端呈喇叭状，开口于腹腔，后端开口于泄殖腔。雄性具有一对精巢，形长，略带黄色。副睾靠近睾丸，从副睾通出的输精管开口于泄殖腔。交配器较长，背侧有沟，精液通过此沟输送到雌体的泄殖腔内。鳖的雌雄在外形上区别不明显，但从解剖来看，有很大的区别（图 4-18 至图 4-20）。

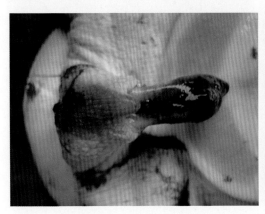

图 4-19　鳖的阴茎

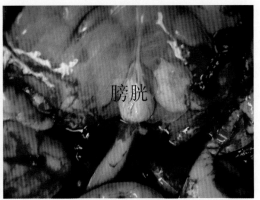

图 4-20　鳖的膀胱

5.感觉器官和神经系统

鳖的大脑半球显著，在大脑的前端为嗅叶，延长至鼻腔，中脑及小脑较发达，延脑与脊髓相连，具 12 对脑神经。鳖的感觉器官有鼻、眼、内耳。鳖的嗅觉、触觉和听觉较敏锐。

鳖的躯干有背腹甲保护，冬眠期代谢水平低，对周围的环境的敏感性也随之下降，所以鳖的感觉器官和神经系统还处于较低的水平，属于变温动物。

三、鳖的基本生活习性

通过对鳖类的长期观察和对其生理特性的认识，发现鳖类即使品种不同，但生活习性相差不多，特别是我国是养殖鳖和食用鳖最早的国家，古人对鳖的习性早有形象的总结，如"春天发水走上滩，夏天炎热潜柳湾，秋天凉爽入石洞，冬天寒冷钻深潭"，通过总结归纳，基本有以下几条。

1.喜温怕寒怕热

鳖是变温动物，所以鳖的生活与环境中的温度关系十分密切。一般情况下，当水温低于15℃时基本停食；低于10℃时就停止活动进入冬眠状态；但是当高于36℃时活动和吃食也会受到影响，当高于40℃时就停止吃食并减少活动，潜入水底或阴凉处进入"避暑"状态。鳖的最适生长温度为28～31℃，基本生存温度为10～40℃，最适繁殖温度为26～29℃（图4-21，图4-22）。

图4-21　养殖期池塘环境

图4-22　冬眠期池塘环境

2.喜静怕惊

鳖生性胆小，所以鳖喜欢生活在安静的环境中，但鳖对有规律、声音较轻的环境适应很快，如在优美动听的音乐声中，鳖会很快适应而不躲避，再如在大自然夜晚的虫鸣鸟叫声中，它反而感到有安全感，故也会露出水面，栖于水边或草丛中。相反对刺激性较强，无节律的噪声却十分敏感，特别是对那些声调强弱不一的汽车马达声、喇叭声和机械刺耳的撞击声都会影响鳖的正常栖息和觅食。另外鳖对移动的影子也较敏感，如在晴天，鸥鸟飞过鳖栖息的上空时，阳光反射的影子就会使鳖惊扰或出现应激反应，从而影响鳖的栖息和觅食（图4-23，图4-24）。

图4-23　安静的养殖环境

图4-24　近似野生的养殖池塘

3.喜净怕污

鳖是一种抗逆性较强的动物，但还是喜欢在既鲜活又嫩爽的水环境中生活，污染严重的水环境中不但会影响它的生长还会影响鳖的生存（图4-25，图4-26）。

图4-25　鲜活嫩爽的养殖水质　　　　图4-26　水体污染造成鳖中毒死亡

4.喜淡怕咸

鳖是一种生存于淡水环境中的动物，所以它对环境中的盐度特别敏感。比如，我们试验在盐碱比例较高的地区建露天鳖池，发现鳖的生长和存活与淡水池区相差20%左右，有关研究也表明当水体中盐度超过千分之五时就会对鳖的生长有影响，所以我们要求养殖鳖水体中的盐度以不超过千分之三为好。

5.喜阳怕阴怕风

鳖喜欢生活在阳光充足，通气较好的环境中，而且鳖最大的生活特性就是喜欢在阳光下晒背。因为晒背能调节体内的循环，又能增进表皮组织的生长。此外，表皮经阳光照射后还能杀死一些病原微生物，起到防病作用，所以在阳光下晒背是鳖的一种生理需要；相反，鳖不喜欢在阴暗的环境中生活，我们试验在封闭无光的温室和采光温室中养鳖，发病率无光较有光的高出15%左右（养当地中华鳖），所以我们要求光照的时间不低于8小时，如无阳光应用灯光补足。此外，鳖较怕风特别是寒风，所以鳖喜欢向阳背风的环境（图4-27，图4-28）。

图4-27　向阳背风的养鳖池塘和晒背设施　　　图4-28　鳖在晒背

6.杂食贪吃

在适温范围，鳖不但活动增加，而且觅食量也大。鳖的食谱很广，是一种杂食性动物，在自然界鳖最喜欢吃虾和螺。但在人工养殖中，一般以配制的全价配合饲料为主，所以只要原料是无公害的，大多数人、畜、鱼类能食用的食品原料，都可用来给鳖做配合饲料。此外鳖的嗅觉和视觉非常灵敏而味觉不太灵敏，所以刺激性大的饲料不适合直接喂鳖（图4-29，图4-30）。

图4-29 大口吃料的甲鱼

图4-30 甲鱼在吃螺肉

第二节 我国主要养殖鳖类品种的
生态生物学特性与抗病性能

一、国内土著鳖类品种的生态生物学特性与抗病性能

我国土著的甲鱼品种主要有中华鳖、山瑞鳖和斑鳖，后两种品种数量很少，故被国家列为保护动物，特别是斑鳖，其珍贵已超过熊猫（图4-31，图4-32）。

图4-31 濒临绝种的斑鳖

图4-32 国家二级保护动物山瑞鳖

中华鳖是我国目前养殖的主要品种，但因我国幅员辽阔，南北之间的纬度和气候差异大，所以各地域之间出现一些生态地理品系，它们对当地环境和疾病已形成特有的抗逆性能，有的甚至相差很大。通过多年的养殖经验，国内的中华鳖适合各地养殖，特别是地域品系对本地域养殖有着明显的养殖效果，如黄河品系在黄泛区域养殖，不但成活高，商品也受当地市场欢迎，相反这个品系引到太湖地区养殖，效果就明显差于当地的太湖品系。下面简要地介绍一下中华鳖不同地域品系的特征和抗病性能。

1. 中华鳖北方品系（北鳖）

主要分布在黄河以北地区，体形和特征与普通鳖一样，但体背和腹部无花斑，北方品系比较抗寒，通过越冬试验，在10℃至−5℃的气温中水下越冬，成活率较其他地区的高35%。是一个很适合北方和西北地区养殖的优良品系（图4-33，图4-34）。

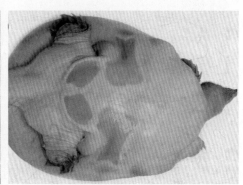

图4-33　北方品系背部　　　　　　　　图4-34　北方品系腹部

2. 中华鳖黄河品系（黄河鳖）

主要分布在黄河流域的甘肃、宁夏、河南、山东境内，其中以河南、宁夏和山东黄河口的鳖为最佳。由于特殊的自然环境和气候条件，使黄河鳖具有体大裙宽，体色微黄的特征，在当地的泥池塘中养殖，抗病性能较好。黄河品系的生长速度与太湖鳖差不多，但引到长江以南后抗病性能较太湖鳖差（图4-35，图4-36）。

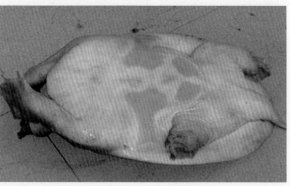

图4-35　黄河品系背部　　　　　　　　图4-36　黄河品系腹部

3. 中华鳖洞庭湖品系（湖南鳖）

主要分布在湖南、湖北和四川部分地区，其体形与江南花鳖基本相同，但背腹部无花斑，特别是在鳖苗阶段其腹部体色呈橘黄色，它也是我国有较高价值的中华鳖地域品系，生长和抗病与太湖鳖差不多（图4-37至图4-39）。

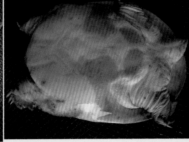
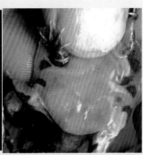

图4-37 洞庭湖品系背部　　图4-38 洞庭湖品系腹部　　图4-39 正宗的洞庭湖品系鳖苗

4. 中华鳖鄱阳湖品系（江西鳖）

主要分布在湖北东部和江西及福建北部地区，成体形态与太湖鳖差不多，但出壳稚鳖体背有少许花斑，腹部橘红色无花斑，在温室中养殖，抗病性能不如太湖鳖，但生长速度与太湖鳖差不多（图4-40至图4-42）。

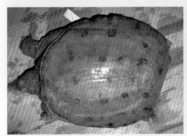
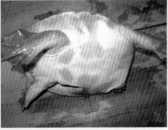

图4-40 鄱阳湖品系背部　　图4-41 鄱阳湖品系腹部　　图4-42 刚孵出的稚鳖腹部呈
　　　　　　　　　　　　　　　　　　　　　　　　　　　　　橘红色的正宗鄱阳湖品系

5. 中华鳖太湖品系（笔者1995年取名江南花鳖）

主要分布在太湖流域的浙江、江苏、安徽、上海一带。除了具有中华鳖的基本特征外，主要是背上有十个以上的花点，腹部有块状花斑，形似戏曲脸谱，江南花鳖的特点是抗病力强，肉质鲜美（图4-43至图4-45）。

6. 中华鳖西南品系（黄沙鳖）

是我国西南地区特别是广西的一个地方品系，体长圆、腹部无花斑、体色较黄，大鳖体背可见背甲肋板。其食性杂生长快，但因长大后体背可见背甲肋板，在有些地区会影响销售形象。在工厂化养殖环境中鳖的体表呈褐色，有几个同心纹状的花斑，腹部有与太湖鳖一样的花斑，在野外池塘养殖背腹部花斑消失。生长速度在工厂化环境中比一般中华鳖品系快，但在野外养殖，西南品系抗寒性比较差，越冬成活率很低，特别是苗种阶段，我们在浙江宁波试验的越冬成活率只有23％（图4-46至图4-48）。

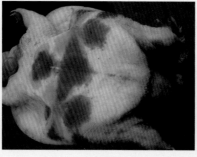

图4-43　太湖品系背部　　　图4-44　太湖品系腹部　　　图4-45　正宗的太湖品系鳖苗腹部

图4-46　西南品系背部　　　　图4-47　西南品系腹部　　　图4-48　正宗西南品系的
　　　　　　　　　　　　　　　　　　　　　　　　　　　　　　　苗腹部

7. 中华鳖台湾品系（台湾鳖）

台湾品系主产我国台湾南部和中部，体表与形态与太湖鳖差不多，但养成后体高比例大于太湖品系。台湾品系是我国目前工厂化养殖较多的中华鳖地域品系，因其性成熟较国内其他品系早，所以很适合工厂化养殖小规格商品上市（400克左右），但不适合野外池塘多年养殖，其不但成活率低，生长速度也明显减慢（图4-49，图4-50）。

图4-49　台湾品系背部　　　　　　　　图4-50　台湾品系腹部

其他品系我国还有乌鳖、砂鳖、墨底鳖、小鳖等品系，因群体数量较少，不再细述（图4-51至图4-53）。

 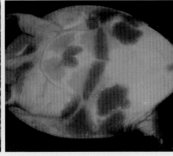 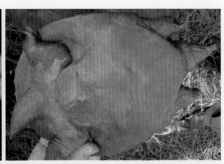

图4-51 墨底鳖　　　　　图4-52 墨底鳖腹部　　　　　　图4-53 乌鳖

二、国外引进鳖类品种的生态生物学特性与抗病性能

国外引进的品种，一般认为日本鳖较适合我国外塘养殖，泰国鳖适合温室养殖。

1.日本鳖

日本鳖主要分布在日本关东以南的佐贺、大分和福冈等地，也有传说目前我国引进的日本鳖原本是我国太湖鳖流域的中华鳖经日本引入后选育而成（但未见有文献报道），故也有叫日本中华鳖的，目前被农业部定为中华鳖（日本品系），日本鳖生长较快，由于其皮肤较厚，所以体表性疾病较少，但日本鳖的养殖环境的要求很高，如果水体环境稍有不好，就会引起暴发性疾病，日本鳖是我国引进比较好的品种，但因没有进行很好的选优和保护，特别是一些养殖企业为了追逐眼前利益，进行无序的杂交后，已有明显的杂交污染现象，所以目前纯种已经极少（图4-54至图4-56）。

  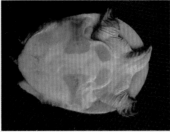 

图4-54 日本鳖背部　　　　图4-55 日本鳖腹部　　　　图4-56 和中华鳖杂交后的日本鳖

2.佛罗里达鳖（珍珠鳖）

佛罗里达鳖属鳖科鳖亚科软鳖属，又称珍珠鳖、美国瑞鱼。主产区主要在美国的佛罗里达州，1996年我国开始引进养殖。佛罗里达鳖体色艳美、个体较大、生长

迅速，佛罗里达鳖抗病性能好，一般情况下很少发生疾病，但在工厂化加温养殖要注意密度，稍高就易发生腐皮病（图4-57，图4-58）。

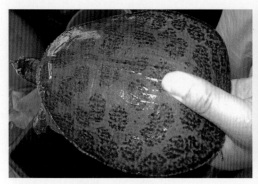

图4-57　珍珠鳖背部

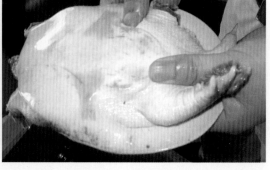

图4-58　珍珠鳖腹部

3.泰国鳖

体形长圆，肥厚而隆起，背部暗灰色，光滑，腹部乳白色，微红，颈部光滑无瘰疣，背腹甲最前端的腹甲板有绞链，向上时背腹甲完全合拢，后肢内侧有两块半月形活动软骨，裙边较小，行动迟缓，不咬人，其中500克以上的成鳖背中间有条凹沟。其外部体色近于中华鳖，只是其腹部花色呈点状，不是块状。这种鳖生长快，喜高温，且早熟，一般350克就成熟，雌鳖400克就开始产卵，泰国鳖对温度的变化比较敏感，稍有不适，易暴发疾病，所以它最适合在温室内控温直接养成成鳖上市，不适合在温差较大的野外多年养殖（图4-59至图4-61）。

图4-59　泰国鳖外塘成鳖背部

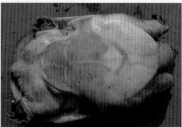

图4-60　泰国鳖外塘成鳖腹部

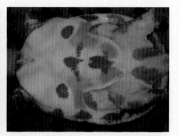

图4-61　泰国鳖温室幼鳖腹部

4.角鳖

角鳖又称刺鳖，主要分布于加拿大最南部至墨西哥北部间。体形较大，体长可达45厘米。吻长，形成吻突。背甲椭圆形，背部前缘有刺状小疣，故叫刺鳖。21世纪初引入我国，生长抗病性能和珍珠鳖差不多（图4-62，图4-63）。

其他还有越南黑鳖和南亚缘板鳖、缅甸孔雀鳖等，因数量较少，不作详细介绍（图4-64至图4-66）。

图 4-62 角鳖背部

图 4-63 角鳖腹部

图 4-64 越南黑鳖

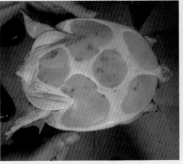

图 4-65 南亚缘板鳖腹部

图 4-66 缅甸孔雀鳖

第三节 龟类的外部形态与内部结构

一、龟的外部形态特征

和鳖一样，龟的外部形态也分为体色、头部、颈部、躯干部、四肢和尾六个部分（图4-67）。

1.体色

龟的体色因种类不同区别很大，有的龟类还有非常艳丽的花纹和花斑，龟的体色除了基因遗传，也与其生活的环境有关，有的甚至会随着环境的变化而变化，其目的是防止敌害保护自己。大多数龟的体色在幼苗阶段比较艳丽，成年后比较暗淡（图4-68至图4-70）。

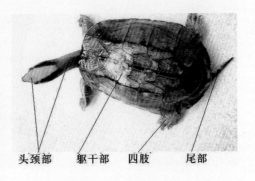

头颈部　躯干部　四肢　尾部

图 4-67 龟的外部特征

图 4-68 黄斑龟苗的体色

图 4-69 钻纹龟的体色

图 4-70 辐射陆龟苗
的艳丽体色

2.头部

龟类的头部大多较小，略呈三角形，龟的头部由鼻、口、眼组成，大多龟类颚缘有角质喙，喙的形状因种类不同有差异。龟的眼位于头侧，眼突出较小，呈圆形，上下有眼睑，但只有下眼睑可活动，眼后方有圆形鼓膜。龟的眼睛构造很典型，其角膜凸圆，晶状体更圆，且睫状肌发达，可以调节晶状体的弧度来调整视距，因此，龟的视野一般很广，但清晰度差。所以，龟对运动的物体较灵敏，而对静物却反应迟钝。据英国动物学家试验，大多数龟能够像人类一样分辨颜色。尤其对红色和白色的反应较为灵敏。眼前方突出的部分为吻部，吻上两个小孔是龟的鼻孔，龟有两个鼻孔，但只有一个鼻腔，鼻孔内骨块上均覆有上皮黏膜，有嗅觉功能。其中犁鼻器是它们主要嗅觉器官。因此，龟在寻找食物或爬行时，总是将头颈伸得很长，以探索气味，再决定前进的方向。鼻孔下面是嘴，嘴很大，口裂超过眼，口内没有牙齿，靠上下颌角质的硬鞘咬住食物，借前肢帮助撕断吞下。龟口内的舌不能伸出，主要用来帮助咽下食物。龟无外耳，就因为龟的听觉器官只有耳和内耳，没有外耳，而且最外面是鼓膜。所以，龟对空气传播的声音反应迟钝，而对地面传导的振动比较敏感。因此龟几乎被认为是既哑又聋的动物（图 4-71，图 4-72）。

图 4-71 大头乌龟的头部

图 4-72 鹰嘴龟的头部

3. 颈部

龟的颈就是我们平常所说的脖子，龟的颈部在头部的后端，很长，如长颈龟的头颈甚至超过体背，龟的颈主要为翻身用，如龟因种种原因腹部朝上不能爬行时，就会借助长长的颈将身体正过来，龟颈部的伸缩和弯曲是在颈长肌的牵引下完成（图4-73，图4-74）。

图4-73　长颈龟长颈　　　　　　　　图4-74　西氏龟的曲颈

4. 躯干部

躯干部是龟身体的主要部分，它基本呈圆形或长圆形，盒状，由上下两瓣坚硬的龟壳（背甲和腹部）组成（龟壳包围的内部空间有内脏）。龟壳由两层组成，外面的一层是盾片，里面的一层是骨板，所以非常坚实（图4-75，图4-76）。

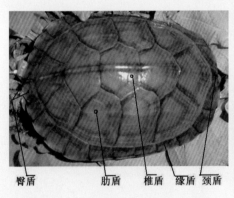

臀盾　　　　肋盾　椎盾　缘盾　颈盾

图4-75　龟的躯干背部与盾甲分布　　　图4-76　腹部内凹的黄喉拟水龟雄龟

龟的背甲因品种不同形状各异，有的平坦（如红腿），有的圆鼓（如安布龟），有的山峰状（如大鳄龟），龟的背部有表皮组成的角质盾片，盾片下是骨板，一起形成盾甲，盾甲在背部根据不同的位置而区分，位于颈部的颈盾，数量1枚；位于背纵向顶端的椎盾，数量5枚；位于在椎盾两侧的肋盾，数量左右各4枚，共8枚；位于肋盾下方两侧边缘的缘盾，数量为两边各12枚，共24枚；也有把后缘正中的一对叫臀盾的。龟的盾片对保护龟的体表健康十分重要，如果盾片损伤，就会引发严重的体表感染性疾病。

龟的腹甲大多较平，但有些品种因性别不同也有差异，如黄喉拟水龟（石金钱）的雄龟腹部是凹陷的。背甲和腹甲之间多由甲桥相连，也有的以韧带相连。多数龟的头部、颈部、四肢和尾部都能缩入龟壳内，从而避免受到外界伤害。

5.四肢和蹼

四肢是龟的运动器官，主要作用是爬行和游泳，龟的四肢一般较短，所以龟的爬动不快，不同龟类脚趾也不同，如水栖龟类有完整的蹼，主要用来游泳，而半水栖龟类只有半蹼，这与其主要生长在陆地上，也常到水中洗澡的习性有关，而陆龟因完全生活在陆地上，所以没有蹼（图4-77至图4-79）。

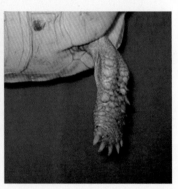

图4-77 水栖龟的蹼 　　　图4-78 黄缘龟的半蹼 　　　图4-79 陆龟的爪

6.尾部

龟的尾部在躯干部的后端，与头部相对。多数龟的尾部较短，尾部靠近甲壳的地方有泄殖孔，是排粪和产卵的地方。有的龟尾部较长，如鳄龟、鹰嘴龟等（图4-80，图4-81）。

图4-80 大鳄龟的尾部较粗大 　　　图4-81 泰国平胸龟细长的尾部

二、龟的内部生理结构

龟的内部结构可分为骨骼、肌肉、消化、呼吸、循环、泌尿、生殖、神经等系统。

1. 消化系统

由消化道和消化腺组成。消化道分为口、咽、食管、胃、肠、泄殖腔等几个部分。消化腺有肝脏和胰脏，肝脏分左右两叶，褐色。肝左叶的背面与胃之间有短的胃肝韧带相联；肝右叶背面接近外侧缘有一大的浓绿色胆囊，它以短而粗的胆管通连十二指肠，十二指肠由韧带连到肝右叶背面的中部，韧带内存有长形乳黄色的胰脏（图4-82）。

2. 呼吸系统

包括鼻、喉、气管、支气管、肺等器官。气体交换主要在肺内进行，肺为海绵样构造，内壁借小隔膜将肺分为若干室。左右肺叶分别通过左右支气管和气管相通，气管由多数软骨环支撑，喉由环状软骨和一对杓状软骨组成，龟以颈和四肢的伸缩运动来直接影响其腹腔的大小，从而影响肺的扩大与缩小。龟呼吸时，先呼出气，后吸入气，这种特殊的呼吸方式称为"咽气式"呼吸，又称为"龟吸"。龟的呼吸运动过程，可从龟后肢窝皮肤膜的收缩变化观察到（图4-83）。

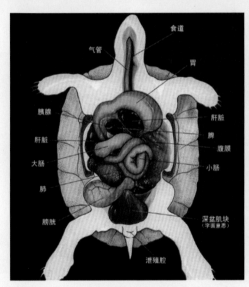

图4-82 龟的消化系统模式图
（引自中国水产频道）

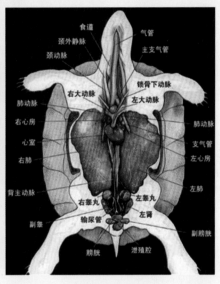

图4-83 龟的呼吸与生殖系统模式图
（引自中国水产频道）

3. 循环系统

心脏包含静脉窦、左右心房和心室。心室内有不完全的室间隔，将其分为左右相通的两部分。体静脉粗大的基部与静脉窦相连。由躯体和内脏回归的静脉血，经薄壁的静脉窦、右心房注入右心室，再经右侧的肺动脉引流入肺内；来自肺静脉回心的动脉血，分别供应头部和前肢，然后沿背大动脉后行；心室中部的混合血进入左体动脉弓后行流入背大动脉。

4. 泌尿生殖系统

泌尿系统的1对后肾，呈扁平状，表面有许多沟纹，可分为数叶，前端较宽，后端较狭，紧贴于腹腔背壁，并各有一条后肾管（输尿管）由肾中央内侧伸至泄殖腔的尿道背壁。膀胱为囊状结构，末端有柄，开口于泄殖腔的尿道腹壁。雄性生殖器官包括1对睾丸、1对附睾、1对输精管和1个交配器。雌性生殖器官包括1对卵巢和1对输卵管。

5.骨骼系统和肌肉系统

骨骼系统较为发达，分化明显，由头骨、脊椎及附肢骨构成，其骨化程度高。头骨分为脑颅和咽颅2部分；龟的脊椎融合到龟壳背甲上，由颈椎、躯椎、荐椎和尾椎4部分组成；附肢骨骼包括肩带、腰带、前肢骨和后肢骨（图4-84，图4-85）。

6.神经系统和感觉系统

龟的神经系统比其他两栖类发达。大脑半球明显，间脑小，顶部的松果体发达；中脑的视叶发达，为龟高级中枢；小脑较发达；延脑与脊髓相连；具有12对脑神经。龟的嗅觉发达，嗅膜布满鼻腔背侧、内侧鼻甲骨的表面。龟的眼睛很小，其基本结构与其他脊椎动物无本质的区别，发展到依靠改变晶状体的凸度以调节视距，其视力很强。龟的耳由两部分构成，即中耳和内耳，没有外耳。但具鼓膜，膜内是中耳腔（也叫鼓室）。声波经鼓膜的振动，通过鼓室内的耳咽管传导到内耳而产生听觉。

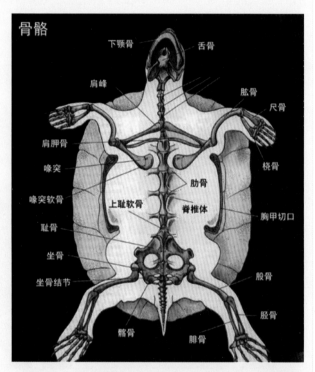

图 4-84　龟的骨骼系统模式图（引自中国水产频道）

图 4-85　鹰嘴龟的骨骼标本（引自灵龟之家）

1. 头骨 2. 背甲 3. 腹甲 4. 脚趾骨 5. 尾骨

第四节 我国主要养殖龟类品种的生态生物学特性与抗病性能

我国目前养殖的龟类品种很多，除了国内的土著品种，也从国外引进不少，这些龟类品种除了形态各异，它们的生活习性基本与其种类的原生地栖息环境有关，所以介绍时按这些龟类的基本栖息习性进行。

一、水栖龟类不同品种的生态生物学特性与抗病性能

水栖龟类多为变温性动物，所以它们的生活习性和环境选择与季节变化有关，此外不同品种间的习性也有些差异。水栖龟类的生物学特性是脚趾间有蹼和有鳃状组织的呼吸器官，这使水栖龟类不但可在陆地活动（肺呼吸）还可长时间在水中生活如乌龟等。

（一）乌龟（中华草龟）

乌龟是我国主要土著龟类品种，养殖量是我国土著品种中最大的（图4-86，图4-87）。

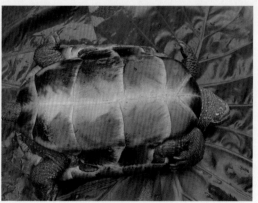

图4-86　乌龟背部　　　　　　　　　图4-87　乌龟腹部

1.形态特征

乌龟头部橄榄绿色，背甲棕色，背甲中央隆起，体呈椭圆形，颈盾前宽后窄。上喙不呈钩状，眼后至颈侧具黑色、黄绿色相互镶嵌的纵条纹3条。腹甲棕灰色每块盾片具大块黑色斑，后缘缺刻较深。四肢灰褐色，扁平，指、趾间具爪。雌性尾短，

雄性尾长。乌龟的雄性相对个体较小，体呈黑色。目前人工养殖的乌龟根据养殖环境的不同，体色也有差异，一般野外养殖的体色较深，温室养殖的体色较浅，有的在繁殖过程中还出现白化和黄化的突变现象，这些突变体更提高了乌龟的观养价值。

2. 生活习性

在自然环境中，乌龟主要栖息于江河、湖泊、水库、池塘及其他水域，白天多隐居水中，天气好时有到陆地上晒背的习惯。乌龟性情温和，相互间无咬斗，当遇到敌害或受惊吓时，便把头、四肢和尾缩入壳内。乌龟为变温动物，夏日炎热时，便成群地寻找阴凉处。当水温降到10℃以下时，即静卧水底淤泥或有覆盖物的松土中冬眠。当水温上升到15℃时，出穴活动，水温18～20℃开始摄食。乌龟是杂食性动物，以动物性的昆虫、蠕虫、小鱼、虾、螺、蚌、植物性的嫩叶、浮萍、瓜皮、麦粒、稻谷、杂草种子等为食。耐饥饿能力强，数月不食也不致饿死。

（二）红耳龟（翠龟、巴西龟）

1. 形态特征

红耳龟头部较大，吻端稍突出，头部光滑无鳞。头部绿色，具数条淡黄色纵条纹，眼后有1条红色宽条纹，故也叫红耳彩龟。背甲绿色，具数条淡黄色与黑色相互镶嵌的条纹。背甲椭圆形。腹甲淡黄色，布满不规则深褐色斑点或条纹。四肢绿色，具淡黄色纵条纹。尾短（图4-88至图4-90）。

图4-88 红耳龟背部　　　　图4-89 红耳龟腹部　　　　图4-90 红耳龟幼苗

2. 生活习性

红耳龟在自然环境中主要生活在安静的河流、湖泊和沼泽等地。红耳龟生性凶猛，环境适应力强，是一种侵害性水生动物。红耳龟食性杂，食源广，一般的水生动物只要能捕到都喜食，也喜食些鲜嫩的菜草。人工饲养可投喂螺、瘦猪肉、蚌、蝇蛆、小鱼、菜叶、米饭和人工配合饲料。

（三）蛇鳄龟（小鳄龟）

1. 形态特征

蛇鳄龟头部棕褐色，呈三角形，上喙钩形，头部不能完全缩入壳内。颈部有棘状刺。背甲卵圆形，棕褐色，每块盾片具棘状突起，后部边缘呈锯齿状（幼龟明显）。腹甲呈十字形，且较小，黄色（幼龟为黑色，散布白色小斑点）。甲桥宽短。四肢灰褐色，具覆瓦状鳞片，指、趾间具发达蹼。尾部较长，覆有鳞片，尾中央具1行刺状的硬棘（图4-91，图4-92）。

图4-91 小鳄龟背部

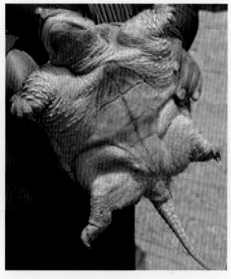

图4-92 小鳄龟腹部

2.生活习性

在野生环境中蛇鳄龟喜栖息在淡水或低盐咸水的湖泊、江河、水库、池塘、沼泽的浅水泥沙底质且水草丛生的水域。偶尔也登上陆地爬行和晒太阳。它经常只将鼻孔和眼露出水面，头部并不完全伸出。白天喜在水中静伏，夜晚到处爬行。蛇鳄龟具有强壮的四肢、爪及长尾巴，有较强的攀爬能力，善于逃逸。蛇鳄龟生性凶猛，能咬人，但在体重20～40克的幼体阶段比较温顺。成年鳄龟能散发出类似麝香的气味，特别是受到强力干扰时尤为明显。蛇鳄龟适应温度的能力较强，既不怕寒冷，又不畏炎热，其生存极限温度为5～42℃。最适生长温度为28～32℃。当气温达35℃以上时，伏于水底或泥沙中避暑，15℃以下时进入冬眠状态。当温度升至15℃以上时，蛇鳄龟恢复正常摄食。蛇鳄龟对有盐度水质的适应性比其他龟类强，如在一般国内的海涂盐度达到千分之三的水域中也能适应生长。蛇鳄龟对水pH的适应范围也比较广，如它可在pH 6.5～8.5的范围内正常生长繁殖。鳄龟白天常潜伏水中，喜弱光和阴暗，畏强光。喜清水，避浊水。鳄龟在水中觅食时，喜捕食运动的活体饵料，其属偏动物性饵料的杂食性动物。稚鳄龟、幼鳄龟与成鳄龟的食性略有不同。稚鳄龟和幼鳄龟喜食水蚯蚓、小鱼虾、蝇蛆、水生昆虫等肉质鲜嫩的小动物，幼龟有时也捕食小型同类，如稚鳄龟等，所以在家庭趣养时应特别注意这一点。成年蛇鳄龟喜食个体较大的活饵，如鱼、虾、蛙、蟾蜍和各种鲜的水草等。在人工饲养条件下除了可以投喂鲜活的动植物饲料，蛇鳄龟喜食人工配合的颗粒饲料。

（四）中华花龟

1.形态特征

中华花龟头较小，头颈、四肢及尾等有黄色纵细纹。吻锥状，突出于喙端，喙缘呈细锯齿状。背甲栗色，具3条明显的脊棱。颈盾单枚，呈梯形或长方形，缘盾两侧略上翘。各盾片均具同心纹。腹甲平坦，淡黄色，有栗色斑。甲桥明显。甲肢扁圆，指（趾）间全蹼，前肢5爪，后肢4爪。尾长，渐尖细（图4-93，图4-94）。

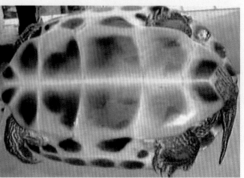

图4-93 中华花龟背部   图4-94 中华花龟腹部

2.生活习性

中华花龟适应性广，生命力强。常栖息于小河塘中。喜静，受惊后即潜入池底。有群居性，一般2只穴居在一起，多时1穴有7～8只。性情较温驯，不爱争斗，不咬人。高温季节白天较少活动，傍晚则活动频繁。气温低于20℃时基本不吃食，6～10月份为摄食旺季，11月份后食量渐减，直至进入冬眠。其食物有小鱼、小虾、蚯蚓、螺、玉米、高粱、南瓜、水草和人工配合饲料等。

（五）四眼斑龟（六眼龟）

1.形态特征

四眼斑龟头顶部有2对眼斑，似眼睛，故名四眼斑龟，斑眼和真眼合一起似有六只眼，故别名为六眼龟。颈部有3条纵条纹，眼斑和颈部条纹颜色因性别差异而不同，眼斑和颈部条纹呈黄色者为雌性；呈绿色者为雄性。背甲棕色，无黑色斑点，呈椭圆形。腹甲淡黄色，散布黑色小斑点，前缘平切，后缘缺刻。四肢淡棕色，指、趾间具蹼。尾灰褐色、短。

2.生活习性

在自然界四眼斑龟喜栖息于山区、丘陵地带的坑潭、沟渠中，常在阴暗处栖居，如石块下、树根中。四眼斑龟很胆小，一旦受惊马上会把头、尾、四肢缩进壳或快速逃逸。每年春季4月底当水温回升到15℃时开始从冬眠中苏醒并到处爬动，但活动范围不大。当水温升高至18℃以上时开始觅食。四眼斑龟天气晴的中午喜趴岸边昂头伸开四肢晒太阳。10月底，当水温降到15℃时开始进入冬眠。冬眠地点选在深水处或岸边避风向阳的石洞或草堆下。冬眠时头缩入壳内，四肢尾露在外，对环境变化反应不太敏感。

四眼斑龟的食性很杂且食量较小，平时最喜食动物性饵料，在自然环境中主要以小鱼虾和水生昆虫等为食，食物缺乏时也食用些小型野果（图4-95，图4-96）。

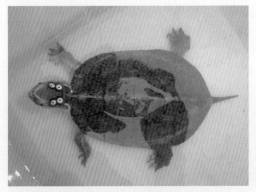

图4-95　龟背部四眼斑

图4-96　四眼斑龟腹部

（六）西氏长颈龟

1.形态特征

　　西氏长颈龟头部略扁，故叫扁头长颈龟。头顶部、颈背部为深灰色，头顶部平滑，下颌、颈腹部为淡灰色；颈长，不能完全隐匿于体侧。背甲棕褐色，呈椭圆形，缘盾不呈锯齿状，颈盾较小。腹甲黄色，幼体颜色较浅，甲较长且窄，无任何斑点。四肢背部深灰色，腹部淡灰色，前肢和后肢均具4爪。尾短（图4-97，图4-98）。

图4-97　西氏长颈龟背部

图4-98　西氏长颈龟腹部

2.生活习性

　　在自然环境中西氏长颈龟喜欢栖息在小溪、池塘和沼泽地带的淤泥中，西氏长颈龟善游，喜暖畏寒，喜群居，不喜晒壳，胆较大，易驯养。西氏长颈龟是食肉性龟类，人工饲养的饵料有肉类、小鱼、黄粉虫、蚯蚓和人工配合饲料。

（七）平胸龟（鹰嘴龟）

1.形态特征

头部棕黑色，较大，呈三角形，不能缩入壳内，上喙钩形，似鹰嘴状。背甲棕黑色，椎盾有放射状黑纹，长椭圆形，背甲扁平，前缘中部凹入，后缘不呈锯齿状。腹甲橄榄绿色，近似长方形，颈盾极短但较宽，具有下缘盾。颈部棕黑色，较短。四肢棕色，具有鳞片，指、趾间具蹼，前肢5爪，后肢4爪。尾长，具环状排列的长方形鳞片（图4-99，图4-100）。

图4-99　平胸龟背部　　　　　　　　　　图4-100　平胸龟腹部

2.生活习性

在自然界中，平胸龟栖息于山区和丘陵地区有水的溪流和水潭附近。喜昼伏夜出，白天躲在树叶下、石洞中休息，夜间外出食。平胸龟性情凶猛，爬跑能力极强。但多数时间它却很安静，有时会在浅水处，眼微闭进行日光浴，连续几小时几乎一动不动，如果有小鱼从眼前游过，它会出奇不意地发起攻击，大嘴一张就将小鱼咬住，三口两口就吞下，很少落空。平胸龟在水面游泳时，四肢划水，尾部末端翘起，很是灵活。平胸龟喜分散隐蔽活动，不喜群居。平胸龟每年6～9月份是主要生长期，10月份后随气温的降低，逐渐进入冬眠期，冬眠在深水。

平胸龟为肉食性龟类，尤喜活食。无论是陆地上的小虫，还水中的鱼、虾、青蛙、蝌蚪它都爱吃，平胸龟尤其喜欢在水中捕食，在水中它的捕食能力强于其他龟类。但捕食方式是守株待兔式，即在水中的隐蔽处等待食靠近物，一旦捕到食物，它会用尖利的喙将食物咬断，有时也借前爪的力量将食物撕断再吞。平胸龟食量虽小但对食物要求较高，一般腐烂的食物是不吃的，由于食物的限制，在自然界平胸龟生长很慢。一般年仅增重15克左右。人工驯养成功后生长快了许多，但也较红耳龟、乌龟要慢。

（八）亚洲巨龟（大东方龟）

1.形态特征

背呈棕褐色，高耸成拱形，后端为锯齿状，中央有明显突起的脊棱。头部呈灰绿色至褐色，点缀黄色、橙色或粉红色的斑点。黄色的腹甲上，每块盾片均有光亮的深褐色线纹，组成显著的放射状图案，部分老熟个体会随着生长而淡化，个别龟腹甲的放射纹会全部磨灭。趾间有蹼。大部分雄性巨龟的腹甲微微向内凹陷，与雌性相比，尾部也较长和粗（图4-101，图4-102）。

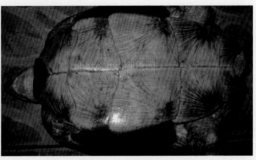

图 4-101　亚洲巨龟背部　　　　　　　图 4-102　亚洲巨龟腹部

2.生活习性

亚洲巨龟主要分布于缅甸，泰国，柬埔寨，越南南部和马来西亚的亚热带地区。在自然环境下，亚洲巨龟生活环境为河流、溪涧、沼泽、湖泊及湿地。亚洲巨龟食性杂，但以植物为主。但在人工饲养的条件下的饵料配比中，鱼虾肉类占了不小的比例，在育肥季节，甚至可以将荤食的比例提高到六成以上。南部产地的亚巨最容易出现只接受素食而很少接受鱼、肉类这样的情况，而中部产区的亚巨较容易出现龟对肉类的热衷程度过高的现象。所有亚洲巨龟共同喜爱的食物就是香蕉，但香蕉并不能作为主要食物进行长期投喂，长期投喂大量香蕉的亚巨会出现大便不成形、挑食等不良反应。较理想的配方应以玉米粉、红薯泥、南瓜泥为主，适当配些动物性饲料。

（九）斑点池龟

1.形态特征

背甲黑色，布满白色斑点，背甲长椭圆形，中央3条脊棱明显，中央一条最明显。腹甲黑色，布满白色斑点，前缘平切，后缘缺刻。头部黑色，布满大小不一且无规则的斑点，头部较大，喙呈流线型。四肢灰褐色，布满细小白色斑点，指、趾间具蹼。尾黑色，有细小斑点，较短（图4-103，图4-104）。

图 4-103　斑点池龟背部　　　　　　　图 4-104　斑点池龟腹部

2.生活习性

属温热带水栖龟类，自然环境中主要生活在河流、溪流、沼泽等地。当气温降低到15℃时，宜移入室内越冬，室温保持在10～14℃，保持这个范围以便让它冬眠。斑点池龟不耐寒，不能长期处于9℃以下，9℃以下体力消耗过大，便会浮水。杂食性。在自然界，食贝类、植物茎叶、昆虫和鱼类。人工饲养条件下，食黄瓜、菜叶、瘦猪肉、小鱼虾及家禽内脏等。

（十）黄喉拟水龟（石金钱）

1.形态特征

体扁椭圆形。头较小，头背光滑无鳞，呈黄色或黄橄榄色，吻前端向内斜达喙缘，上喙正中凹陷，头腹面及喉部黄色，头侧在眼后至鼓膜有黄色纵纹，鼓膜较清晰、圆形。背甲棕色或棕黄色，上有3条纵棱，中央棱明显，两侧的纵棱不明显，背甲边缘整齐，后缘稍呈锯齿状。腹甲浅黄色，前端向上翘，前缘平切，后缘缺刻深，每一盾片的后缘中间有一方形黑褐斑。背、腹甲以骨缝相连，甲桥明显。腋盾窄，胯盾小，喉盾平切，两外侧明显角状。四肢扁平，具宽大鳞片，指（趾）间全蹼，具爪。尾短（图4-105，图4-106）。

图4-105 黄喉拟水龟背部　　　　　　　图4-106 黄喉拟水龟腹部

2.生活习性

在野生环境中喜栖息于丘陵地带及半山区的水域中，有时也到灌木丛、稻田中活动觅食。白天多在水中，有时会爬上岸晒太阳。天气炎热时，在上午、傍晚时活动较多，而在中午和夜间常躲入水中暗处或钻入沙土中休息。黄喉拟水龟胆子不大，受惊后则潜入水中或缩头不动。黄喉拟水龟每年的4～10月份为正常活动生长期，其最适的生活温度是24～32℃，13～15℃是龟由活动状态转入冬眠状态的过渡阶段，只活动，不进食。10℃以下进入冬眠。35℃以上时进入夏眠。

黄喉拟水龟为杂食性龟类，取食范围很广，但以动物性食料为主。在自然界，主食小鱼虾、昆虫、蚯蚓等，也食草种子以及瓜果蔬菜。吃食时，先爬近食物，仔细看上一会儿，然后突然伸长脖子，把食物咬住吞下；若食物太大，则要借助前爪把食物撕开再吃。金石龟的生长速度较慢，在人工饲养条件下，当年孵出的稚龟，入冬前可达 20 克，第二年可长至 60 克以上，三龄龟体重在 150 克左右，如用采用工厂化养殖，1 个 10 克左右的龟苗，在工厂化设施中控温 30℃养殖 12 个月可长到500 克左右。

（十一）三线闭壳龟（金钱龟）

1. 形态特征

三线闭壳龟头顶部金黄色或灰黄色，头较细长，顶部光滑无鳞，上喙略呈钩形，喉部、颈部浅橘红色，头侧眼后有褐色菱形斑块。背甲棕红色，具 3 条黑色条纹，中央一条较长，两侧较短，背甲长椭圆形，背甲前后缘光滑不呈锯齿状。腹甲四周黄色。背甲与腹甲间、胸盾与腹盾间均借韧带相连，龟壳可完全闭合。腋部、胯部橘红色，四肢背部淡黑褐色，腹部浅橘红色，指、趾间具蹼。尾灰褐色，较短（图4-107，图 4-108）。

图 4-107　三线闭壳龟背部

图 4-108　三线闭壳龟腹部

2. 生活习性

在自然界常栖息于山区和丘陵地带的水域中，喜在浅水或近岸带活动。初春和秋末天气晴朗时爱在太阳下晒甲。夏季的夜间和上午活动较多，下午则隐藏在暗处。夏季天气炎热时，会钻入沙堆或淤泥中避暑。三线闭壳龟喜群居和穴居，有时穴中会集聚好几只龟，一般也不会少于 2 只，且喜住深洞。外出迁移时，常会排成"一"字，雄龟在前，其他龟紧随，多时可达 10 余只。所以有些捕龟人掌握此规律后，往往会有颇多收获，如越南有传说一天捕到 38 只龟的趣闻。三线闭壳龟在水中活动时需上浮呼吸，其间隔时间长短与水温及活动量有关。据有关研究，三线闭壳龟在水中水温 28℃时需 20 分左右上浮一次呼吸；水温 25℃时约 25 分钟上浮一次呼吸；而水温低于 10℃以下时则可长时间潜于水底不动。所以三线闭壳龟的生长适温为 24～32℃。春季水温上升到 15℃以上时，开始活动，雄龟活动更早些。在我国华南和西南地区的广东、广西 13℃就有活动。而当气温达到 36℃以上时，就不再进食开始蛰伏洞中进行夏眠。当温度低于在 10℃时就开始冬眠。金钱龟性情温顺，胆小，很少互咬。遇到敌害时会快速潜入水中，或会很快收紧龟壳进行防御，所以趣养金钱龟的环境一定要安静稳定。

三线闭壳龟是偏肉类性杂食龟类，在野生环境中主要摄食昆虫、小鱼虾、螺类等食物，也取食水草、谷物等。在人工养殖条件下，除一般常用的鱼虾，还可摄食多种肉类和人工养殖的动物性饲料如蚯蚓、河蚌肉、黄粉虫等。此外也喜食些植物饲料，甚至新鲜的水果等。在野生环境中三线闭壳龟喜在傍晚与黎明前摄食，在正常的生长温域内，每天的摄食量为体重的 8％左右。最大摄食量是在气温在 30℃左右时，可达到体重的 15％。

只要环境条件好，三线闭壳龟是一种生长较快的淡水龟，在广东有时甚至超过中华草龟，三线闭壳龟与环境温度和饲料好坏有很大关系。通常每年的 6～9 月是生长快的时间，华南地区 12 月至翌年 3 月是冬眠期，华东地区当年 11 月和翌年 4 月是冬眠期，金钱龟在冬眠期间体重反而下降。雄龟的生长速度明显慢于雌龟。雌龟体重在 250～500 克期间长得最快，但性成熟进入繁殖期后，雌龟生长开始减慢，以后随着年龄和体重的不断增大而减慢。雄龟在体重 200～250 克时生长最快，但进入交配期因频繁的性行为，生长会相对减慢。

（十二）钻纹龟（菱斑龟）

1. 形态特征

钻纹龟头部淡青色，具数条长短不一的褐色条纹，头顶部较密集，上喙无钩。背甲淡绿色，椭圆形，中央扁平，每块盾片上均有 2～3 圈黑色环形斑纹故也叫凌斑龟，中央具一嵴棱，钻纹龟背甲色彩、斑纹变化较大。腹甲淡黄色，具黑色斑点或斑块。四肢青绿色，具黑色斑纹，前肢 5 爪，后肢 4 爪。尾青绿色，较短。钻纹龟的亚种很多，这里只作一般的介绍（图 4-109，图 4-110）。

图 4-109　钻纹龟背部　　　　　　图 4-110　钻纹龟腹部

2. 生活习性

在自然环境中菱斑龟生活在港湾、小海湾、沼泽和入海口处，是北美龟类唯一可生活于含盐水域的种类。肉食性，以螺、甲壳类为主食。人工饲养条件下，食小鱼、瘦猪肉及混合饲料。

（十三）黑颈龟（红颈龟）

1.形态特征

黑颈体呈背腹扁平，而尾部两侧侧扁。前肢5指，指间是否具蹼是分类依据之一，后肢4趾，趾间皆具蹼。

成龟背甲黑色（幼龟背甲略呈棕黑色），呈长方形，中央脊棱明显。腹甲黑色，每块盾片边缘均有黑色斑块。头部大且宽；吻钝，头部黑色，侧面有黄绿色条纹（幼体头部侧面或颈部为橘红色，雄性性成熟头颈也呈红色，故也叫红颈龟）。四肢黑色无条纹，指、趾间具蹼。尾黑色且短（图4-111，图4-112）。

图 4-111　黑颈龟背部　　　　　　　图 4-112　黑颈龟腹部

雌龟体型较大，尾较短且小，泄殖腔孔距背甲后部边缘较近。雄龟体型较小，尾根部粗且较长且粗，泄殖腔孔距背甲后部边缘较远。

2.生活习性

黑颈类属喜温动物，其分布区局限于热带和亚热带。所有现存黑颈类均营半水生生活，其栖息地离不开水，但不同黑颈类栖居的水体却各具特点。多数黑颈类既生活于静水，也生活于流水，但黑颈居静水，不喜流动的水体，而有一些黑颈，却只在河流或溪流生活。黑颈类为杂食性动物，幼黑颈期捕食水生小动物，如水生昆虫等，长大后转食有动植物等。黑颈食谱较广，同样食鱼，当环境气温约28℃时，黑颈的食量最大25℃以下，食欲显著减低。当温度降低到某一界限后，食欲亦随之而增强，因此，一般黑颈类的捕食活动最强时期常与栖息地。高温期一致。黑颈乌龟均喜晒太阳取暖，这对获得外源热，减少体内物质消耗有重要作用。黑颈乌龟喜暖怕寒，不能长时间(3个月以上)生活于低温(温度低于15℃)环境中，适宜温度为25℃，环境温度在18℃左右时冬眠。

人工饲养下，主要喂养瘦猪肉、虾、家禽内脏及少量菜叶。饲养时，适宜用较大的水族箱、水泥池等厚实的容器。

（十四）金头闭壳龟

1. 形态特征

背甲绛褐色，椭圆形，顶部中央嵴棱明显，背甲前部和后部边缘不呈锯齿状。腹甲黄色，每块盾片上有对称的黑色斑块。背甲与腹甲间、胸盾与腹盾间借韧带相连。头部较长，头顶部呈金黄色，眼较大，上喙略钩曲。喉部、颈部、腹部呈黄色。四肢背部为灰褐色，腹部为金黄色，指、趾间具蹼。尾灰褐色，较短（图4-113，图4-114）。

 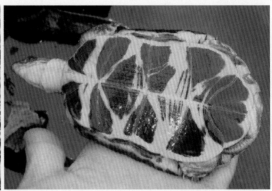

图4-113 金头闭壳龟背部　　　　　　　图4-114 金头闭壳龟腹部

2. 生活习性

在自然环境中国金头闭壳龟生活于丘陵地带的山沟溪流或水质较清澈的山区池塘内。人工饲养状态下，常潜于深水区域，喜躲藏在水底石块缝隙中。喜食动物性饲料，瘦猪肉、蚯蚓、蝗虫和蜗牛等均食，鸭血和鱼肠也少量食用。

（十五）安南龟

1. 形态特征

安南龟从外形上看与黄喉拟水龟极相似，它们不同之处：安南龟头顶呈深橄榄色，前部边缘有淡色条纹，一直伸至眼后，侧部有黄色纵条纹，颈部具有橘红色或深黄纵条纹，背甲黑褐色，腹甲黄色且每块盾片上均有大黑斑纹，四肢灰褐色，指、趾间具蹼。雄性背甲窄且长，腹甲中央凹陷，尾粗，肛孔距尾部较远，雌性反之（图4-115，图4-116）。

2. 生活习性

在自然界喜生活于浅水小溪、潭及沼泽地中，人工饲养下喜群居，有爬背习性，自下而上，由小到大排列。饲养温度为18～32℃，饲料为菜叶、水果、鱼肉、虾肉、鸡肉、动物肝。

图 4-115　安南龟背部

图 4-116　安南龟腹部

（十六）马来食螺龟

1. 形态特征

头较宽大，顶部呈黑色；边缘有一"V"形白色条纹，过眼框上部延伸到颈部，且条纹逐渐变粗；吻钝，眼部周围被白色眼线包围，似戴一眼镜；鼻孔处有四条白色纵条纹，自眼眶前端有一黄白色斑点，且斑点下端有一黄白色斜条纹，过眼眶下延伸到颈部，且逐渐变粗；上颌中央呈"A"形，下颌中央有2条白色粗条纹，延伸到颈部，颈部呈黑色，有数条，粗细不一的纵条纹。背甲黑色，中央3条脊棱较明显；缘盾边缘呈黄色（幼体明显），甲桥处有黑色斑块；腹甲黄色，每块盾片上有大黑斑块；腹中后缘缺刻较深。四肢黑色，边缘有黄白。色纵条纹，指、趾间具蹼。雌、雄的腹甲中央均平坦，无凹陷。鉴别时依据尾部的形状，尾粗且长的龟为雄性，反之则为雌性（图 4-117，图 4-118）。

图 4-117　马来食螺龟幼种背部

图 4-118　马来食螺龟头吻部

2. 生活习性

在自然环境中马来食螺龟主要栖息于河川水田和池沼的区域，一般栖息于水流缓慢的溪流或沼泽中，以水生蜗牛、淡水螺类、蛤蚬贝类为主食。偶尔捕食水生昆虫或虾蟹。这种特殊的食性使得食螺在长期人工饲养下并不容易适应，除非能够经常提供甲壳类食物，生性较为胆怯，所以在饲养初期尽量不要惊扰它们。以田螺为食，喜食蜗牛、小鱼、蚯蚓、蠕虫及甲壳类小动物。

二、半水栖龟类品种的生态生物学特性与抗病性能

半水栖龟类的生物学特性是脚趾间有半蹼和除肺之外也有不发达的辅助呼吸器官，一般在气候合适的时候主要生活在陆上，但要求栖息的环境湿度要大，否则就易患病，如地龟、黄缘盒龟等。

（一）黄缘盒龟

1.形态特征

黄缘盒龟头部光滑无鳞，吻前端平，上喙有明显钩曲，鼓膜圆而清晰，眼睛大，眼后有一条金黄色宽弧纹。背甲棕红色或棕褐色，显著隆起，正中脊棱蜡黄色，背面盾片具明显的同心环纹。腹甲平坦，前后浑圆，颜色为棕黑色或黑褐色，外缘与缘盾腹面鲜米黄色。腹甲中间有一横断沟纹将腹甲分为前后两半，当头、尾、甲肢缩入甲壳后，腹甲的前后两半可闭合于背甲。四肢扁平，上有鳞片，指（趾）间具半蹼，尾较短（图4-119，图4-120）。

图4-119　黄缘盒龟背部　　　　　　图4-120　黄缘盒龟腹部

2.生活习性

在野生环境中，黄缘盒龟主要栖息于丘陵、山区的林缘、杂草及灌木丛中，在树根下、石缝中等较安全的地方，其栖息地往往离水较近，喜群居，常常见到多个龟居住在同一洞穴中。黄缘盒龟性情十分温顺，同类之间很少争斗，遇到敌害，往往是将头、四肢和尾缩入壳中消极防御。春、秋两季，气温20℃左右时，黄缘盒龟多在中午活动，而夏季气温30℃左右时，多在夜间、清晨和傍晚活动，白天则隐洞穴或沙土中。下雨时，喜到外面淋雨。气温在19℃以下时停食，在13℃以下时进入冬眠。冬眠地点多在背风、向阳的树洞、枯草丛中。因黄缘盒龟为半水栖龟类，所以一般不在深水处活动。

黄缘盒龟的食性很杂，在自然界以各种昆虫、蚯蚓、蜈蚣、鼠妇、甚至小蛇为食，也吃些鲜嫩的植物茎叶。人工饲养条件下，喜食肉类、鸡肝、黄粉虫等动物性饲料，在家庭趣养中也摄食些柔软的米饭。黄缘盒龟不喜欢吃腥，所以海淡水鱼类一般都不吃。

（二）黄额盒龟

1.形态特征

黄额盒龟头部较宽，顶部淡黄色，吻钝，上喙无锯齿。背甲圆形，中央隆起较高，淡黄色，布满黑色或棕色规则花纹，以中央脊棱为界限，两边花纹对称；背甲后缘不叶锯齿状。腹甲平坦，黑色，也有一部分个体腹甲叶淡黄色，每块盾片有圆形黑色斑点。背甲与腹甲间借韧带相连，且能闭合。四肢灰色，上有黄色杂斑点，指、趾间具半蹼。尾黑色且短（图4-121，图4-122）。

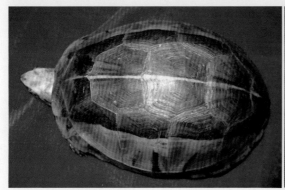

图4-121 黄额盒龟背部　　　　　　　　图4-122 黄额盒龟腹部

2.生活习性

在野生环境中黄额盒龟主要在干净宁静的山区溪流边潮湿的土地上活动，黄额盒龟特别喜欢夜里出来活动。偶也在白天到浅水处洗澡戏水。黄额盒龟以动物性饲料为主，如小虫、蚯蚓、蝗虫、瘦猪肉等，但也少量吃些鲜嫩的果实。黄额盒龟在17℃左右开始逐渐不食，冬眠温度也不宜低于15℃。22℃左右少量进食、爬动，28℃是最佳进食温度。因此，日常管理好坏，温度的掌握是关键。在饲养期间，尤其要注意温度的变化。特别是季节交换之际，温度不得相差5℃以上，否则易患疾病。在气候温和的地区，如果能保持适当的温度，最好选择带围栏的户外饲养场地。饲养黄额盒龟时，在正常环境下相对湿度应保持65%～80%。黄额盒龟是陆栖性非常高的半水龟，自然环境下几乎不会主动下水，所以十分喜欢潮湿的环境以满足对水的需求。

（三）地龟（枫叶龟）

1.形态特征

头部较小，是浅棕色的。嘴巴上喙钩曲，有些像是鹰嘴，喉部有粒状鳞。眼睛很大而且向外突出，因为它们比较适应黑暗的环境。头部两侧有浅黄色条纹。前后肢散布有红色的鳞片。背部比较平滑，背甲是金黄色或橘黄色，中央有三条纵向的棱。背甲的前后边缘有齿状的突起，总共12枚，所以才称做"十二棱龟"。因为背甲的形状像枫叶，所以又叫做"枫叶龟"。它的腹甲是棕黑色，所以又叫做"黑胸叶龟"。雌地龟的腹甲平坦，尾短相对来说短小一些；雄地龟的腹甲中央略有凹陷，尾巴又粗又长。地龟的体型比较小，成年的地龟也只有12厘米左右（图4-123，图4-124）。

图4-123　地龟背部　　　　　图4-124　地龟腹部

2. 生活习性

在自然环境中，地龟生活于山区丛林、小溪及山涧小河边。它是半水栖龟，不能进入深水（水位不能超过自身龟壳高度的2倍）区域，否则，将有被溺水的可能。地龟喜暖怕寒，当环境温度在22～25℃时，龟能正常吃食；当环境温度在20℃以下时，不要喂食，虽然个别龟仍有食欲，但吃食后易引起肠胃不适，地龟冬季钻入沙土中进入冬眠状态。地龟的食性由龟所处的生态环境决定，一般情况下地龟喜欢吃鲜活的各种小虫子。在人工饲养条件下，多数龟吃黄粉虫（面包虫）、蚯蚓、西红柿、瘦猪肉、黄瓜等。

（四）安布闭壳龟

1. 形态特征

背甲橄榄色、褐色或几乎是黑色，背甲光滑，且高高隆起呈半球形，在成体背甲的中央有一条脊棱，但幼体的背甲两侧可能会呈现出两条额外的脊棱。腹甲为黄色或米色，有一块黑色的大斑点。面部有黄色的纵向条纹。成年雄性的腹甲有些凹陷，而成年雌性的腹甲平坦。有进化完全的腹甲铰链结构，在头部和四肢收缩后，它可使甲壳完全闭合（图4-125，图4-126）。

2. 生活习性

安布闭壳龟属半水栖龟类，但短时间内可生活于深水中，所以许多养殖者也把它当作水栖龟。野生的安布闭壳龟常栖息于沼泽地、离水不远的低洼地、水潭及山涧溪流处。在人工饲养条件下，喜生活在水中，温度高时，也爬到岸边休息。环境温度达 22～25℃时能正常进食，18℃左右停食，15℃时不动或少动，随温度的逐渐降低而进入冬眠状态。

在野生环境中，主要为草食，吃水生植物和蘑菇，但也吃蠕虫和水生昆虫。

图 4-125　安布闭壳龟背部　　　　　图 4-126　安布闭壳龟腹部

三、陆龟类品种的生态生物学特性与抗病性能

陆栖龟类是脚趾间无蹼和肺呼吸，我国的陆龟极少，目前养殖的大多数由美洲、澳洲、东南亚、欧洲和非洲等地区引进。如印度陆龟和放射陆龟等。陆栖龟类主要生活在温热干燥的气候环境中，所以陆栖龟类在我国两广和港澳地区养殖较多，现介绍几种目前我国养殖比较成功的几个品种。

（一）豹纹陆龟（豹龟）

1.形态特征

头部较小，呈黄色，上喙钩形。背甲椭圆形，隆起较高，黑色或淡黄色，每块盾片上具乳白色或黑色斑纹，似豹纹，无颈盾。腹甲淡黄色，胸盾沟极短，后缘缺刻。四肢淡黄色，前肢前缘有大块鳞片。尾短，黄色（图 4-127，图 4-128）。

图 4-127　豹纹陆龟头背部　　　　　图 4-128　豹纹陆龟腹部

2.生态习性

喜欢生活在温暖的山地草原和丛林灌木周边的干燥地区，在炎热的季节里，它会夏眠；在寒冷的季节里，它会处于蛰伏状态；在这种时候，它往往躲藏在豺、狐狸、食蚁兽所挖的洞穴里。面对危险时，它们会把脚和头部收进自己的壳里以保护自己，这时通常会发出嘶嘶的声音，可能是由于四肢和头部被收回时空气从肺部被挤压而致。豹纹龟在自然环境中喜食植物的叶、果实和鲜嫩的草。人工饲养可投喂莴苣、包心菜、生菜和西瓜、菜瓜等。在人工饲养中，豹龟喜欢空间大的饲养环境，如果把它们圈在一个很狭小的环境中，它们会因缺乏运动而致病。

（二）印度星斑陆龟（印度星龟）

1.形态特征

头部黄色与黑色镶嵌，上喙呈钩形。背甲深棕色，每块盾片上均有淡黄色放射状花纹（每一只个体的背甲放射状花纹均不相同，似星星状），背甲呈长椭圆形，顶部隆起，无颈盾，背甲前后边缘呈锯齿状。腹甲深棕色，具淡黄色放射状花纹，具2枚喉盾，后缘缺刻。四肢黄色与褐色镶嵌，前肢具大块鳞片。尾短（图4-129，图4-130）。

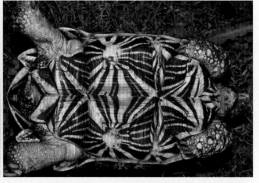

图4-129　印度星龟背部　　　　　　图4-130　印度星龟腹部

2.生态习性

印度星龟喜生活在温热的气候地带。常栖息于林地灌木丛、沙漠边缘干燥地。印度星龟在自然环境中喜食鲜嫩的植物茎叶和多汁的鲜果。人工饲养下可投喂新鲜的瓜果菜叶，如包心菜、番茄、胡萝卜、苹果、甜梨等。

（三）缅甸星龟（缅星）

1.形态特征

头颈部呈黄色，头顶具鳞片。背甲椭圆形，呈绛红色，每块盾片上均有淡黄色六角形斑纹，斑纹左右对称，每边由3条淡黄色条纹组成，背甲前后缘略呈锯齿状。腹甲淡黄色，有对称大块褐色斑纹，腹甲后缘缺刻较深。四肢淡黄色，布满大小不一的鳞片，前肢5爪，后肢4爪。尾淡黄色，较短（图4-131，图4-132）。

图4-131 缅甸星龟背部

图4-132 缅甸星龟腹部

2. 生态习性

在野生环境中缅甸星龟喜栖息在较干燥的林地和山地灌木丛中。缅甸星龟平时以食多肉的植物叶和果实为主。人工饲养可投喂各种新鲜的瓜果蔬菜。

（四）放射龟（蜘蛛龟）

1. 形态特征

头部较小，呈黄色，头顶后部呈黑色，上喙钩形。背甲褐色，每块盾片上具有淡黄色放射状花纹，背甲呈长椭圆形，顶部高隆，颈盾宽大。腹甲黄色，有数块大黑色三角形斑纹，后缘缺刻。四肢褐色，前肢前缘具覆瓦状大鳞片。尾短（图4-133，图4-134）。

图4-133 放射龟背部

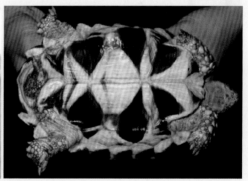

图4-134 放射龟腹部

2. 生态习性

喜干燥、温暖环境，怕寒。环境气温22℃以上能正常进食，最相宜气温为27～33℃，18℃时活动少，无冬眠期。野生放射陆龟喜食大戟属植物及灌木的棘。人工饲养下，喜吃白菜叶、苹果、西瓜、香蕉、番茄等。少数龟有吃小石子的现象。放射陆龟较其他陆龟腼腆，活动少，喜欢趴伏在龟窝中休息。

（五）凹甲陆龟（麒麟龟）

1. 形态特征

头部黄色，有黑色小斑纹，上喙呈钩形。背甲短圆形，黄色带有黑色杂斑，前后缘盾均呈锯齿状，背甲前缘颈盾处缺刻深，椎盾和肋盾中央凹陷。腹甲宽短，黄色，有黑色杂斑。四肢黄色，鳞片为黑色。尾部两侧具 1 对尾上鳞，尾较短（图4-135，图4-136）。

图 4-135　凹甲陆龟背部　　　　　　图 4-136　凹甲陆龟腹部

2. 生态习性

凹甲陆龟是热带及亚热带陆栖龟类，生性胆怯，受惊时，头缩入壳内，立刻又伸出壳外，重复数次，且嘴中不断发出"哧、哧"的放气声，待平静后，头上下抖动，又慢慢伸出壳外。若被拿起，则伸出四肢，张嘴欲咬。凹甲陆龟喜生活于干燥环境，生活的区域有月桂属的植物、蕨类植物、杜鹃花及为数众多的一些附生植物。凹甲陆龟只在相当高的丘陵、斜坡上才有，且离水较远的地方。雨季时，有众多的龟爬出饮水。人工饲养条件下，凹甲陆龟的栖息点固定，白天常爬出到阴暗处静止不动，停留久了，眼睛处有泪液排出。当环境温度为 25℃左右时，龟活动频繁，经常爬出龟窝，到处爬动。环境温度为 32℃时，龟经常爬到水盆中饮水，有时在水盆中静养 5～10 分钟。环境温度达 18℃以下，龟少动，将其放入沙中，龟仅露出头部，整个身体埋入沙中，进入冬眠。

（六）缅甸陆龟

1. 形态特征

头部黄色，头前端较尖，上喙钩形。背甲淡黄色带有黑色杂斑纹，背甲呈长椭圆形，高拱，中央略平坦，有颈盾。腹甲黄色带有黑色杂斑纹，腹甲后缘缺刻较深。四肢黄色，四肢表面鳞片较大，前肢 5 爪，后肢 4 爪。尾短，所以说缅甸陆龟与印度陆龟的外形非常相似，区别是缅甸陆龟有颈盾，而印度陆龟无颈盾（图4-137，图4-138）。

图 4-137　缅甸陆龟背部

图 4-138　缅甸陆龟腹部

2. 生活习性

缅甸陆龟生活在气候温热的安静山地、丘陵及灌木丛林中。缅甸陆龟以植物性饲料为主，动物性饲料为辅，在自然环境中，缅甸陆龟喜食花、草、野果、真菌等。人工饲养可投喂瓜果蔬菜和少量的猪肝、鸡肝和鲜鸡肉等饲料。

（七）印度陆龟

1. 形态特征

头部黄色，头前端较尖，上喙钩形。背甲淡黄色带有黑色杂斑纹，背甲呈长椭圆形，高拱，中央略平坦，无颈盾。腹甲黄色带有黑色杂斑纹，腹甲后缘缺刻较深。四肢黄色，四肢表面鳞片较大，前肢 5 爪，后肢 4 爪。尾短（图 4-139，图 4-140）。

图 4-139　印度陆龟背部

图 4-140　印度陆龟腹部

2. 生态习性

印度陆龟喜欢生活在温暖的热带雨林和山地。在自然环境中喜食鲜嫩的瓜果和多汁的树叶。人工饲养可投喂新鲜的瓜果蔬菜如西瓜、黄瓜、香蕉、番茄、苹果等，也应补充些动物性饲料如猪肝、鸭肝、精肉等，但印度陆龟不食带腥味和有异味的食物如鱼、虾、芹菜和韭菜等。印度陆龟怕寒冷，所以冬季室温应保持在25℃以上。

（八）苏卡达陆龟

1.形态特征

成龟头部灰褐色，幼龟头部呈淡黄色，头部鳞片较小，上喙钩形。成龟背甲褐色，幼龟背部绛红色，每块盾片上有淡黄色斑块，呈椭圆形，背甲隆起较高，中央平坦，无颈盾，背甲前缘缺刻较深，背甲前后缘均呈锯齿状。腹甲淡黄色，喉盾较厚且较突出，腹甲后缘缺刻。四肢淡灰褐色，前肢前缘有大鳞片。臀部具发达小刺状硬嵴，尾短（图4-141，图4-142）。

图4-141 苏卡达陆龟背部　　　　　　　　图4-142 苏卡达陆龟腹部

2.生态习性

苏卡达陆龟生活于气候炎热的沙漠周边和热带草原等地域。在自然环境中，以多肉植物为主要食物，如鲜嫩的青草和植物茎叶等。人工饲养可投喂各种瓜果蔬菜，如包心菜、胡萝卜、黄瓜、西瓜和菜瓜等多肉的瓜菜。

（九）黑凹脚陆龟（靴脚陆龟）

1.形态特征

头部黑色，有一些棕红色斑纹，上喙钩形。背甲椭圆形，褐色，前后缘呈锯齿状。腹甲宽大，黄色中带有黑色斑纹，喉盾较长，超过背甲前缘。四肢棕黄色，具有大鳞片，尾短，左右两侧具数枚尾上鳞（图4-143，图4-144）。

2.生态习性

靴脚常被发现于山区落叶林的小溪或水源附近，也发现它们往高海拔地区发展，因为靴脚陆龟更喜欢凉爽潮湿的环境气候，尤其是8～翌年2月的雨季，活动特别频繁，野生靴脚一天当中都会躲避强光高温时段，只有早晨或傍晚才会外出活动觅食，食物包括青草、蒲公英、果实、昆虫或动物死尸，食物非常广泛。靴脚陆龟喜欢凉爽潮湿的环境，所以饲养环境温度可保持12～29℃之间，而空气中的相对湿度最好高于60%以上，至于幼龟环境温度最好不要低于18℃，以免造成折损。

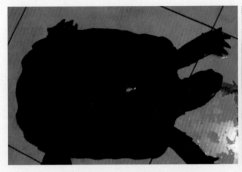

图 4-143　黑凹脚陆龟背部

图 4-144　黑凹脚陆龟腹部

（十）红腿陆龟

1.形态特征

头部黄色或橘黄色，头顶部有大鳞片，喙呈黑色。背甲长椭圆形，呈绛黑色，各盾片中央均有淡黄色斑块，缘盾边缘为黄色，前后缘不呈锯齿状。腹甲黄色，有一黑斑块在腹甲中央，肛盾较小。前肢前部有大鳞片，呈红色或橘红色。尾短（图4-145，图 4-146）。

图 4-145　红腿陆龟背部

图 4-146　红腿陆龟腹部

红腿陆龟有两个亚种，即哥伦比亚红腿（俗称甲版红腿）和加勒比海岛屿红腿（俗称樱桃红腿）。甲版红腿个体较大，头部无明显斑纹，但背甲长到一定程度之后中部会有向里测凹陷（俗称葫芦腰）。樱桃红腿体型较小，头部有明显红色斑纹，长大后背甲不会收缩，依旧成椭圆形。

2.生态习性

在自然环境中，红腿陆龟一般栖息在森林中的树洞和温暖的洞穴中，到野外活动时红腿陆龟更愿意在灌木丛和长草丛下寻找食物。红腿陆龟不冬眠，所以它不能忍受长期的低温。

红腿陆龟在野外食物大多为果树上掉下的水果、也在草丛中寻找蘑菇、葡萄藤等多汁植物，有时也食草、蔬菜、花和一些动物的腐肉。

在人工饲养时，红腿陆龟应该在湿度中到高、夜间温度不低于10℃，如果在室外饲养，必须给龟提供能遮阳的掩蔽区域，并必须给这些龟提供一个盛有清水的浅水池让它们喝水，因为红腿陆龟不是水栖的，所以饲养时不需要深水池。

<table>
</table>

第五章 | 龟鳖一般病理学与疾病诊断

第一节　龟鳖一般病理学知识

　　掌握一般龟鳖的病理学知识，对于诊断龟鳖疾病，查找发病原因进行对症治疗有着很重要的意义。由于龟鳖的单项病理学研究还不够深入，所以这里参考鱼类病理与龟鳖疾病有着共同特点的病理学作探讨。

一、充血

　　机体某一部分的组织或器官含血量超过正常叫充血。它是毛细血管、小动脉或小静脉过度扩大并充满血液的结果。充血分动脉充血和静脉充血。

　　1. 动脉性充血

　　动脉充血有小动脉的反射性扩张、工作着的毛细血管数量增多、血流加速、血液富有氧气等特点。因此出现局部肿胀，色泽鲜红，组织代谢旺盛，功能增强，黏膜或腺体的分泌增多等病理变化。多种机械、物理、化学和生物疾病的刺激都能引起动脉性充血。如肠炎病引起的肠道充血，鳖感冒引起的肺充血等。动脉充血的结果决定于发生部位及发展程度。充血如发生在脑，即使血管壁不破裂也可能有生命危险。但一般充血不严重的对机体不会有大影响（图5-1）。

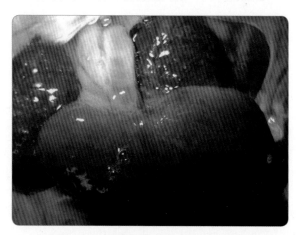

图 5-1　龟应激后的心脏充血（引自卓异）

2.静脉性充血

静脉充血是静脉回流的血液过小而引起的血液瘀积在组织内的小静脉和毛细血管中，故也叫瘀血。瘀血的病状为血流缓慢、代谢降低，器官的机能减退。血液中含氧量减少，皮肤或黏膜呈青紫色。后因血管壁渗透性增加发生水肿而体积增大。瘀血严重时可引起危险的大出血。

二、出血

血液流出血管叫出血。一般血流出体外叫外出血，瘀积在组织或体腔内的叫内出血。多种机械、物理、化学和生物因素都可引起出血。龟鳖出血除机械损伤体表或寄生虫侵袭易出现外出血外，病毒感染可引起内出血，如肠道出血，咽喉腔出血等。在集约化养殖池中，外出血的鳖会招致鳖的撕咬，故伤亡很大，应特别注意（图5-2）。

图 5-2　严重内出血的甲鱼肠道

三、变性

物质代谢障碍使细胞和间质出现各种量或质与正常不同的物质叫变性。变性可分以下几种。

1.浊肿

浊肿多发生在实质器官。病变器官发生浊肿时，包膜紧张、切面隆起、边缘外翻、质地松软，色暗而无光泽。如龟鳖的肝肿大、各种传染病、中毒及全身缺氧等都可以引发浊肿。但浊肿还是较轻的变性，当引起浊肿的原因减轻或消除后，浊肿也很快减轻或消失。但如加重可进一步发展为脂肪变和坏死。

2.脂肪变

凡实质细胞浆内出现脂肪滴，其量超过正常范围或原来不含脂肪滴的细胞，在胞浆里出现脂肪滴的现象叫脂肪变。严重脂肪变的组织器官，体积增大，呈灰黄或土黄色，质地松软。脂肪变常见于有机体氧化过程不足的

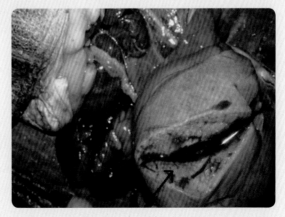

图 5-3　龟肝脏的严重脂变（引自灵龟之家）

疾病，如各种原因引起的全身性贫血，血液循环障碍引起局部组织缺血等。某些有毒物质、细菌毒素等也能引起脂肪变。另外偏重于大量碳水化合物或脂肪的饲料，摄食后也可引起肝和生殖腺的脂肪变（图5-3）。

3.矿物质代谢障碍

矿物质代谢障碍主要为钙代谢障碍。一般钙盐随食物进入肠道被吸收后，有的借助于蛋白质胶体等以溶解状态存在于血液及体液中呈游离状态。其余皆与蛋白质结合在一起。在生理情况下钙盐主要沉积在骨骼中，但当神经和内分泌调节发生紊乱、慢性肾炎和各种骨的破坏性疾病时，在正常的软组织内出现了钙的沉积，这叫病理性钙化。钙化对机体的影响则按发生钙化的原因与部位而不同。如发生在血液管壁，可使血管失去弹性，变脆而易于破裂。但如发生在肺结核病灶的钙化，则为病变痊愈过程的表现。

四、坏死

在活的机体内，局部组织或细胞的死亡称为坏死。坏死是一种不可恢复的病理过程。但并不是所有的坏死都是病理现象，如表皮死亡脱落、白细胞的不断破坏更新则是生理现象。引起坏死的原因很多，如局部组织的缺血，物理因素中的高温（火烫）和低温（冷冻）及放射线等，化学因素中的强酸、强碱，生物因素中的病原体及其毒素等作用。它们有的是直接引起细胞蛋白质的变性，有的则破坏细胞内的酶系统，使组织的新陈代谢完全停止，从而导致细胞坏死（图5-4）。

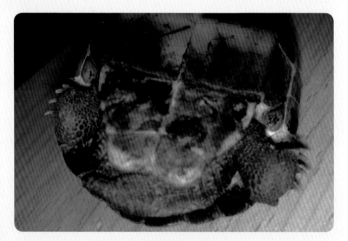

图5-4 腹部盾甲坏死的病龟

五、炎症

具有血管系统的活体组织对损伤因子的防御性反应称为炎症，炎症是十分常见而又重要的基本病理过程，体表的外伤感染和各器官的大部分常见病和多发病（如疖、痈、肺炎、肝炎、肾炎等）都属于炎症性疾病。

（一）炎症的局部病理变化

1.变质

变质是炎区内的组织损害。可以是某种变性，甚至坏死，细胞发生分离脱落，在炎症初期，组织的变质常占优势，尤以炎区的中央为烈，周围部分不太显著。

2.渗出

炎症时，血液内的液体和细胞成分从血管内逸出的过程叫渗出。渗出的突出表现为两点：一是血管变化。当组织受到刺激作用后，最初先发出小动脉收缩，经过短时间后小动脉即扩张，炎区毛细血网的血管也扩张，血液加快，这叫炎性充血。当血管损伤严重时则组织蛋白质元及红细胞也能渗出。当这些物质渗出时，液体一同渗出，引起炎区水肿，叫炎性水肿。二是细胞活动。因炎区渗出物中富有细胞成分，其中有的细胞是因血管壁渗透性的增高而被动的渗出血管外，如红细胞，有的则能主动活动游出血管外并营吞噬作用，如白细胞。

3.增生

即组织与细胞的增生，从致病因素作用于组织出现炎症的过程开始，即可见到细胞的增生现象。首先表现于炎区的中性白细胞、淋巴细胞和组织细胞的增生并与血液中游出的单核细胞一起参与吞噬活动。而在炎症晚期或慢性炎症时，成纤维细胞和毛细血管的增生尤为明显，二者形成肉芽组织，从炎区边缘逐渐向炎区中心生长，以补因发炎引起的组织缺损，并在炎区与周围组织之建立起一道分界线，以后肉芽组织渐次转变为瘢痕。如果炎区范围不大，可获得没有瘢痕的愈合。所以在某种意义上，增生是炎症逐步好转驱向痊愈的过程。这在龟鳖疾病诊治中尤为重要。一些地方在处理病龟鳖时，把增生物用锐器削掉后再用药，结果反而加快了病龟鳖的死亡，即使有好转的也因留下大瘢痕而降低了商品价值（图5-5）。

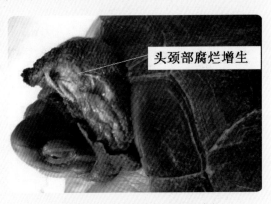

头颈部腐烂增生

图5-5　头颈部腐烂增生的病龟

（二）炎症的结局

炎症的结局可有两种现象。一是绝大多数炎症的结局良好。尤其是急性炎症，可在短期内吸收再生、愈合，以致组织结构与机能完全恢复。二是炎症过程中实质细胞破坏过重，修补时无法完全恢复原来的结构，因而代以新生的纤维组织，或由于渗出物不被完全吸收与排除，机化后形成纤维性粘连。这时炎症已停止进行，遗留下来的是顽固的病理状态。根据发炎部位及分布情况，由于炎症过于广泛，机体吸收了损坏组织中的或来自病原体的毒素，可造成死亡，器官在炎症中严重变质，也能造成同第二种情况一样的后果。

（三）炎症的常见炎型

1. 变质性炎质

变质性炎症的主要特征是组织细胞发生严重的变性、坏死。而渗出和增生过程则较轻微。如中毒性心肌炎，心肌明显变性坏死。肝炎，可见肝细胞坏死变质，故变质性炎症严重时可危及生命。

2. 渗出性炎症

主要特征是渗出性变化较明显，而变质和增生轻微，根据渗出物的性质又可分为以下几种：

一是黏液渗出，多见于黏膜的炎症。除了黏膜充血、浆液和白细胞的渗出外，还伴有大量的黏液分泌，如鳖患气管炎时在鼻孔分泌出带气泡的黏液。这是黏膜的早期炎症，如治疗及时，易吸收、消散。

二是浆液性炎。炎区以浆液渗出为主，常见于鳖皮肤和黏膜或其他组织疏松部分。浆液性炎一般也易吸收消散。

三是化脓性炎，大多由化脓性细胞引起。炎区往往有大量的嗜中性粒细胞浸润，组织坏死也很明显。待嗜中性粒细胞死亡后，可释放出较多的蛋白溶解酶促使坏死组织液化而形成脓液。集中于局部的化脓性炎症，称为脓肿，如疖、痈均属此类。成熟的脓肿有脓腔形成，脓腔的边缘组织为制脓膜，制脓膜内有毛细血管和成纤维细胞增生，形成肉芽组织炎性渗出物可自肉芽组织不断渗出，而脓腔内压为升高，此时制脓膜具有限制病变扩展的作用。故在医治当中不应任意挤压脓肿，以免挤破制脓膜这道防线导政病变扩散。一般小脓肿可被吸收消散或经排脓后为纤维组织增生修补而愈合。相反如脓肿不断扩大，压力不断增高，则会向较薄处穿破而引起一系列并发症。如浅表部分脓肿向外发展引起浅表组织的坏死，崩溃、脱落，结果在浅表形成组织缺损区，叫作化脓性溃疡。有的化脓性炎症，往机体内部扩展，而外则形成一个洞穴，在龟鳖体上可穿透背甲或腹甲往腔内发展，谓之穿孔或烂甲。这种脓性为症发展极易造成龟鳖的死亡。

四是腐败性炎，是发炎组织感染了腐败菌，引起坏死组织和渗出物腐败分解为特征的炎症。常可并发其他炎症。如龟鳖的腐皮病可延伸烂颈和烂趾一样。

六、萎缩

萎缩是指发育正常的细胞、组织或器官的体积缩小称为萎缩，而病理性萎缩是因某种疾病的原因引起的不正常性机体萎缩现象。常见的病理性萎缩有以下几种。

1. 营养不良性萎缩

蛋白质摄入不足或者血液等消耗过多引起。如冠状动脉粥样硬化时因慢性心肌缺血引起心肌萎缩，再如脑缺血，引起脑组织萎缩。可由全身或局部因素引起。全身营养不良性萎缩见于长期饥饿、消化道梗阻、慢性消耗性疾病及恶性肿瘤等，由于蛋白质摄入不足或者血液等消耗过多引起全身器官萎缩，这种萎缩常按一定顺序发生，即脂肪组织首先发生萎缩，其次是肌肉，再次是肝、脾、肾等器官，而心、脑的萎缩发生最晚。局部营养不良性萎缩常因局部慢性缺血引起，如脑动脉粥样硬化引起的脑萎缩等。

2.压迫性萎缩

组织或器官长时间受压迫所致。如尿路梗阻（结石、肿瘤等）时，因肾盂积水压迫肾实质引起肾萎缩。引起这种萎缩的压力无须太大，关键是一定的压力持续存在。

3.废用性萎缩

器官长时间功能和代谢下降所致。例如，骨折后，久卧不动的肌肉因代谢减慢可逐渐发生萎缩。

4.去神经性萎缩

因运动神经元或者轴突损害引起效应器萎缩。例如麻痹症的肌肉萎缩。

5.内分泌性萎缩

由于内分泌腺功能下降引起靶器官细胞萎缩。

七、修复

致病因素的作用常引起组织或细胞发生损伤或死亡（坏死）。即使在正常状态下，许多细胞也会不断衰亡，所以机体便要以各种方式来进行补偿性生长。使受损的组织愈合或恢复到原来的机能，使死亡的细胞由新生的细胞来补充，这种过程叫修复。修复是机体抗损伤作用的一种表现，它包括以下四个过程（图5-6）。

图5-6 体背创面基本愈合的亲鳖

1.清理

清理是指机体对死亡的组织、细胞或其他病理产物进行净化处理。死亡了的组织、细胞已不可能恢复正常的形态和机能时，反而对机体有害（极少数能被机体利用）。所以机体必须进行清除，这样才能在损伤的部位以再生新的组织细胞来加以修补。清理的方法有两种：一是溶解吸收，即体内的吞噬细胞游走到死亡组织或细胞及其他病理产物附近，包围并释放酶类消化它们，进而使其逐渐溶解成液体或分解成细小颗粒，以便机体吸收或吞噬细胞消化。二是分离排出，即机体对有些不能溶解吸收的死亡组织与健康组织分离开来的办法，使其脱落或排出体外，以达到清理的作用。

2.再生

再生是机体细胞或部分组织死亡消失后，由其残留部分生长出新的组织细胞，恢复到原来的组织结构和机能的现象,再生可分完全再生和不完全再生。完全再生是指再生的组织在结构和机能上与原来的组织完全相同,多见于那些再生能力较强的组织。如表皮、黏膜、肝细胞、小血管、外周神经等。不完全再生是缺损的组织不能完全由结构和机能相同的组织来修补,而由新生的结缔组织来代替,最后形成纤维组织疤痕。疤痕只起到修补的作用,并不具有原组织的功能。如肌肉组织、软骨组织等。

3.机化

在疾病过程中,可能产生一些病理产物,如死亡组织、突性渗出液或其他异物等。这时机体一方面采取溶解吸收这些产物,另一方面对无法溶解吸收的则以结缔组织增生方式对它们予以包围或取代。这种过程为机化。当组织死亡范围不太大时,常以瘢痕形式治愈,若范围大时,也可在死亡组织周围增生较厚的结缔组织包围。从而形成包囊。

4.创伤愈合

机体的器官、组织机械力的作用引起的损伤叫创伤。由损伤周围的组织进行修复的过程叫作创伤愈合。创伤愈合是在清理和再生的基础上进行。

八、水肿

由于水盐代谢障碍使体液在组织间隙内蓄积过多,称为水肿。其中皮下水肿称为浮肿,体腔内水肿称积水(图5-7)。

图5-7 全身肿胀的鳖苗

在正常生理情况下,血液与组织液的交换,即组织液的生成与回流是经常保持着动态平衡的。而保持动态平衡的主要因素是动脉端毛细血管、组织液间隙、静脉端毛细血管三者之间存在的压力差,即血压和渗透压。在正常的生理活动过程中,动脉端毛细血管中血浆的有效滤过压=(血压-组织压)-(血浆胶体渗透压-组织胶体渗透压),其值为正值(+)。因而血浆的水分及其溶解物可透过毛细血管间隙而成组织液。而在静脉端毛细血管中其滤过压则为负值(-),这时可使部分组织液回流到静脉内,其余的可经淋巴管回流到血液。这样组织液就不断生成,并不断地经静脉端毛细血管及淋巴管回流入血。而当上述动态平衡发生改变,滤出量大于回流量,就可发生水肿。龟鳖的水肿大多发生在越冬期间的水体缺氧,养殖期间水体盐度超标和内部肝脏或肾脏炎症引发。

第二节 龟鳖疾病的诊断

为了达到防治目的，有必要运用各种手段对发病的具体症状进行科学合理的诊断。并通过正确的诊断来采取合理、正确的治疗措施。龟鳖病诊断一般可有以下几个内容：一是一般检查；二是系统检查；三是了解病程。

一、一般检查

一般检查分体表检查、环境检查和食物检查。

（一）体表检查

主要是指病龟鳖的可视、可触、可嗅部位的直接检查。如体表皮肤有无红肿、糜烂、脱落等，体形是否完整，有无扭曲变形等，头颈有无伸出不回或肿胀，四肢脚趾有无残缺，泄殖孔有无内部器官脱出，眼睛有无闭瞎，反应是否灵敏，活动是否正常，龟鳖体有无异味，体色是否异常等（图5-8至图5-10）。

图 5-8 在实验室对病龟进行细致的体表检查

图 5-9 鳖苗腹部体表检查

图 5-10 鳖苗背部体表检查

（二）环境检查

环境检查包括空间环境和水生环境两部分。空间环境主要检查有无空气污染源，有无干扰源，有无敌害，有无影响生态的不良建筑及有无刺激性噪声等。水生环境的检查包括物理因素、化学因素、生物因素等，包括波浪、温度、透明度、溶解氧、pH、碱度、硬度、二氧化碳、氨、浮游生物的种类与数量、水底底质有机物的浓度和水中除鳖以外的鱼类个体规格及密度数量，还有水生植物的遮盖面积等等。另外还应注意水色、水位及水体生物总量。对水质因子和水生生物，有条件的地方应尽量在实验室进行仪器测定，以利获得较可靠的科学数据，便于

图 5-11　检查养殖环境水色变化

疾病诊断。下面介绍一下测定浮游动物和溶解氧的简易方法（图5-11）。

1. 用水样固定后酸化的色域测定养殖水体的氧值

（1）用色域判定溶解氧的原理。碘量法测氧是用锰在碱性介质中与溶解氧反应生成亚锰酸（H_2MnO_3），再在酸性介质中使亚锰酸和碘化钾反应，析出I_2，最后用硫代硫本钠（$Na_2S_2O_3$）滴定析出I_2的量，以消耗硫代硫本钠的量求出水体中的氧值。用色域判定溶氧的量成正比（1摩尔I_2相当于1/2摩尔O_2）这一关系，根据析出I_2的量的不同而使酸化水样呈现不同颜色来判定水体中溶解氧的量（图5-12，图5-13）。

图 5-12　观察龟的生长环境

图 5-13　检测水体中的溶解氧含量

（2）域氧值与色域表制作。用碘量法对不同养殖水体、不同季节中不同含氧量的水样进行测定。测定前先在记录纸上画一横轴，再设水样酸化后常见的几种代表性颜色：棕、棕黄、淡黄、灰白、无色分别代号为A、B、C、D、E、F，并有上述色域在横轴上划出同样距离的纵线，即

棕A　棕黄B　橘黄C　淡黄D　灰白E　　无色F

滴定数量　　2.2毫升

把水样固定酸化后的水色与纵线上方的色域代号对上号后，开始用标准液按常规方法滴定，再把滴定消耗的标准液的量记在相应颜色代号的纵线下方，并用下列色距表示：E—F、D—F、C—F、B—F、A—F，如某次水样酸化后的水色是棕黄色，即 B，滴定时从棕黄色 B 至无色 F 消耗的标准液量为 2.2 毫升（记在纵线下方），表示为 B—F，并以值求出氧量。为了方便计算，可利用每次滴定的标准溶液都用同样的当量浓度和同样体积的水样，用下列公式求出一个常数 R，再用常数 R 乘上各次滴定消耗的标准溶液的量计算氧值：

$$R=N_O \times 8 \times 1000/V_{样}$$

$$O_2（毫克/升）=R \times V_{标}$$

R—为一常数；N_O—标准液 NaS_2O_3 的当量浓度；$V_{标}$—为滴定消耗标准液的量（毫升）；$V_{样}$—为测定时的水样量（毫升）。

若 N_O 为 0.02N，$V_{样}$ 为 50 毫升，则

$$R=0.02 \times 8 \times 1000/50=3.2$$

再用常数 R=3.2 就可求出棕黄色域 B－F 的氧值为：O_2=3.2×2.2=7.04 毫克/升

用上述方法对各种养殖水体的几十个水样进行测定，结果制成如下色域表（表5-1）：

表5-1　水体不同含氧色域表

颜色	棕 A	棕黄 B	橘黄 C	淡黄 D	灰白 E	无色 F
色距	A-F	B-F	C-F	D-F	E-F	F
氧值（毫克/升）	11.3-10.5	7.1-6.3	5.1-4.4	2.1-1.5	1	0
$\overline{X}$	10.84	6.6	4.75	1.7		
±	0.7	0.8	0.7	0.6		
$S\pm(n\text{-}1)$	0.28	0.27	0.24	0.21		
N	26	21	16	18	9	
色域	A-B		B-C	C-D	D-E	E-F
氧况信号	高氧安全		安全	警戒	危险	极危险

以上结果适合在水温 3～35℃时的各种正常养殖水体对照氧值。用水样固定酸化的色域对照氧值后，为了便于养殖管理人员决策，我们根据溶氧范围对水体养殖对象的影响程度把色域氧值划出几个供参考的氧况信号（表5-1）。即：当酸化水色的棕色、棕黄、棕红色时，为高氧值信号，对养殖鱼类有利；当水色为棕黄—淡黄—橘黄。管理人员应对池中溶氧情况密切注视，并做好调节的准备；而当水色为淡黄、灰白甚至无色时，是危险或极危险信号，说明养殖水体严重缺氧，应立即采取补救措施。

考虑到全国各地的地域差异和养殖水体的性质不同，用本文的色域表判定氧值

可能存在一定的差异，所以各地有条件的技术部门用本文所讲述的方法在本地区养殖水域中对不同含氧的水体进行测定，用测定结果绘制出适合本地区的溶氧色域表，以供当地基层养殖单位应用。但要求测定水样不得少于 25 样次，标准差须小于 1 毫克 / 升。

2. 用小容量计数法测定水体浮游动物的单位水体数量

这是检查浮游动物数量的简易方法。由于浮游动物是鳖池中主要耗氧、争空间以及影响水质的因素之一，所以不要管其什么品种，其数量一定要经常检测。但实验室检测要有一定的条件。且时间较长，现介绍一种简易方法。首先用 5 个 100 毫升的水样瓶洗净后分别到池的四角和中间各取上层水 100 毫升，然后全部倒入 500 毫升的大瓶中混合，接着用量筒量出 5 毫升倒入一个 5 毫升的透明安培瓶或试管中，再把安培瓶或试管对着亮处（最好是阳光），用肉眼观看瓶中颜色不同的浮游动物，然后从上到下计数，再折算出每升水体中浮游动物的数量。

（三）饲料检查

首先检查所投饲料的颜色、气味、尝一下咸度，再测定一下营养成分及其他成分的含量，有条件的还应测一下饲料原料的质量。此外再检查一下投饲量与摄食量的增减幅度等。

二、系统检查

系统检查是通过解剖和检验的结果来诊断龟鳖体内部器官和全身症状的方法。

（一）解剖

1. 解剖器械

解剖器械有解剖刀（可用小型手术刀代替）、采血器、医用剪子、大中小镊子、止血钳、解剖盘、带盖玻璃皿，有需要生物检查的还应准备：玻片、酒清灯、组织皿等。需做组织病理学诊断的还要准备 5 %～ 10% 的甲醛或 95% 的酒精为固定液。另外还应准备些脱脂棉。

2. 解剖步骤

解剖标本最好选患严重疾病或突出一种典型病症的龟鳖，也可用刚死的龟鳖作解剖标本。一般死亡时间较长或经过冷冻的龟鳖已无解剖诊断意义，故不作解剖标本用。解剖的顺序为：

（1）头颈部。先拉出头颈，在头颈背基部割断颈动脉放血，如需做血液检查的，可直接采取血样。然后割断头颈，检查头颈部分，观察头颈有无溃烂、红肿。再剥皮肤，挑开颈鞘膜，剖开肌肉、观察有无出血点、变性坏死等病变。然后以咽腔开始拉出食管气管。先观察气管的硬、脆度情况，再剖开气管，观察内壁有无缺损，管内有无黏液等。然后再观察食管，外观有无肿胀、出血等，切开食管内壁黏膜有无脱落、溃疡、出血，管内有无堵塞物等。拉出气管和食管后再观察咽腔微血管和腮上组织，有无破裂、出血等（图5-14）。

（2）呼吸系统肺脏。解剖完头颈部后再揭开背甲，先观察背腔的腔膜有无瘀血、积水，再剥开腔膜观察腔膜有无粘连、穿孔，再观察肺脏形态、颜色是否正常。扁平柳叶状肺叶有否肿胀、溃烂。组织有否缺少，弹性如何。看肺泡有否颗粒状血肿、网状微血管有无破裂等。为了准确判断可视病变。解剖分离每一独立组织时应用脱脂棉球把表面渗出的体液、血液擦净，再进行观察（图5-15）。

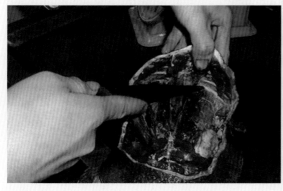

图5-14 现场解剖检查　　图5-15 科技人员对病龟进行现场解剖

（3）消化系统。先剥开腹腔膜，观察腹腔积液的颜色、黏度和数量。然后从断颈处拉出肠管逐步进行剥离，剥离附带的肝、胆、胰、脾脏，千万不要碰破，一直到泄殖孔处切断，放到另一解剖盘中进行单独观察。也可带到实验室进行更细致的剖检分析。如在现场观察，先用温水把各个脏器冲洗干净，再逐个检查。首先是肠道，从前肠到后大肠，看表面有无缺损，然后切开肠管，观察肠内容物的性质、性状、数量、气味、颜色。有必要的应采样到实验室检测。然后观察内壁，黏膜有无病变，接着把胆囊从肝上分离下来，观察胆囊有无肿大、胆管中胆汁颜色等。再观察肝脏，手感触摸有无弹性、变色，体积是否增大，再切开观察组织有无实质病变等。观察完肝胆后再看脾脏和胰脏等。

（4）循环系统。主要观察心脏。看心脏外形无缺损，切开后心室内有无瘀血、血液颜色是否正常，如是明显的黑紫色则是严重的缺氧症状。再看心耳是否萎缩、出血等。

（5）生殖系统。雌性生殖系统主要观察卵巢、输卵管有无萎缩、有无异味的渗出液，卵细胞有无畸形、卵泡有无胀裂脱发卵巢等。雄性生殖器看精巢有无肿大、颜色有无异常、阴茎有无充血等。另外泌尿系统的肾和膀胱有无肿大，出血和破裂或变性等。

（6）肌肉骨骼系统检查。首先是切开肌肉，看肌肉间有无液体渗出，如有渗出可怀疑有轻度水肿。再检查一下肌肉的弹性和颜色。骨骼较难检查，一般可把鳖煮熟后把骨骼分离下来，逐个检查。主要观察骨骼的形状有无异常、有无弯曲变形、破裂等。

（二）实验室检查

实验室检查主要是镜检、病原培养鉴别、血液学检验、组织病理学分析等（图5-16）。

图 5-16　实验室样本镜检

三、了解病程

在先进检查的同时，还应向有关管理人员了解发病的经过和时间。如发病前的饲养管理情况、操作情况、吃食情况等，还要了解发病初期的放养密度、生长速度、鳖体规格和发病后鳖的活动情况和发病数量与死亡时间等。

一般通过上述了解和各方面的检查，技术人员应马上作出相应的诊断和解救治疗措施。首先控制病情，而后再提出相应的预防与管理改进方案，以免疾病复发。所以龟鳖疾病防治重在确诊，贵在及时，使损失减少到最小。

第三节　常用诊疗技术

一、手术

龟鳖疾病治疗中的手术是一种非药物能解决的治疗方法，因龟鳖特殊的外部形态所决定，所以给龟鳖手术几乎不能进行开腔性内脏手术，只能进行体表疾病的手术，如修复、摘除、破解等治疗手段，但对手术规范是相同，不能有半点马虎，因此手术不但要做好手术的计划和人员组织，还要充分做好手术当中所需的器械和药物，虽然龟鳖是一种小型动物，但对手术的准备也一定达到安全、卫生、充分的要求，这样才会使手术顺利进行并达到预期效果。

（一）手术室手术台

1.手术室

一般正规的龟鳖疾病医院，应有相应的龟鳖手术室，室内配有恒温空调、清洗水槽、器械柜、药物柜和手术台等手术必需设施，一般的养殖场，可在试验室的化验台边配制一张手术桌就可（图5-17）。

2.手术台

一般可选用宠物手术台，这种手术可调节手术台的温度、高度和转动、并配置有点滴架、污物桶等设施，很适合龟鳖的各种手术（图5-18）。

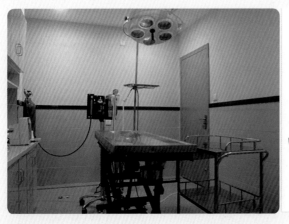

图 5-17　正规龟鳖医院的手术室及设备图

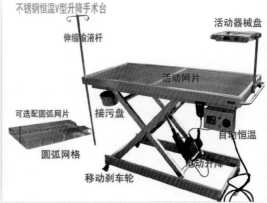

图 5-18　正规龟鳖手术台

（二）手术器械

不管是何种手术，都必须具备相应的手术器械，根据笔者多年的手术经验，龟鳖手术常用的器械主要有手术刀、手术剪、手术镊、血管钳（也叫止血钳）、组织钳、巾钳、肠钳、牵开器、探针、持针器、缝线。

1.手术刀

手术刀由刀柄和刀片组成，适用于切开和剥离组织的手术。常用的刀片型号有20 ～ 24号的大刀片，适合做大手术，9 ～ 17号的小刀片适合做小手术，刀片有各种形状，治疗时可根据手术部位的需要选择安装。手术刀在安装时可用持针器夹住刀片安装，尽量不要用手直接安装，以免割伤手指（图5-19，图5-20）。

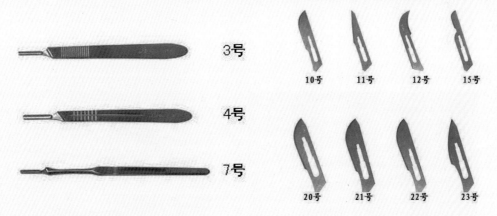

图 5-19　不同型号的手术刀柄　　　　　图 5-20　不同型号的手术刀片

2.手术剪

用于剪开组织和组织缝线及其他特殊材料，手术剪分组织剪：用于剪开游离组织，线剪：用于剪线或其他，骨剪：用于剪断骨组织，钢丝剪用于剪断钢丝等金属丝（图

5-21 至图 5-24）。

图 5-21　手术组织剪

图 5-22　手术骨剪

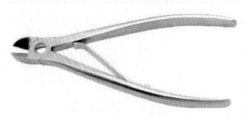

图 5-23　手术钢丝剪

图 5-24　手术线剪

3.手术镊

手术镊主要用于在手术过程中夹持、抓取、牵拉、辅助固定等用途（图 5-25）。

4.止血钳

止血钳主要用于在手术过程中夹住血管止血、分离组织、协助缝合等作用（图 5-26）。

图 5-25　不同型号的手术镊子

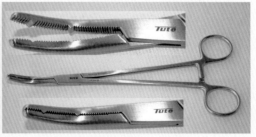

图 5-26　医用止血钳

5.缝合针

给龟鳖手术后用的缝合针，可用市售的医用缝合针，医用缝合针多为不锈钢丝在针尾钻孔或开槽制成，外表经打磨，电解处理，十分光滑。一般手术缝针分针尖、针身及针孔 (针眼)。按针尖形状分圆形及三角形两种，按针身弯曲度分为弯形、半弯形及直形。各类缝针亦属于精密器械。手术选用缝针时，依身体组织、脏器及血管等的脆弱度，选用时必须注意针尖的锐利度及针眼的大小。龟鳖因为是小型动物，所多采用一般的弯形针，手术时用持针器或止血钳夹住使用（图5-27至图5-30）。

6.持针器

在手术后缝合创口时，夹住缝合针缝合和打结用（图5-28）。

图 5-27　手术缝合针

图 5-28　手术用持针器

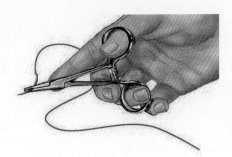

图 5-29　用止血钳持针的方法

图 5-30　用持针器持针的方法

（二）手术人员与手术器械消毒

在给龟鳖进行手术前，手术人员和相关作业的手术器械必须严格消毒。

操作人员除了要换上手术外套（白大褂）外，手和手套可用 0.5% PVP-碘进行手术区皮肤消毒，实践证明该消毒剂有碘酊相同的杀菌能力，又无碘酊对皮肤的刺激性，方法是用此消毒剂涂擦两次即可。

器械消毒可采用简单的煮沸法、火烧法和药物浸泡法。

1.煮沸法

煮沸法就是用专用的煮沸灭菌器，但一般的铝锅或不锈钢去油脂后，常也用作煮沸灭菌。此法适用于金属器械、玻璃制品及橡胶类等物品。在水中煮沸至100℃并持续15～20分钟，一般细菌即可杀灭，但芽孢至少需要煮沸1小时才能被杀

灭。高原地区压力低，水的沸点也低，煮沸灭菌的时间需要相应延长。海拔高度每增加500米，灭菌实践应延长2分钟。为节省时间和保证灭菌质量，高原地区也可用压力锅作煮沸灭菌，锅内最高温度可达124℃左右，10分钟即可灭菌（图5-31）。

注意事项：

①被灭菌的物品必须去油洗净，煮锅必须保持清洁无油脂。因为油脂可阻碍细菌和湿热的接触，灭菌物品必须全部放在水面以下，器械的关节必须打开。

②煮沸时应盖紧，灭菌的时间应从煮沸后开始计算。如灭菌过程中必须加入其他物品，应重新计算时间。

图5-31　高压灭菌器

③玻璃类物品需要用纱布包裹，放入冷水中逐渐煮沸，以免其遇骤热而爆裂，玻璃注射器应将内芯拔出，分别用纱布包好。

2. 火烧法

金属器械的灭菌可用此法。将金属器械置于搪瓷或金属盆中，倒入95％酒精少许，点火直接燃烧，也可达到灭菌的目的。但此法常使锐利器械变钝，又会使器械失去原有的光泽，因此仅用于急需的特殊情况。

3. 药液浸泡法

锐利器械、内窥镜和腹腔镜等不适于热力灭菌的器械，可用化学药液浸泡消毒。

（三）手术程序

1. 手术保定

为使手术顺利和成功，在手术前必须做好龟鳖的保定工作，一般动物手术保定采用绑定、麻醉等手段，但龟鳖的手术一般不采用麻醉，因这样会损伤龟鳖的神经，而绑定也常采用人手按定的方法，特别是在手术过程中还要根据手术情况进行适当的调整和移位等灵活方法。

2. 清洗体表和消毒

对施行手术的龟鳖必须用干净水（一般用纯净水或凉开水）洗净体表和手术部位的创口，清洗好后可用碘酒进行涂抹消毒。

3. 打开手术部位组织

龟鳖手术，大多是对比较贵重的宠物龟鳖进行体表疾病的手术，如疖瘤、增生等，手术部位消毒后首先用手术刀打开手术部位的组织，打开后用药棉把手术部位的血污等擦净，以利观察手术部位病情发展情况，为下一步工作作出准确的判断。

4.修复或摘取组织送检

当确定手术部位的组织或病灶后就可以施行修复或摘除手术，并把摘除的组织或病灶妥善装入指定的容器内密封后及时送到实验室检验（图5-32）。

5.清理缝合

手术后清理好创口，并进行周密缝合。

6.消炎护理

手术治疗后的龟鳖及时隔离到专门养护的地方进行观察护理，并按时给药进行治疗，直到痊愈。

二、涂药包扎

涂药包扎是一种外科治疗方法，如一般陆龟的体表有创伤，可用涂抹药膏或涂擦药水进行治疗，需要保护性包扎的，可用医用纱布进行包扎。在涂抹药物前，创口（或疮口）必须用碘酒或双氧水把创口（或疮口）洗净，然后用药膏或药水涂抹到患处（图5-33）。

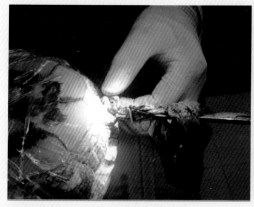
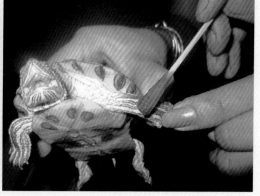

图5-32 给龟做输卵管脱出摘除手术　　　　图5-33 给病龟涂抹药水
（引自福建爱侣）

三、针剂注射

针剂注射是龟鳖疾病防治诊疗过程中较有效快捷的方法之一，由于和其他动物不同，给龟鳖的针剂注射相对要难得多，所以如何规范有效地进行针剂注射，十分重要。

（一）龟鳖诊疗注射器

注射器的制作材料和注射器的规格很多，不同品种龟鳖和不同规格龟鳖的注射器也要求不同，现介绍几种适用的常规注射器。

（1）一次性无菌注射器。这是目前常用的注射器，其不但价格便宜，也比较好用，并且规格齐全，适合各种类型的水栖龟类、半水栖龟类和陆龟应用（图5-34，图5-35）。

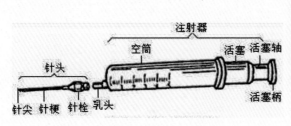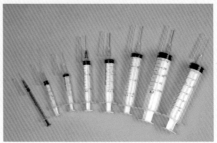

图5-34　针头与注射器结构组成　　　　图5-35　各种规格的一次性无菌注射器

（2）连续注射器。这是一种防病注射用的注射器，适合群体注射防病疫苗和补充某种营养液等。

（二）龟鳖诊疗针剂注射的主要方法

龟鳖诊疗中的针剂注射可分以下几种方法。

1. 肌肉注射

肌肉注射主要是防治比较严重疾病的诊疗，龟鳖肌肉注射针剂的部位主要是后腿部，肌肉注射的药物必须按说明要求充分稀释和配合，注射时一定要掌握角度，一般要求针头和注射部位呈45°角，切不可针头朝上针筒朝下，那样容易把针管中万一出现的空气泡注入肌肉内，引发感染。给龟鳖肌肉注射的针头不要太长，一般以不超过1厘米为好，注射时推药一定要慢，特别是感到推不动时应停下，等龟鳖的肌肉松弛后再推，切不可推不动硬推（图5-36至图5-38）。

图5-36　连续注射器　　　图5-37　正确的肌肉注射角度　　　图5-38　正确的注射方法

2. 腹腔注射

腹腔注射是将药物注入胃肠道浆膜以外，腹膜以内，其好处是吸收速度较快。腹腔注射时针头可以在腹部皮下穿行一小段距离，最好是从腹部一侧进针，穿过腹中线后在腹部的另一侧进入腹腔，注射完药物后，缓缓拔出针头，并轻微旋转针头，防止漏液。

（三）注意事项

1.注意注射场所的温度

龟鳖是变温动物，在温度低于龟鳖生长温度时，龟鳖的机能基本处于维持状态，如血液循环就会很慢，这时候注射的药物一般不会很快吸收和循环，所以每次注射后会发现一个包，这样就会产生高浓度药物潴留肌内，从而引发肌肉坏死。所以注射针剂药物的环境温度一定要20℃以上。否则就不能进行注射。

2.注意注射器的清洁消毒

注射的器械一定要进行严格消毒，特别是针头一定要一次一消毒，有些养殖户在给自家龟注射后不经过消毒就给另一家的龟注射，是不可取的，这样会造成疾病的蔓延。

四、投喂药物

投喂药物是通过消化道给药治疗疾病的方法，特别是消化道内的疾病，不但快捷也十分有效，但给龟鳖投喂药物要注意方法，和其他动物不同的是，龟鳖在人为情况下会把头颈龟缩体内使你很难操作，为此介绍一下投喂的方法。

1.投喂药饵

对一些病情不是很重，又能吃食的龟鳖，可采用投喂药饵的方法，就是把所要的药物按龟鳖的体重计算好后用配合饲料制作成药饵，在正常投食前定点投喂，也可以把患病的龟鳖隔离后单独投喂药饵，这种方法既简便又有效（图5-39，图5-40）。

图5-39　制成防病的药饵　　　　　图5-40　定期投喂药饵

2.人工灌服

这是龟鳖已经没法主动觅食的情况下强制灌药的方法，其难度是如何把药管伸到龟鳖的嘴里，否则很难操作。现介绍一种方法供参考。

（1）先把药物磨成粉状，然后和淀粉一起做成小的软颗粒。

（2）喂药人坐姿，把病龟腹甲向左，用两大腿内侧轻轻夹住。

（3）用左手大拇指、中指卡住龟的颈部，使其头部露出甲壳。注意用力适度。松了龟会缩头，紧了会伤害到龟。尤其不要用力掐龟的鼓膜位置，否则龟会失去控制平衡的能力。

（4）用左手食指轻轻扒开龟的嘴，不要用指甲抠，要轻轻地顺着劲来。

（5）用右手把药塞进龟的口中。

灌药也可把药做成较稀的流质药糊，然后用灌药器灌入就可（图5-41，图5-42）。

图5-41　用灌药器

图5-42　用灌药器给龟灌药

五、隔离护理

护理是治疗后的管护，一般都采用隔离管护的办法，护理的地方不但环境要求干净整洁，更要注意温度，一般要求在管护期间室温达到25～30℃，如是陆龟，还可再高些，护理期间除了及时打针、灌药，更要在饲料投喂上下工夫，如一般的水栖龟鳖和半水栖龟类一定要有足够的鲜活性动物饲料，更要在配合饲料中添加一些多维和提高免疫力的多糖，如甘草多糖、黄芪多糖等，如是陆龟除了投喂经过消毒的新鲜菜草以外，也可添加点谷物类、精饲料，具体配方要因龟而宜，灵活调配。

第六章

龟鳖发病的主要原因与综合预防

要达到龟鳖健康养殖的目的，必须先找到龟鳖疾病发生的主要原因，然后根据发病原因做好相对应的疾病预防，只有这样才能达到龟鳖健康养殖的目的。

第一节 龟鳖发病的主要原因

龟鳖和其他生物一样，要健康生长除了靠自身的种质质量，还要靠环境和营养，所以龟鳖疾病的发生除了直接致病的病原体外还与诸多因素有关。如当养殖环境不稳定或恶化时，营养的吸收和机体的抵抗力也会同时下降，就极易发生疾病。所以龟鳖疾病的发生，往往是综合因素不平衡的反应。

一、病原体因素

在一般情况下，病原体是龟鳖发生疾病的直接因素，如当一个龟鳖养殖环境中传入新的病原时，龟鳖就会在适宜的条件下感染发生新的疾病。在养殖水体中导致龟鳖发生疾病的主要病原体有病毒、细菌、真菌、寄生虫及一些藻类。而传播疾病的除水生生物外还有些陆生动物如狗、猫、鸟类等。到目前为止，导致龟鳖直接发病的病原中，病毒感染是导致暴发性流行病的主要病原，如鳖的赤、白板病和龟的肠出血病。目前，已找到了多个致龟鳖疾病的病毒，如弹状病毒、球状病毒、类呼肠弧病毒、腺病毒等。致龟鳖疾病的细菌则更多，已不下几十种，如气单胞菌、假单胞菌、无色杆菌、点状气单胞菌、温和气单胞菌、产碱菌、嗜水气单胞菌、普通变形菌、副肠道杆菌、迟钝爱德华氏菌、小结肠炎耶尔新氏菌等。但危害较大的有嗜水气单胞菌、假单胞菌和爱德华氏菌等。病原体中的真菌主要有水霉菌和绵霉菌等。寄生虫有原生动物寄生虫如聚缩虫、钟形虫、累枝虫等，还有大型的原虫如水蛭等，这些病原生物有的是本土的固有的，也有因龟鳖的不正当交易，从境外输入的（图6-1至图6-3）。

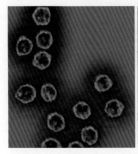 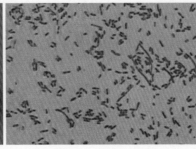 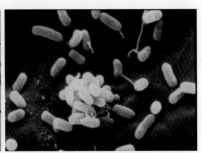

图6-1　中华鳖彩虹病毒　　　　图6-2　嗜水气单胞菌　　　　图6-3　绿脓杆菌

二、环境因素

对龟鳖来说，在自然条件下，生存的环境主要是气候环境和水生环境。而在人工可控的加温温室养殖环境中，主要分为室内空间环境和水生环境两大部分。但无论是室内还是室外，水生环境与气候环境的变化有密切的关系，但和气候环境、室内空间环境比，水生环境的变化与养殖对象的关系又要复杂频繁得多。所以水生环境的好坏会直接影响龟鳖病发生和发展。

（一）气候环境的致病因素

龟鳖是变温动物，当环境的变化幅度超过其生理调节能力时，就会发生疾病，在气候环境中，虽然剧烈变化的情况不会很多，特别是水栖类龟鳖大多时间可以栖息在水中。但龟鳖对气候环境变化的敏感性却很强，如高温季节，天气长时间阴雨，会影响室外池塘养殖的龟鳖正常觅食，同样也不能满足其晒背的生理需求。而龟鳖的皮肤病和寄生虫病则与龟鳖在阳光下晒背的时间长短直接相关。试验证明，龟鳖在阳光下晒背对抑制龟鳖体表真菌病的发生是行之有效的。

同样低气温气候的冷风和长时间阴雨会诱发鳖的暴发性疾病流行，而陆龟在阴雨连绵的天气里极易发生真菌性疾病和因气候突变而发生肺炎。到目前为止，我们对气候环境的影响还无能为力，但通过了解气候环境的变化规律对养殖对象的影响，从而制定出一套行之有效的预防性保护措施，是可以控制气候环境致病的（图6-4，图6-5）。

（二）室内空间环境对龟鳖疾病的影响

工厂化人工控温室的环境对龟鳖疾病的影响很大，现以保温型的采光温棚为例，它们影响龟鳖疾病的主要因子有以下几个。

1.室温

由于采光温室的室温会受到室外气候的影响而有较大的昼夜变化，特别是采

图6-4 狂风暴雨极易引发龟鳖发病

图6-5 晴好的天气有利龟鳖健康养殖

光温室的结构特点可使室温形成垂直三个不同的温区：上区：在顶部往下的50～100厘米之间，这个区的特点是白天晴天因光照强烈使此区的室温达到最高。而在阴雨天时，此区的室温为最低，由于其离养殖的水体较远，故它的变化对养殖影响不大。中区：在池墙上50厘米与上区的底部之间，这个区的室温变化会影响到下区室温的变化，它是整个室温变化的敏感区，故在气候变化大时可以中区的室温指标来确定调节措施。所以在置放室温计时应挂在中区的底部即池墙上50厘米处。下区：则是在水面到池墙上50厘米处，这个区的温度变化会直接影响龟鳖的活动和摄食。所以在春季气温逐步升高，室内中区温度超过33℃标准时就应及时打开采光棚的窗户或门进行降温调节。相反低于时就应及时增温。室温的变化幅度过大或过于频繁均可引起龟鳖的疾病。如鳖苗阶段的白点病，龟苗的白眼病与腐皮病等，同时还会影响龟鳖的正常摄食和生长（图6-6，图6-7）。

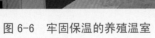

图6-6 牢固保温的养殖温室

图6-7 整洁美观的室内养殖环境

2. 湿度

室内的湿度变化也会对龟鳖病的发生造成影响，一般室内的湿度以保持70%好。切不可太高，因太高不但影响室内的空气流通，也易感染疾病。但要想保持室内低湿度，必须是平时的室温高于水温1～2℃，而对半水栖龟类的来说，适当的湿度是十分重要的，如黄缘龟和安布闭壳龟应保持室内80%的湿度等。

3. 室内空气

龟鳖温室的空气好坏，不但影响龟鳖疾病的发生，还会影响龟鳖的健康养殖，保持室内空气清新十分重要。

图 6-8　污染严重的温室水体使龟苗大多漂于水面　　　图 6-9　这种水质导致龟烦躁不安

（三）水生环境对水栖龟鳖病的影响

水生环境是水栖龟鳖赖以生存的主要场所，特别是人工控制的水生环境，各种疾病的发生几乎都取决于人们对水生环境的管理水平，也就是人们常说的好水养好鱼的道理（图 6-8，图 6-9）。

1. 物理因素

在水环境中的物理因素主要是水温、光照两大项。

（1）水温。根据水栖龟鳖的生态习性我们知道龟鳖的生存水温为 6～40℃。但龟鳖对这个温阈的适应是缓慢的，所以即使在生存适温内，当变化幅度过大时，同样会引起疾病。如苏州吴县某场用塑棚温室养鳖，1994 年 12 月底一次彻底换水后，第二天就开始大批发病死亡，后查明并非病原体感染，而是环境突然变化所致。首先是水温，当彻底换掉原来的 25℃ 水温的水后，马上注入了 30℃ 的热水，因水温差幅度过大而产生应激。其次是换水速度过快，超出了鳖种对环境适应的调节能力。所以我们根据鳖对水温变化的耐受能力，定出了各种不同规格鳖对水温变化的安全范围：鳖苗龟苗为 2℃，鳖种龟种为 3℃，成鳖成龟为 3.5～4.5℃。至于对因温差变化幅度过大引起的发病机理，有认为是应激造成的机体内分泌失调，酶系统活性受到影响导致机体免疫力下降，同样对幼小的龟苗如放养温度相差过大，也会应激死亡。

（2）光照。光照不但直接影响龟鳖的生理需求，也是对水生环境良化调节的需要，所以在尽可能的条件下满足光照是对养殖对象健康的保证，一般情况下，如果在人工可控的室内环境中，可以用灯光满足环境对光的需求，如在封闭性温室中，一天的光照不得少于 8 小时。

2.水化学因素

龟鳖水体的水化学因素较多，但影响龟鳖生存生长的主要因素有以下几项：

（1）溶解氧（D.O）。溶解氧对水栖类龟鳖的健康养殖十分重要，由于许多水体的恶化都与缺氧有关，所以要求水体在保持一定肥度的同时，水体溶解氧的指标达到5毫克/升以上。而在没有阳光照射的封闭性温室内，水体要达到这个指标十分困难，所以可利用龟鳖用肺呼吸的特性，在池塘中搭建栖息台，让龟鳖爬到空间进行肺呼吸，从而避免长期在缺氧的水体中栖息而中毒或患病。

（2）pH。即水体的酸碱度，一般7为中性，大于7为偏碱性，小于7为偏酸性。由于大多数水栖龟鳖喜欢在微碱性的水体中生活，所以水体中pH 8为最佳值。龟鳖在pH高于9时影响不会很大，超过则会不适，而低于6时则会出现严重不适甚至会患软骨病。

（3）氨。氨为有害气体在水中的存在，对龟鳖有严重的毒害作用，所以要求养殖水体中不得高于0.04毫克/升。

3.生物因素

水环境中的生物因素除了养殖的龟鳖和上述的病原微生物，还有一些有害的水生植物和有害的藻类水华，这些生物的存在或蔓延，不但会影响龟鳖发病，更会导致龟鳖死亡（图6-10，图6-11）。

图6-10 水体被水草覆盖

图6-11 被水葫芦完全覆盖的池面

如在水体表面因丝网藻、水绵和水生植物的完全覆盖，不但会影响水体光照和温度，也会影响水中有益藻类和生物的生长，有的甚至直会接把龟鳖苗种裹死。再如一些有害藻类和其死亡后形成的水华同样会影响龟鳖的生长和发生疾病。

（四）野外养殖环境

养殖环境主要是周边环境和设施环境。

1.周边环境干扰严重

由于龟鳖喜静怕惊，所以给龟鳖提供一个安静干净的环境很重要，所以选场址一定要注意远离工厂或居民区，还有在场内尽量不要养狗和猫，这些动物的行为都会影响龟鳖的正常生活和繁殖（图6-12）。

2.养殖设施缺乏和经常变动

图 6-12　远离居民区的养龟场　　　　　图 6-13　晒背设施不完善的龟鳖养殖池塘

我们从第四章已经了解到龟鳖的生态习性，也就知道龟鳖在生长繁殖过程中有哪些习性和对环境的要求，如喜欢在太阳光中晒背，鳖和水栖龟类喜欢在水草中躲避等，如果这些基本设施没有，龟鳖就不能满足正常的生理环境需求，同样会引发疾病（图 6-13）。

三、种质因素

（一）品种因素

1.凶悍好斗的品种

凶悍好斗的品种在人工集约化养殖过程中极易互相咬伤、感染患病，如中华鳖太湖品系、鹰嘴龟等。

2.不适合异地环境的品种

一些品种种质很优良，但只适合在原产地气候环境下繁养，引养到其他地方就不适应环境极易患病死亡，如广西的山瑞鳖引养到纬度稍高的华东地区以北就很难过冬，患病率和死亡率很高。

（二）苗种质量因素

1.没有培育好的苗种

一些龟鳖苗种尽管本身品种不错，但因培育阶段乱用药，不科学投喂或养殖环境差，造成脂肪肝、营养不良或隐性中毒等内脏器质性疾病，这些苗种如引进继续养殖就易患病死亡（图 6-14）。

2.没有驯养好的苗种

一些野生苗种，如果没有经过有经验的专业人士驯养，对初养者来说风险将是极大的，如广东东莞一些刚进入养龟业的养殖户在网上购买一些国外野生龟苗种通

图6-14　卵黄囊还没有吸收的龟苗

过快递接收养殖后，死亡严重，造成很大的经济损失。

3.周转过多、内伤严重的龟鳖苗种

一些龟鳖苗种由于在流通周转过程中不能正常投喂，或为了增加重量进行暴喂，在运输途中环境变化过大和搬运中内伤较重的苗种，也是造成疾病死亡的主要原因（图6-15，图6-16）。

图6-15　长途转运亲龟病伤难免　　　图6-16　堆放运输的幼鳖再去养殖发病风险加大

四、营养因素

1.配方不合理

人工养殖龟鳖的营养完全靠人工配制投喂的饲料中获得，所以饲料配方合理与否，是直接影响龟鳖生长甚至直接发生病害的主要原因之一，如目前经常出现的脂肪肝和肠炎病都与饲料中营养结构不合理或不卫生有关。

2.投喂不科学

即使投喂饲料的营养结构是最合理的，但如果不进行科学投喂，造成大量浪费甚至变质，同样会诱发龟鳖疾病，如水中毒症、变质饲料中毒症、营养不良症等（图6-17）。

五、人为因素

从采集龟鳖的卵开始，就进入了龟鳖养殖生产的环节，由于我国龟鳖养殖技术比较成熟，所以也制定了一系列的养殖生产操作规程，因此按照制定的操作规程进行有序的生产操作一般都可以达到减少和杜绝疾病发生。但如果工作人员综合素质差，造成诸多人为致病因素，就极易造成

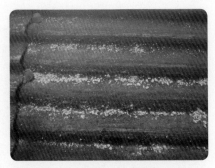

图6-17 饲料水下投喂既浪费
还会败坏水体

龟鳖疾病发生。如大多数体表性疾病都是因为操作不当造成体表损伤后感染病原生物得病的，再如从龟鳖苗种的出壳开始的出苗、暂养、运输、放养和放养后的人为干扰等因素。特别是近年来一些宠物龟的不正常死亡，几乎都与粗暴装运和频繁改变生存环境导致龟应激及长期饥饿等非正常生活而发生的。

第二节 龟鳖疾病的综合预防

要达到龟鳖健康防病养殖的目的，就必须要做好龟鳖的疾病预防，一些养殖企业在养殖生产中很少发生疾病，就是积极做好预防的结果，所以根据龟鳖疾病发生的原因进行综合预防，十分重要。

一、选择优良品种，严格隔离驯养

（一）选择优良品种

实践证明，选择抗病性能好的龟鳖优良品种和健康的优质苗种，在养殖过程中的发病率明显低于较差的品种。随着我国龟鳖养殖业的迅猛发展，养殖的龟鳖品种不但有国内本土的，也引进了许多国外品种，特别是龟类，引进的品种多达几十种，这些龟鳖品种引进后，由于养殖者对其特性了解的缺乏，所以在养殖管理上也会因缺位导致疾病发生，因此，选择优良品种必须遵循以下三条基本原则。

1. 选择适合本地气候条件养殖的品种

选择适合本地气候条件养殖的品种，不但可以大大省略不必要的驯养设施，也是养殖品种得以快适应，快开食，快生长的先决因素，这样的品种不但好养，也很少发生因条件不适的疾病，如同是黄缘龟，台湾黄缘在广东、福建养殖的就要比在华东地区养的疾病少，成活率高。同样原产于安徽、江苏的黄缘到海南养殖成活率

就要比华东低，因为华东地区的黄缘龟适应较长期的越冬期消耗体内的脂肪，而海南的越冬期如果在三亚几乎没有。再如山瑞鳖在华东养的越冬成活率几乎为零，而在广西就能很好生长繁殖和越冬，还有海南的黄额龟，在浙江养，必须有保温设施，否则很难在自然常温下安全越冬，而这在广东和广西就不成问题（图6-18）。

2.选择技术成熟的品种

对于预防疾病的角度讲，养殖者对自己养殖品种的技术掌握的越好，发生病害的几率就越少，为什么好多初养者即使是本地适合的品种，也容易发生疾病死亡呢，就是这个原因，尤其是那些价值较高的品种，如果想要病害少，最好先掌握技术，然后再养，否则死亡损失的代价太大（图6-19）。

图 6-18　适合各地养殖的黄喉拟水龟

图 6-19　选择技术成熟的品种

3.选择到技术成熟的正规养殖企业引种

这主要是有质量的保证，从养殖户中的反映发现，许多龟鳖的疾病发生与死亡与购买渠道有关，其中65%发病严重的养殖户养殖的苗种来自非养殖企业，特别是从网络快递购进的国外苗种，这些苗种大多在贩运、暂养、贮藏过程中损伤厉害，所以极易患病（图6-20）。

（二）严格隔离驯养

图 6-20　尽量到正规养殖企业引苗种

对于异地引种的养殖企业和养殖户，一定要对引入品种进行严格的隔离驯养，否则很难避免异地病原的传入和蔓延，如我国这些年来发生的甲鱼暴发性疾病，大多是从境外带入，特别是那些不经过海关检疫检验的龟鳖品种，一旦疾病传入，后果不可想象。

二、制定合理的养殖密度

选好的龟鳖品种后，如果养殖密度不合理，不但会造成设施浪费，也极易诱发龟鳖疾病，所以养殖者在掌握不同龟鳖品种特性的同时，按不同品种不同规格制定合理的放养密度，是预防疾病的有效措施之一（图6-21）。

图 6-21　这样的养殖密度有点过大

（一）龟鳖放养密度制定的理论依据

一直以来，龟鳖养殖企业在制定养殖密度时（一般以平方面积为单位），习惯以只数为标准。实践证明，这种方法不但欠科学也不尽合理。如在工厂化人工控温养殖模式中养殖中华鳖，通常从 4 克左右的鳖苗养到 500 克以上商品的一个养殖周期，放养密度为每平方米 25 只一养到底，或从 4 克左右的鳖苗培育成 350 克左右的鳖种的一个培育周期，放养密度也是每平方米 25 只一养到底。这样就会出现以下情况：刚放养时，鳖苗体重 4 克左右，体长 2.5 厘米，体宽 2 厘米。按每平方米 25 只计，则鳖体的总面积为 125 厘米^2，鳖池平方面积利用率为 1.25%。平方面积载负重量为 100 克左右，而当体重长到 500 克时，体长 18 厘米，体宽 16 厘米，鳖体总面积为 8 750 厘米^2，鳖池平方面积利用率为 67.5%。平方面积载负重量 12 500 克。由此看出，鳖苗阶段平方面积利用率和密度都太低，而养成阶段密度相对太高，会影响后期的养殖。龟也一样，这种传统方法显然缺乏科学及合理性，所以，应该使用实际规格和重量来制定养殖密度较合理。同样，在制定室外池塘的养殖密度时，由于其受外界各种影响较多，如气候变化、环境干扰等。所以在制定时不但要参考控温养殖的密度原理，还应考虑池塘条件，如池塘底质，因为池塘底质会直接影响养殖过程中池塘水质的变化。而在制定野外池塘不同模式混养的放养密度时，还应搞清混养对象之间的食性和生活习性。所以在制定养殖密度时既要看龟鳖不同规格阶段的活动能力和生长率，又要结合实际的养殖环境。

（二）鳖不同品种不同模式的养殖密度

1. 苗种培育阶段的养殖密度

这个阶段主要为苗种培育，即从 4 克左右的苗培育到 350 克左右的鳖种（图6-22，表6-1）。

图 6-22　合理的养殖密度使龟有充分的活动空间

表6-1 鳖不同品种苗种阶段培育密度

养殖品种	养殖模式	放养密度（只/米²）
中华鳖（北方品系、黄河品系、太湖品系、洞庭湖品系、鄱阳湖品系）	工厂化控温温室	80～25
	采光大棚保温	60～22
	野外常温	50～20
中华鳖（西南品系即黄沙鳖）	工厂化控温温室	60～22
	采光大棚保温	50～22
	野外常温	50～20
中华鳖（台湾品系）	工厂化控温温室	100～30
	采光大棚保温	80～30
	野外常温	80～25
佛罗里达鳖（珍珠鳖）	工厂化控温温室	50～15
	采光大棚保温	50～12
	野外常温	40～10
角鳖	工厂化控温温室	50～15
	采光大棚保温	50～12
	野外常温	40～10
日本鳖	工厂化控温温室	60～20
	采光大棚保温	60～18
	野外常温	50～15
泰国鳖	工厂化控温温室	100～35
	采光大棚保温	100～30
	野外常温	80～30
说明：密度栏中前面的数字是放养密度，后面的数字是分养后养到鳖种规格的密度		

2. 养成商品阶段的养殖密度

鳖商品养成阶段是指从300克规格的鳖种养到500克以上可以上市的商品鳖（表6-2）。

表6-2 鳖不同品种的养成阶段养殖密度

养殖品种	养殖模式	放养密度	养成规格（克/只）
中华鳖（北方品系、太湖品系、黄河品系、鄱阳湖品系、洞庭湖品系）	工厂化控温温室	20只/米²	750
	采光大棚保温	20只/米²	750
	野外水泥池塘常温单养	6只/米²	1 000
	野外土池塘常温单养	500只/亩	1 000
	野外池塘混养	100只/亩	1 000
	野外种养	60只/亩	1 000
中华鳖（西南品系即黄沙鳖）	工厂化控温温室	12只/米²	800
	采光大棚保温	12只/米²	800
	野外水泥池塘常温单养	5只/米²	1 200
	野外土池塘常温单养	300只/亩	1 200
	野外池塘混养	80只/亩	1 200
	野外种养	50只/亩	1 200
中华鳖（台湾品系）	工厂化控温温室	30只/米²	500
	采光大棚保温	30只/米²	500
	野外水泥池塘常温单养	10只/米²	600

（续表6-2）

养殖品种	养殖模式	放养密度	养成规格（克／只）
佛罗里达鳖 （珍珠鳖）	工厂化控温温室	10 只/米²	1 500
	采光大棚保温	10 只/米²	1 500
	野外水泥池塘常温单养	4 只/米²	2 000
	野外土池塘常温单养	300 只/亩	2 000
	野外池塘混养	50 只/亩	2 000
	野外种养	40 只/亩	2 000
角鳖	工厂化控温温室	10 只/米²	1 500
	采光大棚保温	10 只/米²	1 500
	野外水泥池塘常温单养	4 只/米²	2 000
	野外土池塘常温单养	300 只/亩	2 000
	野外池塘混养	50 只/亩	2 000
	野外种养	40 只/亩	2 000
日本鳖	工厂化控温温室	10 只/米²	750
	采光大棚保温	10 只/米²	750
	野外水泥池塘常温单养	5 只/米²	1 000
	野外土池塘常温单养	300 只/亩	1 000
	野外池塘混养	60 只/亩	1 000
	野外种养	50 只/亩	1 000
泰国鳖	工厂化控温温室	20 只/米²	500
	采光大棚保温	20 只/米²	500
	野外水泥池塘常温单养	10 只/米²	600

3. 亲种繁育的养殖密度

由于亲种不但要繁殖，而且要安全越冬，所以养殖密度也有其特别的要求（表6-3）。

表6-3 不同品种亲鳖培育密度

养殖品种	培育阶段	放养密度（只／亩）
中华鳖（北方品系、太湖品系、黄河品系、鄱阳湖品系、洞庭湖品系）	后备亲鳖	600
	成熟亲鳖	300
中华鳖（台湾品系）	后备亲鳖	700
	成熟亲鳖	400
中华鳖（西南品系即黄沙鳖）	后备亲鳖	500
	成熟亲鳖	300
佛罗里达鳖	后备亲鳖	400
	成熟亲鳖	250
角鳖	后备亲鳖	400
	成熟亲鳖	250
日本鳖	后备亲鳖	500
	成熟亲鳖	300
泰国鳖	后备亲鳖	700
	成熟亲鳖	400

（三）龟类不同品种不同模式的养殖密度

龟类不同品种的养殖密度主要是根据不同龟类的习性和个体大致规格及不同生

长阶段来定，由于有些龟类相对活动能力较大，所以人工养殖就需要设置相应的场地，如陆龟不但个体较大，活动范围也要大些，所以养殖密度也就小些，当然龟的品种很多，各种龟类的要求也有不同，所以养殖者可以根据自己的具体条件灵活调整（表6-4，图6-23）。

表6-4　不同龟类养殖密度表（供参考）

养殖龟类	养殖阶段	放养密度（只／米^2）
水栖龟类	苗种培育阶段	30
	养成阶段	10
	亲龟培育	8
半水栖龟类	苗种培育阶段	20
	养成阶段	5
	亲龟培育	3
陆龟	苗种培育阶段	10
	养成阶段	2
	亲龟培育	1

三、完备优良的养殖设施

龟鳖养殖的生产设施，既是为了便于生产管理，也是为了满足龟鳖生长繁殖的需要，根据我国不同养殖模式特点，养殖设施的配备也有区别，但起码的养殖设施配备对养殖龟鳖疾病预防可起到关键性作用，如工厂化温室由于保温性能差，就会导致因不断的温差引发疾病，再如野外池塘因晒背等设施不完备，导致龟鳖体表疾病的蔓延等，所以优良完备的养殖设施也是防控龟鳖疾病的关键措施之一。

图6-23　大型龟类的合理密度（摄自广东应氏泰顺）

（一）大型室内封闭加温养殖设施

1. 整体要求

室内封闭加温养殖目的是为了打破鳖和有些水栖龟类在野外常温冬季冬眠停止生长的常规，进行长年快速生长，所以加温养殖设施的整体必须要求牢固、保温、外形美观，外形一般可采用拱形和人字形（图6-24，图6-25）。

2. 池塘要求

室内养殖，必须有池塘，养殖池塘的规格可根据养殖规模及养殖品种而定，一般养鳖和水栖龟类单池面积以50～100米^{2}为宜，池高1米，水深60厘米，长方形。一般采用水泥池结构，单层双列式（图6-26）。

图 6-24　长三角地区封闭式温室外部　　　　图 6-25　珠三角地区的封闭性温室外部

3. 配套设施布置

加温养殖设施的配套设施主要有室内的加温设施，增氧设施、排污设施、照明设施及池塘中的饲料台、栖息台、进出水管道等，这些设施缺一不可，否则不但会影响正常的养殖生产，也会导致龟鳖发生疾病（图 6-27）。

图 6-26　长三角地区封闭式温室内部　　　　图 6-27　两广地区的室内养殖设施

（二）室内小型封闭加温苗种培育温室

这种形式主要是利用家庭空余房间通过保温改造后利用成套小型养殖池塘进行水栖龟类和鳖的苗种加温培育。

1. 池塘形态

池塘面积很小，一般在 3～5 米²，支架多层式，一般多则 5 层，少则 2 层，养殖池塘一般都由塑料板或其他防腐材料制成，通常池深 60 厘米，水深 40 厘米。

2. 配套设施布置

配套设施同样为加温设施、增氧设施、栖息设施、照明设施和饲料台等（图 6-28）。

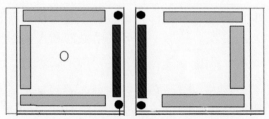

图 6-28 长三角地区室内池塘设施布置图

（三）采光保温棚养殖设施

采光棚养殖是指不设加温，棚屋利用采光塑膜或玻璃进行晚秋至第二年早春保温养殖，深冬打开棚门常温越冬，第二年晚春至早秋开棚常温养殖的一种方式。

1. 采光保温棚形态和要求

各地根据本地的气候条件和养殖品种设计建造温棚，温棚外形有拱形、人字形和一面坡形。采光保温棚同样要求牢固、采光、美观和便于管理（图6-29至图6-32）。

图 6-29 长三角地区的采光温室外部　　图 6-30 珠三角地区冬季龟鳖养殖塑膜大棚外形

图 6-31 广东小型采光温室内部　　图 6-32 小型家庭室内养龟的设施

2. 池塘形态

池塘形态分四种，第一种是养殖鳖和食用水栖龟类如红耳龟、鳄龟、乌龟商品的大型池塘。多为泥底水泥池坡的结构，如广东珠三角一带，这种池塘因到夏秋打开后进行常温商品龟鳖和鱼类的养殖，所以单池面积较大，多为10亩左右，池深2～2.5米，水深1.8米。第二种是专门培育苗种的，池塘结构多为砖砌池墙水泥抹面，池底也是水泥的，面积一般在50～100米^2，池深1米，水深70厘米左右，如华东、华中地区等。第三种是养殖水栖宠物龟和半水栖宠物龟的池塘。养殖水栖宠物龟的池塘面积 5～10 米²，一般池深 80 米，水深 50 厘米，如是半水栖宠物龟，池塘面积一般 5～15 米²，池深 1.2 米，池中 75% 设栖息的陆地草坡，25% 为浅水池，浅水池水深一般超过 30 厘米。第四种是陆龟场地，不挖池塘，多为平地围栏，面积一般为 20～60 米²，栏高一般为 1.2 米，场地中不设水池，其中在一头建产房，产房也兼平时的躲雨房。

3. 配套设施布置

采光保温棚养殖的配套设施如是养殖鳖和水栖龟类，主要有增氧设施、排污设施、照明设施、饲料台、栖息晒背台、进出水管道外，因为白天有光，所以还要增加养草栏。如是养殖半水栖龟类，除了设置饲料台，还要设置越冬的洞穴和夏季庇荫的绿树。陆龟池中设置饲料台和饮水槽，还应设一个开棚后供避风雨的小窝棚（图6-33）。

图 6-33　小型家庭陆龟养殖的设施配置

（四）野外水泥池塘常温养殖设施

野外水泥池塘常温养殖是指在野外自然常温气候条件下，建造水泥结构池塘进行精养商品或培育苗种的一种方式，大多养殖鳖和水栖龟类。

1. 整体要求

环境优美安静，光照充足，池塘布局合理便于操作，有质高、量足的水源等（图6-34，图6-35）。

图 6-34　大型野外精养水泥池塘

图 6-35　小型精养苗种水泥培育池塘

2. 池塘形态

池塘长方形，一般苗种培育池面积在 10～50 米² 之间，池深 1 米，水深 70 厘米，池顶设防逃檐。养殖商品的池塘面积 500 米^2 左右，池深 1.2 米，水深 80 厘米，池顶设防逃檐。

3. 配套设施布置

野外水泥池塘常温养殖池塘中的配套设施有饲料台、草栏、增氧设施、注排水设施、晒背台，其中草栏面积不得少于池塘总面积的 30%，晒背台面积，不少于池塘总面积的 20%（图 6-36，图 6-37）。

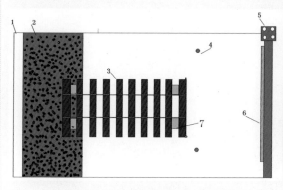

图 6-36　野外水泥池塘设施布置图

1. 池堤 2. 草栏 3. 晒背台 4. 增氧设施 5. 注排水

6. 饲料台 7. 浮筒

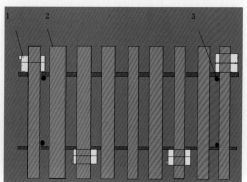

图 6-37　野外池塘晒背台

1. 浮筒 2. 晒台板 3. 固定杆

（五）野外泥池塘常温养殖设施

野外泥池塘常温养殖是指在野外自然常温气候条件下，建造泥池塘进行精养龟鳖商品少量套养其他鱼类的养殖方式，大多以养殖鳖和水栖龟类为主。

1. 整体要求

整体要求环境优美安静，光照充足，池塘布局合理便于操作，有质高量足的水源，所以最好选择远离人口密集的村庄、干扰严重的工厂和交通干线等。

2. 池塘形态

野外泥池塘有两种形态，一种是池堤是矩形水泥结构，池底质是泥，这种池塘一般面积在 2～5 亩之间，池深 1.2 米，水深 1 米。还有一种是池堤和池底都是泥土结构，一般池堤为坡形，坡比 1:3。单池面积 3～10 亩之间，主要养殖鳖和水栖龟类的商品（图 6-38）。

3. 配套设施

野外泥池塘常温养殖的配套设施有饲料台、草栏、增氧设施、注排水设施、其中草栏面积不得少于池塘总面积的 30%，

图 6-38　野外大型泥池塘

池塘坡顶设防逃栏栅。

（六）野外混养池塘设施与布置

这是一种在原来养殖品种的基础上混养龟鳖的一种高效模式，如鱼龟鳖混养、虾龟鳖混养、蚌龟鳖混养等。这种养殖模式池塘形式不变，在此基础上设置饲料台、栖息台、防逃设施就可（图6-39，图6-40）。

　　图6-39　鳖和龙虾混养池设施　　　　　图6-40　蚌鳖鱼混养殖池设施

（七）野外常温种养结合养殖设施与布置

这是指在原来种植经济作物的基础上，在有效的水体中兼养龟鳖的模式，如稻田兼龟鳖、藕田兼养龟鳖、茭白田兼养龟鳖等。主要设施有饲料台和防逃设施（图6-41，图6-42）。

　　图6-41　藕塘养鳖的设施　　　　　　图6-42　小型稻田养鳖设施

（八）室外庭院阳台楼顶常温观养设施

这是一种利用家庭的地头园旁、楼顶阳台和庭院空余地方建造小型设施的观养形式。随着我国民众生活条件的不断提高，这种方式养殖观赏性宠物龟是今后的趋势。

1．池塘形态

池塘形态没有一定的要求，一般根据实际的具体情况或长或圆都可以，但要求养殖水栖龟类和鳖的水深达起码达到50厘米。

2．配套设施布置

庭院养殖的主要设施为进排水管道、防逃设施，食台和栖息台，如是养龟还要有一定的绿化植被和洞穴等设施，有些越冬期要钻底的品种，需在池底铺上25厘米的细沙。（图6-43至图6-45）。

图6-43 庭院甲鱼养殖设施

图6-44 庭院养龟设施1

图6-45 庭院养龟设施2

（九）亲种繁育池塘的设施与布置

1．整体要求

整体要求环境优美安静，光照充足，池塘布局合理便于操作，有质高量足的水源，所以最好选择远离人口密集的村庄、干扰严重的工厂和交通干线等（图6-46）。

图6-46 大型种苗繁育场

2．池塘形态

亲种繁育池塘的形态要求根据养殖品种的不同和养殖规模的大小以及所处位置的地理地貌灵活制定，如是大型食用龟鳖养殖场的繁育池塘，一般要求池塘东西长方形，其中产卵场设置在池塘的北边，叫坐北朝南。一般单池面积 2～5 亩，池深 1.6 米，水深 1.4 米。如是小型的宠物龟繁育池塘，可根据所处地域灵活而定。

3. 配套设施

亲种繁育池塘的主要设施有食台、晒背台、进排水管道、防逃设施，产卵场。如是繁养宠物龟，还应设置些点缀环境的绿化与盆景（图 6-47 至图 6-49）。

图 6-47 甲鱼亲种池塘

图 6-48 水龟繁育池塘

（十）孵化室的设施与布置

孵化室除了要保温牢固，其主要设施有孵化台、集苗沟、孵化架、孵化箱和增温控温设施，孵化载体（图 6-50）。

图 6-49 小型家庭黄缘龟繁殖池

图 6-50 人工控温孵化室设施

四、提供良好的养殖环境

（一）龟鳖养殖场周边环境

龟鳖养殖场的周边环境，主要是指野外养殖龟鳖养殖场的周边环境，一定要避免影响龟鳖正常生长、生殖的不利环境因素，所以要求周边环境一定要安静无干扰，空气清新环境优美，大型野生动物少，无严重的自然灾害（图 6-51）。

（二）野外龟鳖养殖场的空间环境

野外龟鳖养殖场的空间环境是指龟鳖养殖区域内水体以上的环境。这里的环境除了要安静干净，还要求阳光充足，通风通气。这样不但对养殖水体的水温提高和水中有益生物的生长有好处，水体利用自然风能搅动水体对水体的质量提高也有好处，我们通过试验证明，在自然阳光充足的水体中，浮游植物增氧的速度和比值都比遮阴的要快要好，而对通风的试验也表明，通风好的池塘水体表明因风浪对水体的搅动使水体垂直对流和平面对流的速率大幅增加，这使一些有害藻类水华不易产生（一般为藻类和藻类尸体形成的漂浮物），相反就极易形成一层很臭又很难消除的水华，因为这样，我们要求在养殖场区内不栽种大型树木，如要美化环境，一般采用高度不超过50厘米的小型绿化带。另外，由于龟鳖对环境变化十分敏感，所以在设置配套设施时要想的周全，并一次设好保持稳定，否则龟鳖会因固定设施的变化和影响吃食，还有是养殖区域内尽量少养干扰性动物等（图6-52）。

图6-51 生态环境良好的龟鳖养殖场

图6-52 环境良好的小型家庭陆龟养殖栏

（三）龟鳖室内养殖的空间环境

人工建造的温室空间，如是封闭的，一般都不会受到外界的影响，所以完全可以做到人工可控。因此要求除操作工作时，一定不要到室内干扰，也就是要保持安静，因为一般室内的龟鳖由于温度比较适合，所以大多时间在栖息台上，很少到水体中，这样有利龟鳖疾病的预防。还有室内的湿度做好能保持在60%左右，不要过于潮湿。为了保持室内空气好，最好适当开排气扇。定期照明对龟鳖预防疾病也有一定的作用，如一些病原生物通过光照可以杀死，所以要求每天至少照明8小时（图6-53）。

（四）龟鳖野外养殖水生环境的要求与调节

俗话说养殖先养水，水好赢一半，所以无论是养殖鱼类还是养殖龟鳖，水生环境的好坏十分重要。

1. 提供质好量足的水源

无论是室内加温、保温养殖还是野外常温养殖，水源一定要好，如果没有好的水源，也一定要把水调好后再应用，否则养殖的龟鳖就容易得病。所以养殖水源一定要达到水产养殖的水质标准，调节水质的办法很多，如可以建造专门的调水池塘，用深水沉淀的方法，池中养殖水生植物进行生物过滤的方法，一些地方的水源含有金属离子，可采用化学的方法等等（图6-54）。

图 6-53　环境良好的室内水龟养殖场

2.养殖期野外养殖水生环境的要求

野外池塘养殖水环境要求溶解氧不低于3毫克/升，pH 7～8之间，水体透明度不超过25厘米，水呈淡绿色。这些要求中，其中溶解氧和pH为水化学指标，只要溶解氧不低于上述指标，一般养殖水体就不会产生有害的硫化氢、氨等气体，所以管理好水体的溶解氧十分重要。而透明度和水色是代表水体有机物的浓度和生物优势种群的体现，如通常水体呈淡绿色时，水体比较活爽，说明水体中有益的绿藻比较多，如是蓝色就是会产生毒素的蓝藻比较多，如呈现红色说明水体中裸藻或铁离子的浓度比较高等等（图6-55）。

图 6-54　充足的采光良好的水质是养好水龟的保证　　　图 6-55　几乎野生的水生养殖环境

3.养殖期野外养殖水生环境的调节

野外池塘水环境受气候条件的影响很多，所以要达到要求，必须不断地根据变化进行人工调节，调节的具体方法有以下几条简单易行的措施：

一是养好水草，龟鳖养殖池塘水面养好水草是好处很多，如水草能吸附大量的有机污物净化水质，可避免水体中有害气体的产生（如氨等），水草能给龟鳖在盛夏酷暑季节提供庇荫的场所，水草的嫩芽能给龟鳖提供含多种维生素和具有药理作用的植物性饲料（如喜旱莲子草，也叫革命草、水花生，具有抗病毒的药理作用）等，因此，在池塘水面上养好水草的池塘中很少发生缺氧，水质败坏等不良现象，当然水草的面积不能过大，一般为池塘总水面的1/3。

二是当水体 pH 低于 7 时，用生石灰化水泼洒调节，用量为每立方米水体 50 克干物质。如是越冬期池水过清，透明度超过 30 厘米时（有的甚至能看到池底），就会缺氧而造成越冬龟鳖上浮死亡或水肿，特别是冬季蛰伏在池底泥土里过冬的鳖，所以这种水体一定要及时施肥，方法是用尿素每立方米 8 克化水泼洒肥水，或补充其他池塘中水色棕绿的肥水，因为棕绿的肥水里有大量能利用光合作用增氧的浮游植物（图 6-56）。

图 6-56 养好水草能提高水体质量

（五）室内水环境的要求与调节

1.室内水环境的要求

无论是封闭性温室还是采光温室，水体水质都要求溶解氧不得低于 3 毫克 / 升，氨浓度不得超过 0.02 毫克 / 升，pH 保持在 7～8 之间，水体透明度不得低于 20 厘米。

2.室内水环境的调节

要达到上述指标一些地方采取经常换水的方法，这不但会惊扰龟鳖也会大大提高养殖成本。怎么办，可以采取下列措施：一是科学投喂，杜绝在水下投喂造成的浪费，因为温室水体败坏的主要根源是浪费的饲料在水中发酵腐败造成的；二是定期排污；三是定期用生物制剂调节；四是如果 pH 低，换水后用生石灰每立方米 30 克化水泼洒调节（图 6-57，图 6-58）。

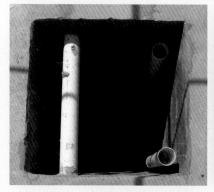

图 6-57 室内养殖池塘排污管道

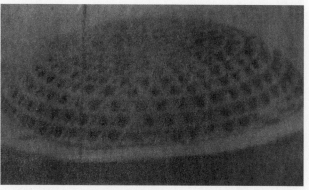

图 6-58 室内养殖池集污设施

五、保证营养需求与科学投喂

（一）配制龟鳖饲料的基本原则

1.安全卫生的原则

由于龟鳖是高档的美食补品，国家对其的安全卫生要求特别严格，所以在配制和生产过程中要严格遵照国家的有关规定，否则就不能用于饲养龟鳖。为此，把最近国家和行业的有关渔用配合饲料的安全卫生标准内容归纳如下。

（1）配合饲料的原料要求。

A.加工渔用饲料的原料不得使用受潮、发霉、生虫、腐败变质及受到石油、农药、有害金属等污染的原料。

B.大豆原料应经过破坏蛋白酶抑制因子的处理。

C.鱼粉的质量应符合 SC3501 标准的规定。

D.不得用非蛋白氮和角质蛋白作原料。

E.《饲料药物添加剂使用规范》〔中华人民共和国农业部公告（2001）第 [168] 号〕

F.《禁止在饲料和饮用水中使用的药物品目录》〔中华人民共和国农业部公告（2002）第 [176] 号〕

（2）配合饲料的安全限量。根据 NY5072 规定要求，配合饲料的安全限量详见表 6-5。

表 6-5　配合饲料的安全指标限量

项目	限量	适用范围
铅（以 Pb 计），毫克/千克	≤ 5.0	各类渔用饲料
汞（以 Hg 计），毫克/千克	≤ 0.5	各类渔用饲料
无机砷（以 As 计），毫克/千克	≤ 3	各类渔用饲料
镉（以 PCd 计），毫克/千克	≤ 0.5	渔用配合饲料
氟（以 F 计），毫克/千克	≤ 350	各类渔用饲料
游离棉酚，毫克/千克	≤ 300	杂食性鱼类
氰化物，毫克/千克	≤ 50	各类渔用饲料
多氯联苯，毫克/千克	≤ 0.3	各类渔用饲料
异硫氰酸酯，毫克/千克	≤ 500	各类渔用饲料
噁唑烷硫酮，毫克/千克	≤ 500	各类渔用饲料
黄曲霉毒素 B_1，毫克/千克	≤ 0.01	各类渔用饲料
六六六，毫克/千克	≤ 0.3	各类渔用饲料
滴滴涕，毫克/千克	≤ 0.2	各类渔用饲料
沙门氏菌，cfu/25 克	不得检出	各类渔用饲料
霉菌（不含酵母菌），cfu/克	≤ 3×10^4	各类渔用饲料
铬（以 Cr 计），毫克/千克	≤ 10	各类渔用饲料
油脂酸价 (KOH)，毫克/千克	≤ 2	渔用育苗饲料
三聚氰氨	不得检出	渔用育成饲料

注：此表只限于淡水鱼配合饲料（含龟鳖）。

2.营养合理的原则

　　(1)目前饲料配制中存在的不良现象。

　　一是饲料配方中蛋白比例过高或过低现象，到目前为止，除了陆龟类在饲料结构中以植物性蛋白为主外，一般龟类和鳖的配方是以蛋白为主，由于鱼粉等饲料原料的涨价，人们试图从龟鳖饲料中的蛋白含量找出突破口，于是出现两种不同的现象，一种认为甲鱼是一种高蛋白需求动物，其饲料中粗蛋白含量必须很高，如龟鳖苗阶段（50克以内）饲料的粗蛋白含量应不低于55%，龟鳖种阶段（51～300克）不应低于50%，养成阶段（300克以上）不低于48%。而另一种现象认为龟鳖饲料的蛋白质太高既对龟鳖的生长不利又浪费蛋白源，认为龟鳖苗阶段饲料的粗蛋白含量应不高于42%，龟鳖种阶段不应高于40%，养成阶段不高于38%。然而持这两种观点的人又拿不出试验的结果和应用的实际效果，所以笔者认为这些都是一些空谈的想象，会给养殖户造成误导。其实国内外有许多学者对龟鳖不同阶段生长与生殖的蛋白需求作了许多的研究，如日本的川崎、国内的杨国华、孙祝庆、曾训江、王凤雷、卞伟和笔者等，基本认为龟鳖苗阶段饲料的粗蛋白含量应不低于46%，龟鳖种阶段不应低于43%，养成阶段不低于42%是对养殖对象的生长生殖比较合适又不造成浪费的比例。但因蛋白质的质量和原料鲜度的差异，会对蛋白质的利用率有一定的影响，如动物蛋白的鱼粉鲜度与植物蛋白的生熟度都会对饲料的适口和利用产生影响，所以应注意的应是如何把好质量关的问题。

　　二是在水栖龟类和鳖的饲料配方中高植物蛋白现象。很多的研究表明，除了陆龟类在饲料结构中以植物性蛋白为主外，一般水栖龟类和鳖饲料中因这些龟鳖对动物蛋白的消化吸收利用率高于植物蛋白，所以水栖龟类和鳖饲料中蛋白的配方一般以动物蛋白为主，但因动物蛋白也不能完全满足龟鳖生长生殖的营养需求，特别是动物蛋白中缺乏龟鳖营养中的必需氨基酸蛋氨酸，而植物蛋白中蛋氨酸的含量很高，所以有一定比例的植物蛋白源不但可以平衡营养又可降低配方成本。但近年来，一些饲料企业为了降低配方成本要用高比例的植物蛋白替代大比例的动物蛋白，有的甚至把原来配方中50%以上的优质白鱼粉的比例降到了30%，笔者认为这对养殖水栖龟类和鳖的生长是不利的。当然我们不反对通过加工处理能提高植物蛋白利用率后替代少部分动物蛋白的做法，如膨化大豆、酶解玉米蛋白等，但动物中的有些必需氨基酸是一般植物蛋白无法替代的，如赖氨酸等（图6-59）。

图6-59　制成准备出厂的配合饲料

　　三是高淀粉现象。同样除了陆龟直接投喂新鲜的植物饲料外，其他龟鳖饲料制成全价配合饲料是非常科学的，但在饲料配方淀粉比例过高，导致配方营养结构不合理现象一直存在，而淀粉作为稳定制成品在应用时的黏弹性，也就是减少在投喂过程中的散失率，这主要是考虑在水中投饵的养殖对象如鳗鱼和鱼类等，因鱼类生活在水中，也在水中觅食，所以饲料能否在水中减少散失浪费是饲料制作的关键，现在的问题是龟鳖是爬行动物，大多为水陆两栖，通常在适温状态下在水上吃食（特别是在人工可控的温室里），而我们最初的龟鳖饲料制作与配方几乎模仿于鳗鱼饲料，所以到目前为止配合饲料中的淀粉比例仍在20％以上，而对龟鳖来说淀粉如果除去黏弹在营养上只是一种单纯的能量饲料，比例过多会给龟鳖的生长带来严重的不良影响，如生长到后期会产生严重的脂肪肝疾病等，所以一直来龟鳖饲料淀粉过高现象一直被忽视，而这往往又是影响饲料质量和成本的关键，所以笔者建议，在力求改变投喂方法为水上的基础上，淀粉的比例应降到15％以下（特别是膨化饲料）而代之的应是含有一定蛋白质又价格便宜的大米、玉米等含碳水化合物丰富的谷实类原料，这样既可合理平衡饲料的营养成分又可降低配方成本。

四是高盐分现象。钠盐是龟鳖不可缺少的营养成分之一，但龟鳖的生理特点对盐分的需求原则上饲料中的比例不应不超过1％，否则就会出现各种影响正常生长发育的负面影响，如当龟鳖吃了盐分超过原则需要量时，就会主动喝水引发生理性水肿，同时雄性也会因体肌钠离子过高而引发性肌神经兴奋出现非正常生殖器脱出等。但目前的饲料中盐分比例超过现象时有出现，这主要与在饲料中配比较高的劣质高盐红鱼粉有关，所以饲料厂家和养殖户在采购鱼粉时一定要把高盐比例的红鱼粉排除在外，否则配制的饲料在养殖时，龟鳖会发生严重的病理反应而诱发疾病。

（2）多样结构合理平衡。龟鳖饲料要做到营养合理，必须做到以下几点：

一是营养结构合理平衡。龟鳖饲料配合的结构合理性首先是营养结构的合理，因饲料的配合不是各种原料简单的组合，而是根据养殖对象不同生长阶段营养所需和饲料原料的各种特性合理组成的有机结合。所以，在设计配方时，不但要考虑各种营养物质的含量（如蛋白、能量、维生素、矿物质等），还需考虑各种营养的全价性和综合平衡性。因此在配方设计中，饲料原料的各种营养成分和含量一定要检测准确，因为饲料的营养成分与含量是设计和应用效果好坏的关键（图6-60）。

二是原料搭配多样稳定，配合饲料的组成一定要多样性。实践证明饲料配合的多样性可发挥不同饲料之间的营养互补作用，从而提高饲料的利用率，使配方更趋科学合理，如鳖在繁殖期的培育阶段，在机制配合饲料的基础上配合一定的鲜活饲料不但大大提高了适口性也显著提高了鳖的繁殖力。同样陆龟在繁殖季节也应在原来鲜活植物饲料的基础上适当配制些谷物类饲料（如玉米粉和燕麦粉等）以增加其繁殖阶段的蛋白质的需要。还有饲料的组成一定要保持相对稳定性，不得已的情况下主要原料不要经常更换，特别是龟鳖饲料中的鱼粉，更换过频会影响饲料的养殖效果（图6-61）。

图6-60　鲜活淡水小鱼　　　　图6-61　新鲜的动物内脏

三是饲料成品适口性好。饲料对龟鳖在养殖生产中的适口性分两方面，一是制成的饲料形状是否符合龟鳖不同生长阶段的口径，二是饲料的气味是否符合龟鳖的喜好，如目前有一些机制饲料因过多配合气味较重的中草药，大大影响了龟鳖的摄食，这是因为龟鳖没有发达的味蕾，其对味感不敏感，但其嗅觉很好，对气味很敏感。所以即使营养最好的饲料如果影响龟鳖正常吃食，同样会影响养殖效果。

四是消化吸收好。配合的饲料不但营养全面，还一定要龟鳖吃了后容易消化吸收，这样不但可提高饲料的利用率，也能促进龟鳖的生长，所以在配方设计时应当注意龟鳖对各种饲料原料中营养成分的消化率，使配方更科学合理。如有目前有些饲料厂家在机制饲料配合中把一些不易消化吸收的血粉和加工不充分的羽毛粉作为蛋白饲料大比例地替代鱼粉，结果大大影响龟鳖的养殖效果，有的甚至引发疾病（图6-62）。

3. 节省成本的原则

饲料配合时在不影响养殖效果的同时，应遵循节约降低配方和制作成本的原则。如江南地区的新鲜的蚌肉粉是营养和适口性都较好的动物蛋白原料，但它的市场价格却是进口鱼粉的一半，所以配方时替代部分进口鱼粉的比例可大大降低配方成本，同时又不会降低饲料的质量。

4. 容易获取的原则

龟鳖饲料是目前动物饲料中比较高档的饲料之一，因其主要蛋白原料鱼粉大多是从国外进口，因进口鱼粉路途遥远运输时间长，往往会影响质量和供货时间，所以在设计配方时应尽量考虑容易购买和方便的原则，如一些自然资源较丰富的地区可采用本地资源结合一些预混剂进行人工配合的方法解决龟鳖饲料，这样不但饲料供应稳定，养殖效果也很好。如广西钦州农村利用当地丰富的螺类资源结合预混添加剂投喂黄喉拟水龟和甲鱼，不但成本低，养殖的质量也很好（图6-63）。

图6-62 配合粉状饲料制成的软颗粒饲料　　　图6-63 广西钦州利用当地丰富的螺资源

（二）鳖的营养需求与合理配制

1. 鳖不同生长阶段的营养需要

鳖不同生长阶段营养的需求，是经过多年的研究和生产实践总结出来的。下面是鳖不同生长阶段的营养需求，供饲料配置单位和养殖企业参考，详见表6-6。

表6-6　鳖不同生长阶段的主要营养需求

个体重（克）	粗蛋白质（%）	粗脂肪（%）	粗纤维（%）	粗灰粉（%）	钙（%）	磷（%）
鳖苗阶段 3～50	46	6	1	17	4	1.5
鳖种阶段 50～400	43	6	1	17	4	2
成鳖阶段 400 以上	42	5	1	17	4	2
亲鳖阶段 750 以上	42	5	1	17	4.5	2
亲鳖产后	42	6	1	17	4.5	2

2.鳖不同生长阶段的饲料配方

（1）机制配合粉料配方。

A 鳖苗方 (鳖的规格在 3～50 克时)：

配方一：白鱼粉 65%、乳粉 2%、啤酒酵母 5%、α- 淀粉 18%、牛肝粉 5%、香味 2%、玉米蛋白 2%、复合微量元素预混剂 0.5%、多维预混剂 0.5%。

配方二：白鱼粉 67%、乳粉 2%、啤酒酵母 3%、α- 淀粉 18%、牛肝粉 3%、香味 2%、膨化大豆 2%、玉米蛋白 2%、复合微量元素预混剂 0.5%、多维预混剂 0.5%。

配方三：白鱼粉 56%、乳粉 2%、α- 淀粉 15%、蛋白淀粉 8%、玉米蛋白 5%、血球蛋白 2.2%、酶解蛋白 3%、啤酒酵母 6%、多维 1%、磷酸二氢钙 0.8%、多矿 1%。

B 鳖种方 (鳖的规格在 51～400 克时)：

配方一：白鱼粉 55%、牛肝粉 5%、啤酒酵母 5%、α- 淀粉 18%、膨化大豆粉 4%、复合微肉骨粉 2%、蚌肉粉 3%、玉米蛋白 3%、蚕蛹粉 2%、生素预混剂 0.5%、香味 2%、复合微量元素预剂 0.5%。

配方二：白鱼粉 52%、牛肝粉 5%、啤酒酵母 5%、α- 淀粉 18%、牛肝粉 5%、膨化大豆 2%、玉米蛋白 2%、酶解蛋白 3%、香味 2%、复合微量元素预混剂 0.5%、多维预混剂 0.5%。

配方三：白鱼粉 51%、牛肝粉 5%、α- 淀粉 15%、蛋白淀粉 8%、玉米蛋白 5%、血球蛋白 2.2%、酶解蛋白 5%、啤酒酵母 6%、多维 1%、磷酸二氢钙 0.8%、多矿 1%。

C 成鳖方 (鳖的规格在 400 克以上)：

配方一：白鱼粉 60%、牛肝粉 5%、啤酒酵母 5%、香味 2%、α- 淀粉 18%、膨化大豆粉 5%、玉米蛋白 3%、复合微量元素预剂 1%、复合维生素预混剂 1%。

配方二：白鱼粉 49%、牛肝粉 5%、啤酒酵母 5%、α- 淀粉 18%、牛肝粉 5%、血球蛋白 3%、膨化大豆 5%、玉米蛋白 5%、酶解蛋白 3%、香味 2%、复合微量元素预混剂 0.5%、多维预混剂 0.5%。

配方三：白鱼粉 51%、牛肝粉 5%、α- 淀粉 15%、蛋白淀粉 8%、玉米蛋白 5%、血球蛋白 2.2%、酶解蛋白 5%、啤酒酵母 6%、多维 1%、磷酸二氢钙 0.8%、多矿 1%。

（2）机制配合膨化料配方（图4-64）。

A 鳖苗方 (鳖的规格在3～50克时)；

白鱼粉65%、啤酒酵母5%、α–淀粉10%、牛肝粉2%、玉米粉10%、小麦粉7%、复合微量元素预混剂0.5%、多维预混剂0.5%。

B 鳖种方 (鳖的规格在51～250克时)；

白鱼粉60%、啤酒酵母5%、α–淀粉10%、膨化大豆粉6%、玉米粉10%、小麦粉8%、 复合维生素预混剂0.5%、复合微量元素预剂0.5%。

C 成鳖方 (鳖的规格在251～500克以上)；

白鱼粉60%、啤酒酵母5%、α–淀粉10%、膨化大豆粉2%、玉米粉10%、小麦粉7%、肉骨粉4%、复合微量元素预剂1%、复合维生素预混剂1%。

3. 家庭小养殖户自配饲料

一些地方地处偏远养殖规模不大，购买市场上的商品饲料既不方便又成本高，而自然饲料资源十分丰富，这些地方可根据本地的饲料资源状况自配饲料，为此，笔者提供几个配方供小型家庭养殖户参考（图6-65）。

图 6-64　机制甲鱼膨化饲料　　　　　图 6-65　家庭自配饲料

（1）鳖繁殖阶段的饲料配方。

A 亲鳖产前方：

新鲜动物性饲料(鱼、蚌、螺、虫等下同)50%、小麦粉25%、膨化大豆粉10%、谷朊5%、玉米蛋白粉5%、肉骨粉1%、菜子油2%，混合矿物添加剂1%，混合多种维生素1%。

B 亲鳖产中方：

新鲜动物性饲料55%、（ 其中鲜鸡蛋10% ）小麦粉20%、膨化大豆粉10%、谷朊5%、玉米蛋白粉6%、菜子油2%，混合矿物添加剂1%，混合多种维生素1%。

C 亲鳖产后方：

新鲜动物性饲料50%、（ 其中鲜鸡蛋10%、全脂乳粉2% ）小麦粉20%、膨化大豆粉15%、谷朊5%、玉米蛋白粉5%、菜子油3%，混合矿物添加剂1%，混合多种维生素1%。

D制作：

先把上述各配方中的饲料逐步按比例要求称重，再把单样或多样的动物性饲料混合打成浆或糜，然后与其他粉状饲料和添加剂及植物油一起充分拌匀，并把他捏成团状投喂。

(2) 鳖苗种培育阶段饲料的配方与制作。

A鳖苗阶段配方：

新鲜动物性饲料60%、小麦粉20%、膨化大豆粉10%、谷朊5%、玉米蛋白粉5%、肉骨粉1%、菜子油2%，混合矿物添加剂1%，混合多种维生素1%。

B鳖种阶段配方：

新鲜动物性饲料60%、小麦粉20%、膨化大豆粉10%、谷朊5%、玉米蛋白粉5%、肉骨粉1%、菜子油2%，混合矿物添加剂1%，混合多种维生素1%。

C制作：

先把上述各配方中的饲料逐步按比例要求称重，再把单样或多样的动物性饲料混合打成浆或糜，然后与其他粉状饲料和添加剂及植物油一起充分拌匀，并把他捏成团状投喂。

（3）鳖养成阶段饲料的配方与制作。

A配方甲：

新鲜动物性饲料50%、小麦粉25%、膨化大豆粉15%、谷朊5%、玉米蛋白粉5%、菜子油3%，混合矿物添加剂1%，混合多种维生素1%。

B配方乙：

新鲜动物性饲料50%、小麦粉20%、膨化大豆粉15%、谷朊5%、玉米蛋白粉5%、骨粉5%、菜子油3%，混合矿物添加剂1%，混合多种维生素1%。

C制作：

先把上述各配方中的饲料逐步按比例要求称重，再把单样或多样的动物性饲料混合打成浆或糜，然后与其他粉状饲料和添加剂及植物油一起充分拌匀，并把它捏成团状投喂。

（三）水栖龟类的营养需求与合理配制

1.水栖龟类饲料的类型

和鳖差不多，目前较有规模的养龟场大多采用人工配合机制饲料，所以类型也基本采用粉料和膨化颗粒料，特别是膨化颗粒料，近几年推广比较快，这与龟的生态习性有关，因龟一般情况下都愿意浮在水面上，所以到水面吃食比较方便，因此目前应用膨化颗粒饲料的地方越来越多，特别是工厂化养龟较发达的地方，几乎都应用了膨化颗粒料。由于上述两种饲料类型与甲鱼饲料的制作及商品饲料性状相同，故不再重复。

2.水栖龟类机制粉料配方

由于水栖龟类的生物学特性与鳖有较大的区别，如龟的背甲和底板都较甲鱼要厚实，活体称重的比例鳖的甲壳部分比例不超过体重的20%，而龟是整个体重的40%左右，这说明龟在生长过程中钙磷矿物元素的需求要比鳖多，所以在拟订配方时应充分考虑到这一点，否则会严重影龟的生长和繁殖，特别是会影响亲龟的受精率和产蛋数量，并容易产出软壳蛋（图6-66）。

图6-66　机制的配合片状膨化龟料

（1）龟苗方（规格在3～50克时）。

白鱼粉55%、啤酒酵母5%、α–淀粉18%、牛肝粉7%、香味2%、大豆蛋白12%、复合微量元素预混剂0.5%、多维预混剂0.5%。

（2）龟种方（规格在51～250克时）。

白鱼粉50%、啤酒酵母5%、α–淀粉18%、香味2%、膨化大豆粉5%、玉米蛋白7%，大豆蛋白12%、复合维生素预混剂0.5%、复合微量元素预剂0.5%。

（3）成龟方（规格在251～500克以上）。

白鱼粉48%、啤酒酵母5%、香味2%、α–淀粉18%、膨化大豆粉9%、玉米蛋白15%、复合微量元素预剂1%、复合维生素预混剂1%。

3.水栖龟类的膨化料配方

（1）龟苗方（规格在3～50克时）。

白鱼粉55%、啤酒酵母5%、α–淀粉13%、牛肝粉7%、糯米粉5%、玉米蛋白12%、香味2%、复合微量元素预混剂0.5%、多维预混剂0.5%。

（2）龟种方（规格在51～250克时）。

白鱼粉50%、啤酒酵母5%、α–淀粉13%、糯米粉5%、香味2%、膨化大豆粉5%、玉米蛋白19%，复合维生素预混剂0.5%、复合微量元素预剂0.5%。

（3）成龟方（规格在251～500克以上）。

白鱼粉48%、啤酒酵母5%、香味2%、α–淀粉13%、糯米粉5%、膨化大豆粉17%、玉米蛋白15%、复合微量元素预混剂1%、复合维生素预混剂1%（图6-67）。

4.水栖龟类直接投喂饲料配方

即在机制粉状饲料的基础上为弥补机制饲料的不足，在直接投喂时再与其他相结合的配方。

（1）亲龟产前方：机制成龟料66%（粗蛋白38%）、鲜活动物性饲料25%（其中猪肝10%）、鲜嫩植物饲料8%、中药粉1%。

（2）亲龟产后方：机制成龟饲料63%、全脂乳粉5%、鲜活动物性饲料20%、鲜嫩植物饲料10%、中药粉1%（图6-67）。

图6-67 水栖龟类亲龟在吃自配的饲料

上述配方中的中药比例添加为每月10天，不添加时可用机制成鳖饲料补足。

（3）龟苗方（规格在3～50克间）：机制龟苗料70%（粗蛋白含量在43%）、鲜活动物性饲料20%（其中鸭蛋5%）、鲜嫩植物饲料8%、鱼油1%、全脂乳粉1%。

（4）龟种方（50～200克间）：机制鳖种料67%、鲜活动物性饲料20%（其中鸭蛋5%）、鲜嫩植物饲料10%（其中苹果2%）、鱼油2%、中药粉1%。

（5）成龟方：机制成龟料75%、鲜活动物性饲料13%、鲜嫩植物饲料8%、鱼油2%、中药粉2%。

（四）半水栖龟类的营养需求与合理配制

半水栖龟类是一种特殊的生物物种，在栖息环境要求以陆上为主，但却喜欢湿润的环境，在食性上也是，主要还是以动物性为主却也不能没有植物性饲料，所以是一种荤素搭配的龟类，所以在营养结构和口味上要考虑这些因素。通过试验，半水栖龟类的主食可以和水栖龟类相同，所以可以采购粉状的水栖龟类人工配合饲料，制成团状饲料投喂，在此基础上再投喂些瓜果菜草和新鲜的动物性饲料，一般比例为配合饲料60%，鲜活的瓜果菜草20%，鲜活的动物性饲料20%就可（图6-68至图6-70）。

图6-68 黄粉虫裸虫是黄缘龟的最爱

图6-69 自配的黄缘龟料

图6-70 给地龟和黄缘龟补充水果

（五）陆龟的营养需求与合理配制

一般陆栖龟类是以素食为主，所以投喂应以鲜活的植物饲料如黑麦草、苏丹草、紫草，地瓜秧和一些野生的青草，也可人工栽种包心菜、空心菜、南瓜、黄瓜等。在此基础上繁殖阶段还应再配合些新鲜的水果如苹果、梨等食物和富有营养和矿物质的燕麦粉和骨粉。喂时把水果切成小碎块，并用食盘装好在固定的位置投喂，而草最好用整棵的鲜草。另外陆龟还应及时供水以免脱水患病（图6-71至图6-73）。

图6-71 给豹龟补充点彩色料　　图6-72 新鲜的黑麦草是陆龟的最爱　　图6-73 地瓜秧也是陆龟的好饲料

（六）龟鳖饲料的科学投喂

饲料投喂的传统投喂方法很多，但不管用何种方式，一定要科学合理，这不但关系到龟鳖的生长和质量，也会影响到养殖成本和经济效益，特别是因投喂不当造成饲料浪费后的水环境恶化，极易引发龟鳖的疾病暴发，所以龟鳖饲料的科学投喂必须按以下要求进行。

1.龟鳖吃食方便

为了使龟鳖吃食方便，投喂就应考虑以下几个因素：一是受干扰少，一般投喂点一定要没有敌害出现，如蛇、鸟、老鼠、狗等干扰动物，还有不能经常有人出没和走动及车辆行驶。二是环境比较稳定，如温度与龟鳖栖息的水中和水面差异不大，无大风大浪等。三是龟鳖能很快找到。所以为了达到这个目的，一般投喂点一定要隐蔽，离龟鳖经常的栖息点要近，环境要安静。因此在温室里投喂最好在过道边的池墙里边紧贴水面处投喂，而在野外，可搭建投喂小棚或小屋，这样既无干扰又能很快找到。

2.饲料散失浪费少

龟鳖饲料是目前养殖动物饲料中价格最昂贵的少数饲料之一，所以一旦造成浪费，不但会增加养殖成本，散失到水中的饲料还会败坏水生环境，严重影响养殖产量和质量。近年来因饲料散失到水中后引起水体恶化后造成大批疾病发生的例子不少，所以控制饲料的损失浪费是科学投喂的基本要求。而要控制散失浪费，必须在投喂设施和技术上加以革新和改进，如野外养殖尽量不在露天投喂。因露天投喂不但会受到不确定变化的环境影响，如雨天还极易造成浪费。而室内养殖因室温和水温都较高，就不应在水下投喂等等（图6-74）。

图6-74 把饲料紧贴在饲料板上

3.能收回剩余饲料

由于当餐投喂的饲料一般不能做到百分百的准确，所以在一定时间内投喂的饲料全部吃光和剩余已在所难免，特别是剩余饲料的回收，是投喂的主要原则之一，因剩余饲料的回收不但能应用到其他养殖动物，主要还是剩余饲料不再造成影响环境的负面作用，所以科学投喂一定要考虑能否有效回收剩余饲料，而一般水下投喂是很难做到的，因此应杜绝水下投喂，采用科学的水上投喂（图6-75至图6-77）。

图 6-75　陆上投喂要用饲料笼　　图 6-76　这种饲料笼也不错（引自麦龟龟）　　图 6-77　饲料一定要投在水上

4.投喂饲料要遵循四定原则

四定原则就是定质、定量、定时、定位，其中定质就是投喂的饲料不但要配制合理，更要质量保证，特别是卫生标准要达到国家规定。定量就是在吃饱吃好的基础上，不造成浪费，所以定量一定要根据龟鳖不同生长阶段的实际生长量来制定。定时就是按当地的气候条件和不同季节确定投喂的时间和吃食的时间，使龟鳖养成按时吃食的习惯。定位就是要在设定的饲料台上投喂，不能到处随意散撒饲料（图6-78）。

图 6-78　这样投喂陆龟浪费少、生长好

六、做好药物预防，控制病原生物

用药物预防采取两种方法，一是用消毒中草药物结合消毒药物杀灭导致龟鳖疾病的病原微生物，二是做好日常的龟鳖保健性补养，所以可采取"三消一投"喂的措施进行，但用药做预防，也要遵循用药的基本原则和规范的用药方法。

（一）预防用药的基本原则

龟鳖是一种高档的药用和美食补品，为了保证产品的安全卫生和提高疾病防控效果，在病害防控过程中的用药一定要坚持以下几条原则：

1.快速有效的原则

无论是预防还是控制都需要用药，但用药的最终目的是为了快速有效，否则就失去了用药的意义。防控用药要达到有效的目的，就必须选好对症药，如一般鳖苗的白斑病是因鳖苗体表损伤后感染真菌引发的疾病，所以在预防时除了要避免体表损伤，还应在放养入池前进行体表消毒，这时，选用消毒药就成为是否能达到有效的关键，过去我们大多用0.002%浓度的高锰酸钾水浸泡20分钟消毒，但实践证明，这种方法不但起不到消毒预防作用，反会引发更多的疾病（如白点病）。原因是高锰酸钾是强氧化剂，在浸泡鳖苗时倒把鳖苗表面的保护膜侵蚀坏，同样给龟苗用这种方法也会产生刺伤眼膜的后果，从而加重了放养后的感染，而选用1%的盐水浸泡5分钟，控制效果既快又好。

2.安全卫生的原则

安全用药十分重要，安全有两个概念，一是对养殖动物本身的不安全性，如用鲜大蒜汁浸泡会造成龟鳖神经麻痹死亡，五倍子内服后会对龟鳖的肝脏造成伤害等，同样应用后会在龟鳖体内形成残留后对今后食用者造成毒害作用的，也不能应用，如孔雀石绿（三苯甲烷）是致癌物质等，虽然这些药物对某些疾病的治疗效果很好，但因对人体有害，就不能用，所以，凡是国家规定的禁用药物和不利龟鳖健康的药物都不能用。

3. 节约成本的原则

龟鳖用药还应考虑用药成本，一些地方用高价的原料药物治疗龟鳖的常规病，不但造成浪费，还易形成抗药性。如利福平、林可霉素等原粉，市场价格都较高。特别是用这些药物泼洒治疗时，还易破坏水体应有的生物平衡，给调节水质带来不利。所以，用药还应用一些价格低的常规药或中草药进行科学的预防，如目前常用的黄柏、黄芩、大黄与甘草、五倍子、蒲公英等。

4. 简单易行的原则

一些药物虽然价平效好，但因操作和应用的环境要求很高，给基层的养殖户带来不便，如目前常用的高性能消毒剂二氧化氯，由于其用量要求精确到百万分之零点几，所以在无精确称量仪器的生产现场，养殖者如稍有不慎，就会导致龟鳖中毒死亡，特别是在冬季密封的温室里应用，这种事故常有发生。所以，用药还是应遵循简单易行的原则，在无条件的情况下不盲目应用特殊药物。

5. 现购现用的原则

任何药物都有很严格的时效性，如一些抗生素和维生素的药效不但有时间性，对保管的环境条件要求也很严格，否则就会降低药效，甚至无效。即使是中草药，有条件的也最好现采现用，所以，购药时一定要根据自己的应用时间和数量现购现用，而且在购买时应弄清楚药物的有效日期，以免造成过期失效的浪费。

（二）做好清塘消毒预防

清塘消毒预防是养殖期防病的第一道措施，清塘消毒的质量如何，会直接影响到防病的实际效果。池塘清塘消毒可用生石灰每平方米300克干法清塘，方法是：提前3天放干池水，池底在太阳下暴晒（最好使池底土层开裂），3天后先把称好量的生石灰打成2厘米大小的小石灰块，均匀地撒在池地底，然后注水到能漫过石灰块（一般为10厘米），注水后石灰马上就会融化并产生大量的热能使池底的pH达到11以上，表层泥和水温达到100℃以上，就会杀死一切生物，第二天用耙子在池底搂一遍。两天后就可注水到标准水位（图6-79至图6-84）。

图6-79　消毒前暴晒养鳖池底　　　图6-80　生石灰干法清塘甲鱼池塘　　　图6-81　消毒前先把池塘冲洗干净

图6-82　养半水栖的龟类应清理掉　　图6-83　清理的干净整洁的陆龟　　图6-84　水龟池塘已经做好清塘工作准备放养
　　　　　一切污物，种上植被　　　　　　　　养殖场地

（三）做好龟鳖体表消毒预防

不管龟鳖规格大小，是本地产还是长途购买的，在下塘放养前，必须进行严格的体表消毒。而家庭观养的陆龟还应定期进行药浴预防，这是预防龟鳖体表疾病的有效措施，十分重要。消毒可用食盐水，方法是个体重100克以内的龟鳖苗用1%的盐水浸泡5分钟，个体重100克以上的龟鳖用2%的盐水浸泡5分钟（图6-85，图6-86）。

（四）做好养殖期池水消毒预防

一般在龟鳖放养后1个月，开始进行池水消毒，以后每隔20天消毒一次，消毒可用中药黄柏、黄芩、黄莲和五倍子各20%煎汁泼洒，一般为每立方米15克干品合剂，如是疾病流行季节，也可与氯制剂、碘制剂合用效果更好（图6-87，图6-88）。

图 6-85　鳖种在放养前用盐水消毒

图 6-86　定期给龟体药浴

图 6-87　定期进行池水消毒预防

图 6-88　池塘泼洒生物制剂调节水质

（五）养殖期投喂中草药预防

养殖期投喂中草药保健剂预防疾病，效果好。

1. 投喂预防性中草药

根据龟鳖的不同品种和养殖阶段，在日常日粮中添加中草药，是预防一些内脏疾病（如肠炎、肝病等）的有效措施，研究结果表明，中草药中的有效成分不但有防病作用，有些草药还有营养作用，所以养殖期投喂中草药预防疾病既经济又简单，此外对一些价值比较高的宠物龟也可买些人用的中成药定期投喂预防易发的疾病，如防肝病的护肝宁片，促进消化吸收的江中草珊瑚含片等，既方便又有效（图 6-89）。

2. 不同繁养阶段投喂保健剂

保健剂主要是一些能提高龟鳖机体免疫力的多种维生素和免疫多糖，这些成分鲜活的瓜果菜草中维生素含量很丰富，所以可以适当配制和添加，一般添加比例为当天饲料量的 10% 左右，当然也可添加些合成品和提炼品，如在刚放养后的 10 天，应添加些维生素 K，以预防出血病等，养殖快长期应定时补充些 B 族维生素，而在交配产卵期就应添加些维生素 E 和维生素 D，同时添加些多聚糖类的保健剂等，而亲鳖和亲龟在产后的秋季，还应添加些不饱和脂肪酸丰富的鱼油或玉米油，以利卵巢内卵母细胞的发育和增加能量以利越冬等，具体的添加量，可根据不同品种不同规格，按当日干饲料量对 1%～1.5% 的量应用，一般添加日期为 15 天（图 6-90）。

图 6-89　定期投喂药饵（引自广东新闻网）　　图 6-90　定期添加种中草药粉（引自百龟之王）

七、提高员工素质，规范防病操作

（一）提高员工素质

养殖操作员工的素质好坏是个主观因子的质量行为，因为即使以上六项关键措施都达到要求，如没有高素质员工去认真执行，一切都会落空。如在用生石灰干法清塘的操作中，即使剂量和方法都对，如不能按正规的规程去操作不但不起作用反而会造成负面影响，在对许多疾病暴发的养殖企业调查中发现，许多疾病的暴发其实都有一些明显的预兆和表现，如控制及时，是可以避免疾病流行的，但因职工的疏忽大意，结果造成损失惨重的疾病流行。所以提高操作员工的素质，也是龟鳖疾病预防的关键措施之一（图 6-91）。

那么养殖员工起码的素质标准有哪些呢，又应怎样提高操作员工的执业素质呢，笔者认为高素质执业员工应具备以下几条起码的标准：一是具有遵纪守法的立人原则；二是具有一定的文化水平；三是掌握一定的养殖知识；四是有较娴熟的操作技能；五是具有认真做事的责任心；六是有刻苦钻研的创新精神；七是有和谐处世的人际关系。

提高养殖员工的素质一方面靠自己去努力通过学习和实践提高，但企业也应在怎样留住用好和提高员工素质上下工夫。根据笔者的经验，应采

图 6-91　定期给职工培训提高素质

取以下几条措施：一是要有严格的规章制度，使执业员工在工作中有章可遵；二是企业一定要按时足额发放工资，并逐步提高，使其有日常生活和养家糊口的基本保障；三是经常进行技术培训和素质教育；四是制定行之有效的激励机制；五是给予人文关怀，使职工感到在这个企业工作生活有保障，工作有信心，奋斗有前途。

（二）规范生产操作

在养殖生产的各个操作环节中，由于工作人员操作的不当，都会引发各种疾病，如在分养时因不带水运送导致龟鳖幼种相互挤压、抓伤引发腐皮病，再如在操作中因操作粗暴导致龟鳖应激引发暴发性流行病等，所以生产操作必须做到认真细致，轻拿轻放。

1.出苗操作

龟鳖从蛋壳刚出来时，会有两个环节易引发龟鳖稚苗疾病，一是从孵化箱跌落到地上，极易损伤体表，尤其是现在的孵化采用多层式，最高的可达十几层高，稚嫩的龟鳖如直接跌落在地面上，不但会受到应激也会跌伤四肢和体背，然而出壳时一般大多在夜间，所以一些苗种场因不注意这个环节就造成稚苗大批发病死亡；二是跌落到地上的龟鳖稚苗会聚到一起成堆，也会互相挤压造成疾病或直接死亡。较科学安全的操作方法：一是在预计出苗前3天，在孵化室内的孵化台地面上铺上厚2厘米的海绵，并淋上一点水使其潮湿，这样稚苗跌下来会是软着陆，不易跌伤；二是在集苗沟里放上20厘米深的水，使稚苗爬到水里后会呈游水状态，不会堆积；三是要求及时捞出沟里的龟鳖稚苗，捞时要用摩擦性小的带孔不锈钢捞勺，尽量不用手去直接抓捞（图6-92，图6-93）。

图6-92 孵化池地上铺上海绵和塑膜可减少稚苗的损伤　　图6-93 水龟稚苗暂养一定要密度适当

2.运输操作

龟鳖运输是生产和流通的必要过程，但因运输操作不当引发疾病造成损失的事例越来越多，其主要表现在装运操作不科学，运输途中维护操作不当和运输前后记数操作不认真，为此，介绍一下运输操作的基本要领和方法。

（1）运输前后计数操作。在远距离苗种购买计数时，有些地方采用干抓点数法，这样虽然速度比较快，但对龟鳖稚苗体表损伤几乎是绝对的，所以采购单位往往会出现运输到家后放养不几天就大批发病死亡，正确的点数应该是，左手拿一个内壁光滑的小盆，点数时盆中放少量水，右手抓稚苗，一盆5只，这样不但速度快，稚苗也不会损伤应激。在幼种的大小分档点数过程中，大多采用运距离抓扔分档，这样同样会使幼种应激和损伤，正确的操作是拿一个内壁光滑的塑料桶，桶里装上少许水，然后把同样档次的幼种抓到桶中，再带水拎到装有同样档次的幼

图 6-94 稚苗点数要轻快

种盆中，这样也是速度快而且比较安全的操作（图6-94）。

（2）装运操作。在龟鳖的运输中，装运操作十分重要。如笔者2006年10月从杭州装运不同规格的鳖到海南三亚养殖，途中运输时间是3天两夜，这是一次从快要冬眠的华东往还能正常吃食的三亚运输，气候在运输途中不断变热，这对无温度调控设备的大型运输车运输鳖来说是一次很大的挑战，结果在连续三次的不同装操作结果中出现了很大的差异。其中第一车用塑料箱装鳖并在箱中底部铺新鲜水草加途中喷水，结果运到和放养后3天的总成活率只有68%；第二车采用在箱中铺新鲜水草加冰块装运，运到放养后3天的总成活率只有75%；第三车采用网袋装鳖后再装箱，不放任何东西运输，途中车厢通风，结果运到和放养后3天的总成活率达到98%。后来分析原因是第一车是箱中水随着气温的逐步提高和水草一起腐烂造成环境恶化死亡。第二车是虽然车内温度较低但因放养时是半夜没有经过降温直接放养造成鳖应激死亡，而第三车采用干运，并在途中通风，使运输鳖在途中逐步适应气候环境，所以成活率就高。特别是第三次的装运操作不但成本低，方法也很简单（图6-95，图6-96）。

图 6-95 稚苗装袋装箱　　　　　图 6-96 稚苗装车外运

特别是一些亲种和苗种，因为还要继续养殖，所以龟鳖装运一定要规范，目前许多装运龟是用塑料大网袋堆装，这样很容易损伤，正确的装运工具是用薄膜板（也可用塑料板）钉成装运箱，一般箱高30厘米，箱中钉成小格，格的大小可根据装运的龟的大小，然后把龟放到格里，一般大的一格一只，这种方法适合装运中小型的宠物龟（图6-97）。

图6-97 成龟装袋后一定要平放不可堆压

3.放养操作

（1）浸泡消毒操作。鳖的浸泡消毒，可先兑好药水，如1%盐水，消毒药水可用光滑的塑料盆，然后把鳖倒入装有消毒水的盆里，密度以没过体背为准，浸泡消毒一定要控制好时间，所以浸泡现场不能离开人，一般一盆药水可浸泡5次。

龟的浸泡消毒是先把龟放到盆中，然后再慢慢地把药水倒入盆中，并在浸泡时用水勺把药水不停地往龟背上浇，同时掌握好时间。值得提出的是，浸泡的位置最好设在准备放养的池塘边，这样便于消毒后放养方便。

（2）放养操作。鳖放养后直接用捞斗，捞出直接放养到放养池中即可，但龟放养时不能直接往水中倒，这样会造成龟呛水死亡，一定要放在池塘岸边的地上，让其自行爬到水中或爬到其他地方躲避。

4.分养操作

分养，是龟鳖养殖生产中一个重要的操作环节，特别是工厂化龟鳖养殖，分养已成为提高池塘利用率和产量的必要技术措施，但近年来因在分养过程中的不规范操作引发疾病的例子越来越多，所以分养的规范操作是预防疾病发生的重要措施（图6-98）。

（1）疏散法分养操作。疏散法，就是从密养池中疏出计划数量到其他

图6-98 分养时要带水操作

池中的方法，如密养池中原来是每平方米50只，现在需疏出25只，就直接从密养池中捕出25只即可，不分规格，这种方法多用在50克以内的龟鳖苗阶段。分养前应先把空池消毒后培好水，分养时可用光滑的盆在密养池中带水摸出即可。如是工厂化无沙养殖的，可用捞海捞出，有的无沙池中是吊网袋的，就用捞海直接伸到网

袋底下后，再把袋中的龟鳖苗倒进捞海即可，疏散法比较简单，但也要求容器用光滑无死角的塑盆，并始终带水。

（2）清池分档法分养操作。 清池分档法一般用在室内养殖龟鳖规格100克以上明显出现规格差的情况下进行，操作方法是：如是有沙养殖的先放干池水，再把龟鳖全部抓出，然后在盆中带水进行分档，一般可分为大中小三档，分档操作时最好操作人员手戴乳胶手套，分档的盆中要放水，水位起码要超过分养龟鳖的体背，分时要轻拿轻放，与此同时把捕出的空池冲洗消毒后注上新水等待放养。如是无沙养殖就先把水放低到20厘米，然后用捞海捞出，最后剩个别的捡出就可。分档法不但要求全过程带水操作，还要求操作时动作轻快，尽量减少龟鳖在盆中的密养时间并进行严格的龟鳖体表消毒（图6-99）。

图6-99　放养操作一定要规范

分养结束后应在池中泼洒些抗感染的消毒药物，同时在饲料中也应添加些抗应激和抗感染的药物以防发病。

5.药物泼洒操作

龟鳖在养殖期进行泼洒药物和水体调节剂防治疾病是常用的方法之一，但泼洒时不要全池泼洒，因养殖期龟鳖会不停地到水面呼吸，如泼洒不当，消毒剂会直接灼伤龟鳖鼻子和眼睛，所以可采用条洒，就是在水平面上一条一条的泼洒，每条的宽度在2米左右，每条的距离在1.5米（图6-100）。

6.定时巡塘内容与记录

在龟鳖养殖期定时巡塘或巡栏（陆龟）是发现疾病，预防疾病，及时控制疾病的关键，所以巡塘和巡栏操作一定要认真仔细，不可马虎，巡塘主要掌握以下内容（图6-101）。

图6-100　泼洒药物要规范

图6-101　按时认真巡塘

（1）龟鳖活动情况。如个别龟鳖离群、行动迟缓、独处一隅或异常兴奋等表现，说明这个龟鳖不是有病就是受到某种刺激，要引起重视。还有龟鳖群体异常，说明养殖环境有什么大的变化或有什么敌害生物侵袭，也应引起重视等等。

（2）龟鳖吃食情况。在正常情况下，龟鳖的吃食，会随着气候环境的变化而有规律的变化，如果在正常的养殖期突然吃食减少，甚至停食，或特别挑食，说明不是龟鳖本身的问题，就是饲料有问题了，要引起重视，查找原因，分析问题，如鳖在养殖期如突然发现吃食减少，加上鳖的活动异常（在水面跳舞发出啪啪声）说明鳖有可能要发生暴发性流行病，要特别引起注意。

（3）水质变化情况。在水栖龟类和鳖的养殖池塘水体变化，是养殖水环境变化的标志，如水色发黑，还有恶臭味，就是水体严重污染的标志。如水色锈红色或蓝色，说明水体中某些藻类过多产生了水华，要引起注意，特别是冬季如果水体清澈一眼可见到池底，说明水体太清瘦，池水中严重缺氧，要注意肥水或换水等等。

（4）养殖区域内植物变化情况。养殖区域的植物包括水中的水生植物，如有意放养的水浮莲、水葫芦、革命草等，还有地面养殖区域的草和小树等。这些植物既是美化环境又是净化水体和给龟鳖提供避荫的场所，在正常情况下除了人为进行处理，一般不会有较大变化，如果变化就要引起注意，如水生植物的快速减少，并发现养殖龟鳖在吞吃水草，说明投喂的饲料中缺乏维生素等营养物质。再如陆地养殖区域发生草或低矮植物枯死现象，说明龟有挖穴或啃吃树皮等现象，也要特别引起注意，进行分析找出原因。

（5）池塘设施完好情况。在巡塘中发现各种养殖设施的变化很重要，特别是进排水设施的变化，可从池塘水位来判断，还有晒背台、草栏、饲料台都要注意，如果有问题要及时处理完善。

（6）捞出病死龟鳖。和其他养殖动物一样，龟鳖养殖也会有一定的死亡率，所以在巡查时发现有病或死亡的龟鳖一定要及时捞出。还有在发现有病或死亡龟鳖的同时，更要注意发病或死亡数量的分布，如当某个池塘或区域发现数量超常，就应特别引起注意，及时分析问题，查找原因。

（7）做好各种记录。在巡查过程中，发现问题要详细记录，并注明重点，对一些比较严重的问题要及时汇报，处理解决。巡查记录不但是处理问题的依据，也是养殖企业宝贵的技术资料，要妥善保存。

巡塘一般早晚各一次，风雨无阻，长年坚持。

第七章　龟鳖常见疾病的中草药防治

第一节　龟鳖体表性疾病的中草药防治

　　龟鳖体表性疾病是指龟鳖因种种原因体表损伤后感染病原生物引发的疾病，这种疾病如不及早发现进行控制，迅速发展后不但会危及龟鳖性命，严重的即使治好，也因体表品象的改变会大大降低商品价值，特别是那些价值很高的宠物龟，体表品相好坏市场价格相差十几万元，所以龟鳖体表性疾病一定要做到早发现，早控制，早恢复，而防治主要采取中草药为主，结合西药的科学方法。

一、鳖苗白点病

　　鳖苗白点病是鳖苗培育阶段死亡率较高的疾病之一，所以做好鳖苗培育阶段白点病的防治，是保证鳖苗培育成活率的基础。

　　（一）病因

　　鳖苗白点病在高密度养殖的工厂化温室比较多见，发生原因多为鳖苗在孵化出壳、暂养、放养时操作不当，或放养密度过大等原因造成体表损伤或环境恶化后感染细菌后引发，感染病原的细菌主要为嗜水气单胞菌、假单胞杆菌、爱得华氏菌、绿脓杆菌等革兰氏阴性菌（图7-1，图7-2）。

　　（二）病症

　　鳖苗感染发病后可在底板、头颈腹面及四肢出现白色或淡黄色点状渗出物，有的鳖苗可见眼睛红肿，眼珠发白，鼻端发白，大多发病严重的鳖苗头颈肿大，四肢呈强直状。病苗发病后行动迟缓，食欲下降，此时如不及时控制，马上会造成大批死亡。鳖苗白点病一般发生在鳖苗放养后 5 ～ 7 天，病程最长 20 天，最短 10 天（图7-3，图7-4）。

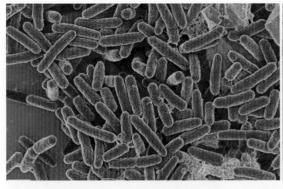

图 7-1 绿脓杆菌染色体

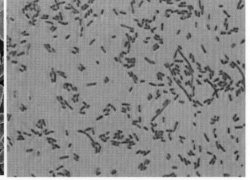

图 7-2 嗜水气单胞杆菌

图 7-3 患白点病的鳖苗死亡严重

图 7-4 白点病没有及时控制发展很快

（三）防治

1. 预防

孵化室在鳖苗出壳落面处应铺垫松软的海绵，以免鳖苗出壳后落在很硬的地面上摔伤，鳖苗在暂养和运输及放养时尽量不要损伤体表。放养密度一定要按不同品种合理制定，放养时一定要认真消毒，消毒可用 1％的盐水浸泡 5 分钟消毒，或用聚维酮碘按产品说明使用，效果很好。放养后第三天开始泼洒中草药水预防，配方为：五倍子、黄芩、土三七、黄柏各 20％干品，按水体每立方米 15 克煎汁泼洒，6天后用同样配方和浓度泼洒一次。

2. 治疗

发现及时是治疗效果的关键，治疗时可采用中草药和抗生素结合联用，如是温室养殖可先把池水放低到没过鳖苗体背为止，不严重的可用中草药合剂以每立方米水体第一次 30 克，第二次 25 克的量煎汁泼洒。每次间隔 3 天，如第一次用药后见好，就不必再用药。配方：五倍子 30％、三七 10％、甘草 20％、大黄 20％、土槿皮 10％、黄柏 10％。如特别严重的可结合用每立方米水体利福平和庆大霉素各 10 克化水泼洒浸泡 3 小时后注水到标准水位。

二、鳖苗白斑病

鳖苗白斑病也是鳖苗培育阶段死亡率较高的疾病之一，如控制不及时，死亡率可达30％以上。

（一）病因

发生原因几乎和鳖苗白点病一样，多为鳖苗在孵化出壳、暂养、放养时操作不当，或放养密度过大等原因造成体表损伤或环境恶化后感染病原菌所致，不同的是白点病的病原是细菌，而白斑病的病原是真菌，感染病原的真菌主要为水霉、绵霉，白斑病也多发于无光照的封闭性温室养殖环境（图7-5）。

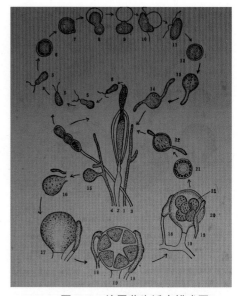

图7-5 绵霉菌生活史模式图

（引自《鱼病学》，1983）

（二）病症

鳖苗体表的裙边和颈部在水下观察，可见呈白色絮状的斑块。春秋外塘养殖发病时可在患病鳖苗体表的颈部、腿部见到白色或淡黄色簇状菌丝体，发病鳖苗初时行动迟缓，但还能进食，严重后停食，有的飘在池角水面，有的趴在食台上不动，最后因抵抗力下降或并发其他疾病死亡，严重时成暴发性死亡（图7-6）。

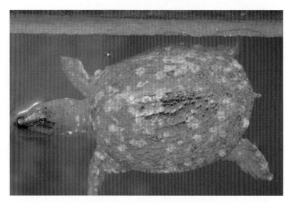

图7-6 患白斑病的鳖苗

（三）防治

1. 预防

由于真菌感染的主要条件是在损伤的鳖苗体表，所以在操作中应尽量避免鳖苗体表损伤，操作时除了要轻拿轻放带水操作，还应尽量减少操作的环节。

放养前体表消毒不但要求药物低毒高效，还要考虑方便易得，所以选用盐水消毒是最好的，因为盐水能破坏病原体真菌的渗透压，使菌体丝脱水死亡。消毒方法是用1％浓度的盐水浸泡5分钟。

放养后控制好水温，由于真菌的最适生长水温为18～26℃，所以在工厂化养殖环境中可把水温调到28℃以上，这样不但利于鳖苗的活动吃食，也能抑制真菌的生长。

在野外池塘培育鳖苗的池塘环境中可调肥池水的办法控制真菌发展，因真菌易在较清的池水中生长，所以调肥池水也能控制真菌的繁衍，方法是把池水的透明度调节到不高于 25 厘米。同时我们也采用鳖苗肥水下塘和提供鳖苗晒背的场所，也可预防真菌病的发生。

2. 治疗

当疾病发生后，应及时控制治疗，如是在温室，为了节约用药，可先放低水位至没过鳖苗体背，然后用中药艾叶 10%、石菖蒲 10%、五倍子 40%、羊蹄根 20%、乌梅 20% 合剂以每立方米水体第一次 40 克，第二次 30 克，第三次 25 克的量煎汁泼洒。每次间隔 3 天，用药 1 小时后再加水到标准水位。如第一次用药后见好，就不必再用药。如发现病情特别严重时可结合高锰酸钾每立方米水体 20 克泼洒治疗。

三、鳖腐皮病

鳖腐皮病主要发生在鳖种至成鳖的养殖阶段，腐皮病的死亡率并不高，但发病的个体比较大，所以不但会影响养殖产量，主要是会影响养殖效益，因为鳖一旦患上腐皮病，即使最后治好了，也会因在体表留下疤痕而影响销售外观，从而大大降低商品价值，所以积极预防，杜绝腐皮病的发生才是根本。

（一）病因

造成病腐皮病发生的主要原因有以下几个因素：

一是在分养、外购运输和放养操作时不慎损伤体表后感染病原微生物。

二是养殖密度过高或养殖环境恶化造成鳖躁焦不安互相撕咬而伤及体表。

三是寄生虫侵袭后留下伤口引发感染。感染引发鳖腐皮病的病原主要为嗜水气单胞菌、假单胞杆菌、爱得华氏菌等革兰氏阴性菌（图 7-7，图 7-8）。

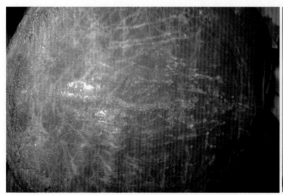
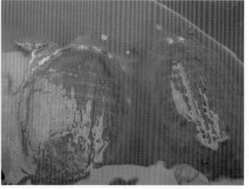

图 7-7　鳖体表损伤后初步感染的白色突起病灶　　图 7-8　病情发展后裙边溃烂并出现的白色坏死灶

（二）病症

患病鳖体表的背部、腿部和裙边有些扁平的小型肿块，严重的开始溃烂，发展后患处呈白色坏死灶。解剖可见肝脏肿大，肠道空虚。发病开始活动正常，病情发展后食欲开始下降甚至停食，病鳖经常在池边慢游，最后因抵抗力下降并发其他疾病逐步死亡（图7-9）。

（三）防治

1. 预防

鳖种阶段的生产操作应避免鳖体表损伤，引种运输时装载应平铺单层隔放，不可叠堆。合理放养密度，及时分养调整密度，并在放养和分养时做好鳖体表消毒。搞好水生环境，室内养殖的除用吸污器去污外，还应常用生石灰泼洒调节。如是室外养殖，除泼洒生石灰外，有条件的应定期换新水，特别是夏天高温季节，最好每5天换一次新水，每次的换水量不超过总池水量的1/2。定期进行池水消毒和灭虫。

图7-9　腐皮病治愈后正常吃食的鳖体表的瘢痕

2. 治疗

当发现有腐皮病的鳖，应及时捞出隔离治疗，同时做好池塘的水质调节和投喂中草药预防。捞出病鳖先用盐水洗净病灶，然后用云南白药膏和红霉素软膏一起调和后涂抹到病灶上，同时投喂添加有多维的优质饲料。如果特别严重的就不必再治疗，因为即使治好，也卖不了正品价，自行处理即可。

四、鳖烂脚烂颈病

鳖烂脚烂颈病是近年来工厂化养鳖生产中死亡较高的鳖病，其不但病程长还较难彻底治愈。所以说鳖的烂脚烂颈病，病不大治愈难，死亡不多总不断，总计起来，损失不小。特别是即使治好也易留下疤痕而影响销售外观，是目前养鳖企业较头痛的鳖病之一。

（一）病因

活动中破损体表后感染病原菌形成顽固性病灶是烂脚烂颈病发生的主要原因，在养殖过程中，鳖的身体活动最频繁的部位是脚和头颈，所以损伤的机会相对就多，如爬、游、攀附、抓食等，而在水中一旦表皮损伤就易感染，由于活动频率较高，往往用药后病灶稍有收敛又因再度破损而重复感染。烂脚和烂颈病的死亡率这么高，是因为鳖的颈部与肢部是鳖淋巴组织最发达的地方，而淋巴组织是鳖抵御疾病的防御系统。当鳖的颈部和肢部受感染后，就会严重影响鳖的防御功能。此外鳖的颈部和脚部也是鳖毛细血管和神经末梢最发达的地方，所以发病又会引起血液和神经感染，从而加快鳖的死亡。因此，我们在预防鳖烂脚病和烂颈病时，首先应从避免鳖的颈和四肢擦伤感染着手。否则一旦感染就会引发全身症状，从而影响鳖的食欲而给治疗带来难度。感染的病原多为嗜水气单胞菌、假单胞杆菌等革兰氏阴性菌。

（二）病症

发病初期，病鳖吃食正常，随着病情发展，活动减少，反应迟钝食欲下降甚至停食，病鳖脚面糜烂变质，严重的脚爪脱落，四脚呈灰白色或淡黄色组织坏死，有的四脚肿胀，失去爬行能力，死亡时多趴在食台边沿或池角。烂头颈的先见头颈肿胀，后是颈表皮腐烂或有疥疮，严重后呈一个肉瘤状项圈继而就有糜烂的病灶，严重的病灶如被其他鳖咬破肌肉出血，可会在短时间内被众鳖啃食颈肉只剩颈骨而死。剖解可见肝肿大并呈灰白色，肠道空白，严重的有大量腹水，其他脏器无殊（图7-10至图7-12）。

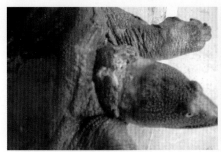

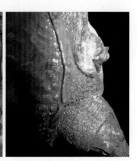

图7-10 头部糜烂的病鳖　　　图7-11 头颈烂透的病死鳖　　　图7-12 脚趾已经烂掉的成鳖

（三）防治

1.预防

根据烂颈烂脚病的发生特点和原因，可采取以下措施预防：

（1）采用合理的养殖模式。虽然目前国内工厂化养鳖的模式很多，但较理想的还是采光棚无沙叠板晒台式。它的优点是栖息和活动的范围大，而且没有可破损表皮的设施，如沙子、网袋等。特别是采用晒背台可使鳖栖息在水上，减少与水中病原的接触时间，可增加光照晒背的时间，这样不但可保护皮肤还能促进皮肤的新生，所以让鳖有足够的晒背时间是预防烂脚病的关键。

（2）调好水质。放养时一定要肥水下塘，鳖池的肥水中，不但有丰富的生物饵料，主要是池中设施都能附上一层光滑绿色的生物膜使鳖在活动时不易破损体表。

养殖管理中不要大换水，而应采用微调的方法，因大换水会使鳖产生惊扰而集群挤堆，所以每次调水时，换水量以不超过原池水的1/3为好。

（3）做好药防。平时应不定期泼洒些防病的中药，如五倍子、黄芩、田七、地丁草等中草药，以每立方米池水20克的量煎汁泼洒，既省钱又有效。在苗种的快长期（一般在100～250克）应在饲料中添加一定量的维生素C和维生素P，以促进皮肤的收敛和新生。

（4）合理养殖密度。及时分养调整养殖密度或鳖性成熟后如是养商品应雌雄分养可有效避免鳖烂颈病发生的措施之一。

2.治疗

发现病鳖应及时隔离单独治疗饲养，治疗可用龙胆紫药水涂抹患处，也可用云南白药膏和红霉素软膏各50%拌匀后涂抹，同时投喂添加有多维的优质饲料。如果十分严重，而且形象又很难看的病鳖建议不必治疗，还是及时处理掉好。

五、鳖疥疮病

鳖疥疮病主要发生在鳖种培育和成鳖养殖阶段，疥疮病虽然死亡率不高，但和烂颈病一样，会大大减低养殖效益，所以防控疥疮病的发生和蔓延，也是养殖生产中重要的技术措施之一。

（一）病因

多因健康鳖在养殖生长期被水中寄生虫叮咬或被养殖环境中某种物体擦伤后感染病原微生物的体表性疾病。感染病原多为嗜水气单胞菌、假单胞杆菌等革兰氏阴性菌。

（二）病症

鳖在损伤部位感染后先是形成局部肿胀，继而发展成局部突起形成较大的疥疮，病鳖初时吃食和行动正常，发展后疥疮会越来越大，如疥疮某天被硬物磨破就会形成大面积溃烂，最后造成严重的烂甲病并并发其他疾病而死亡，疥疮病的病程很长，最长可达2个多月。对疥疮死亡鳖的解剖发现，肝脏肿大，膀胱积水，有较多腹水（图7-13至图7-15）。

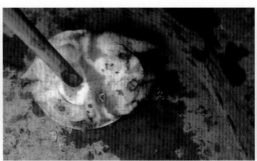

图7-13　患疥疮病的成鳖　　　　图7-14　甲鱼腹部的疥疮病灶　　　图7-15　疥疮病虽然治愈但商品
　　　　　　　　　　　　　　　　　　　　　　　　　　　　　　　　　　　　　　　价值已大大降低

（三）防治

1.预防

制定合理的养殖密度，并根据生长情况及时分养，养殖期定期泼药防病。

2.治疗

及时发现尽早隔离治疗是控制疥疮病发展降低损失的关键，病鳖初期可用市售的人用紫药水涂抹或用2%浓度的盐水浸泡10分钟。如严重的要先进行破疥疮手术，手术主要是为了清除疖疮内已经坏死的组织和脓液，清除后可用双氧水洗净创面，然后用磺胺软膏涂抹创口，然后用透明胶布封好创口，放到隔离池观察喂养。同时投喂添加有多维的优质商品饲料。同样如果严重的就没必要治疗，应及早处理掉。

六、龟水霉病

（一）原因

主要原因是龟在出苗、运输、放养、分养等操作过程中损伤体表，或遭受寄生虫侵袭后留下的创口感染水霉菌所致（图7-16）。

（二）病症

龟水霉病最易发生在水温 18 ～ 26℃的环境中，也就是春秋时节。发病初期在水中可见龟的颈部、腿部有成簇的丝状体，发展后呈棉絮状菌丝，看似一层白毛，这是水霉菌孢子发展后严重侵袭的明显症状。病龟初期吃食正常，随着病情的发展，食欲开始下降，形体消瘦，行动迟缓，并独处一隅，最后会并发其他疾病死亡。龟水霉病虽然死亡率不高，但其病程长，属消耗性疾病，病龟不但影响生长，也影响品相，从而大大降低商品价值（图7-17）。

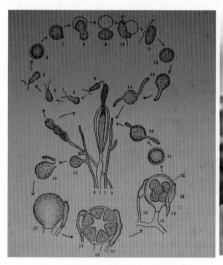

图 7-16　水霉菌生活史模式图
（引自《鱼病学》，1983）

图 7-17　感染水霉菌的宠物龟（引自灵龟之家）

（三）防治

1.精细化操作

（1）由于真菌感染的主要条件是龟体表皮损伤后，所以在操作中应尽量避免龟体表的损伤，操作时除了要轻拿轻放带水操作，还应尽量减少操作环节（图7-18）。

（2）放养前的体表消毒一定要准确认真，消毒药物时可选能破坏病原体渗透压的盐水，一般为稚、苗阶段用1%浓度，种、成阶段用2%的浓度浸泡5分钟即可。

（3）调节好养殖水温，由于真菌的最适生长水温为18～26℃，所以在工厂化养殖环境中可把水温调到28℃以上，这样不但利于龟鳖的活动吃食，也能抑制真菌的生长。

（4）调肥池水，在野外池塘养殖，可使水的透明调节到不高于25厘米。因真菌易在较清的池水中生长，所以调肥池水也能控制真菌的生长，我们提倡龟苗种肥水下塘，也是为了预防真菌病的发生。

图7-18 头和脚感染霉菌的宠物龟苗（引自灵龟之家）

2. 治疗

当疾病发生后，应及时治疗控制，如是温室，可先放低水位至没过龟鳖体背，然后用高锰酸钾每立方米水体30克泼洒，1小时后再加水到标准水位。也可用中药艾叶10%、石菖蒲10%、五倍子40%、羊蹄根20%、乌梅20%合剂以每立方米水体第一次40克，第二次30克，第三次25克的量煎汁泼洒。每次间隔3天，如第一次用药后见好，就不必再用药。

病情严重的应隔离治疗，捞出后可先用万分之一浓度的高锰酸钾浸泡5分钟后，在太阳底下晒1小时，效果也不错，值得注意的是浸泡时药水漫过体背就可，切不可把药水浸到眼睛，同时也要控制好浸泡时间。

如是外塘，可用肥水的方法进行控制。

值得提出的是，有些地方由于诊断失误，误用抗细菌的药物治疗，结果越治越厉害，不但会错失治疗时机，也会加重病情而造成损失。

七、龟腐皮病

龟腐皮病多发生在生长较快的春夏季节，所以一旦发生不但发展快而且极易相互感染，特别是正在繁殖的亲龟还会影响交配和产卵。

（一）原因

多为因体表损伤、环境恶化及寄生虫侵袭后感染细菌所致，感染病原为嗜水气单胞菌、假单胞杆菌、爱得华氏菌等革兰氏阴性菌。

（二）病症

发病初期可见龟的四肢，头颈有白色或淡黄色斑块和斑点，病情严重后腿部和颈部病灶大多变性坏死，并呈褐色或白色的浓肿块，解剖可见肝脏肿大质脆并呈大理石状，肠道微出血，且大多伴有腹水症状。病龟发病后大多食下降，行动迟缓，形体逐步消瘦，最后并发其他内脏病死亡（图7-19至图7-21）。

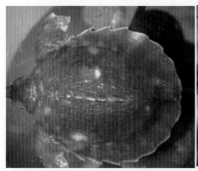
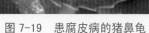

图7-19　患腐皮病的猪鼻龟

图7-20　头部皮肤已经变性

图7-21　颈部皮肤腐烂的红耳龟
（引自爬行天下）

（三）防治

1. 预防

生产操作应绝对避免龟体表损伤，引种运输时装载应平铺单层隔放，不可叠堆。合理放养密度，及时分养调整密度，并在放养和分养时做好龟体表消毒。搞好水生环境，室内养殖的除用吸污器去污外，还应常用生石灰泼洒调节。如是室外养殖，除泼洒生石灰外，有条件的应定期换新水，特别是夏天高温季节，最好每5天换一次新水，定期进行池水消毒和灭虫。养殖季节在饲料中定期添加中草药粉进行保健预防，中草药配方：三七10%、甘草20%，黄芪30%、马齿苋10%、橘子皮10%干品合剂打成细粉，以当餐饲料量3%的比例添加，连续投喂7天。

2. 治疗

如是温室养殖可先把池水放低到没过龟体背为止，再用每立方米水体利福平和庆大霉素各3克泼洒浸泡3小时后注水到标准水位，也可用中草药合剂以每立方米水体第一次30克，第二次25克的量煎汁泼洒。每次间隔3天，如第一次用药后见好，就不必再用药。配方：五倍子30%、三七10%、甘草20%、大黄20%、土槿皮10%、黄柏10%。如是外塘龟，可用市售的水溶性氟苯尼考按产品说明内服，同时可全池泼洒二氧化氯等消毒剂配合控制。

八、龟烂尾病

龟烂尾病是龟类养殖中独有的一种感染性疾病，虽然这种病不会造成太高的死亡，但会影响龟的生长和繁殖，特别严重的会烂掉尾巴，成了短尾或无尾龟，非常影响日后的销售价格，给养殖者带来较大的经济损失。

（一）原因

发生烂尾病的龟类主要有乌龟、红耳龟、大鳄龟、鹰嘴龟等性情比较凶残的水栖龟类。特别是在工厂化集约式养殖的环境中发病率最高。发病原因大多因养殖密度过高或规格悬殊的龟混养在一起，引发龟互相咬伤，堆挤引发感染，也有在装运过程中操作不慎使龟的尾部咬伤、擦伤后感染细菌或真菌所至。也有在野外养殖被野生动物咬掉或咬伤后感染病原菌所致。

病原主要为嗜水气单胞菌、假单胞杆菌和水霉菌。

（二）病症

病龟可见尾部溃烂，有的肿胀，严重的整个尾部烂掉，有感染真菌的在水中可见尾部有较粗的白毛球。大多病龟得病后行动迟缓，精神不振，食欲减少。剖解体内除有个别肝略有肿变外，大多无异常反映。病龟预后可呈两种情况：一是治疗及时，治好后虽留下遗疤会影响以后的销售外观，但不影响个体生长和增重。二是治疗不及时病情控制较晚，不但留下了较大的遗疤，且形体消瘦，食欲欠佳，虽不死，但严重影响生长和增重以及外部品相（图7-22，图7-23）。

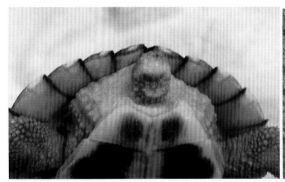

图7-22　患烂尾病后的断尾龟（引自龟友之家）　　图7-23　患烂尾病的龟（引自阿邦宠物）

（三）防治

1. 预防

根据龟烂尾病的发病特点，预防可从下列措施着手。

（1）合理放养密度。在工厂化集约养殖水栖龟类时周期养殖密度应按不同品种的生长特性合理制定的放养密度，不管何种龟，尽量不把个体规格相差悬殊的龟放在同一个池中高密度精养。

（2）做好龟体消毒。无论是放养还是分养，放养前龟体应严格消毒，消毒可用1%的盐水浸泡5分钟，如是陆龟可用刺激小的碘制剂按产品说明浸泡消毒。

（3）搞好生态环境。良好的生态环境包括室外养殖的空间无敌害生物，如凶猛的鸟类和蛇鼠等，室内环境中空间环境要求无过浓的异味和惊扰，水生环境应保持肥度适中，pH在7以上，池中有栖息台。

（4）池水定期消毒。池水定期消毒能有效控制龟类烂尾病的发生和发展，消毒可用碘制剂按产品说明应用，一般最好15～20天消毒一次。

2.治疗

发现有病后，除了马上改进发病原因的控制措施外，应马上用药物治疗，以免疾病发展。具体方法是：

（1）捕出病龟隔离单养，并用万分之一浓度的高锰酸钾水浸泡5分钟。

（2）发病池用土霉素每立方米水体10克泼洒治疗，严重的先每立方米水体泼洒7克高锰酸钾，一天后再用土霉素每立方米水体10克泼洒治疗。

（3）也可用云南白药膏和红霉素软膏各一半调和一起在患处涂抹。

九、龟白眼病

龟白眼病是比较容易发现，治疗及时也不会死亡的龟常见病，但因眼病发展快，感染性强，而且容易留下品相难看的后遗症，所以就是治好，也会大大降低商品价值，特别是市场比较推崇的那些宠物龟，因此做好预防工作和发现后及时控制是关键。

（一）病因

1.细菌感染

龟的大多数白眼病是由种种原因眼部感染细菌而引发的，如在受到水质败坏的强烈气味刺激，或在移动过程中受强寒风刺激，或突然受到强光刺激，或是养殖环境中的烟雾刺激等等，这时龟眼角膜会作出瞬间紧缩或弛张的反应，造成龟眼部血管破裂出血而不适，同时龟也会本能地去用爪揉眼，从而直接把眼部揉伤而感染病原菌致病。也有因养殖密度过高，龟互相抓挠时不慎把眼部抓伤而引发感染，和因人好奇逗玩时不慎弄伤眼部等等。龟眼部感染的病原菌主要为化脓杆菌和金黄色葡萄球菌，发病龟类以水栖龟类居多（图7-24，图7-25）。

图7-24 严重的白眼病使龟的眼睛已经失明　　图7-25 肿胀的眼睛造成不适龟总用爪挠眼

2.缺乏维生素A

维生素A又称视黄醇，或抗干眼病因子，具有维持正常视觉的功能。由于在饲料中长期缺乏维生素A，导致龟眼睛发干，眼角破裂从而引发眼病。

3. 飞虫叮咬

这种现象在自然养殖环境中比较多见，主要是龟的眼部被野蜂、蚊蝇等飞虫叮咬后飞虫毒液直接导致眼部肿胀甚至出血。

4. 异物进眼

如养殖环境中的粉尘等异物进眼后造成龟的不适，或异物直接刺破角膜等异常事件导致龟眼受伤致病。

5. 肝病并发症

患严重肝病的龟也会并发眼病，如脂肪肝和病毒性肝病等。

（二）症状

初期病龟眼部发炎充血，龟呈不安状并常用前肢擦眼部，如不及时治疗，逐渐变成灰白色且逐渐肿胀，严重时眼角膜糜烂，眼球外部被白色分泌物掩盖，眼球浑浊发白，最后导致双目失明。此时病龟行动迟缓，食欲下降甚至停食，最后因体弱并发其他疾病而衰竭死亡。维生素A缺乏的龟大多眼角发干，严重的出现干裂，继而眼角出现血丝，严重的停食后瘦弱死亡（图7-26）。

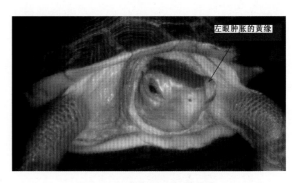

图 7-26 患白眼病的黄缘龟

（三）防治

1. 预防

（1）制定合理的养殖密度，并做好及时大小分养，避免龟互相致伤。

（2）管理好养殖环境，杜绝出现水质败坏和环境刺激源，做好飞虫侵扰和杜绝异物产生的保护工作。

（3）在生产操作时要认真仔细，龟虽好看好玩，但尽量不要人为在龟的敏感部位逗玩，以免致伤后感染。

（4）投喂营养全面的配合饲料，特别是可以通过投喂煮熟的胡萝卜补充维生素A（生胡萝卜不要喂），避免龟因缺乏维生素A发生干眼病。

（5）预防肝病发生对眼部的并发。

2. 治疗

发病初期最好先用氯霉素眼药水轻轻洗患病部位，然后用红霉素眼膏薄薄的在患处涂抹一层，一般几天就会好。已经眼睛发白并形成脓肿但还能吃食的，除了用上述方法处理外，可以在投喂的饲料中添加点先锋霉素和维生素进行单独喂养，对严重的龟治愈眼睛已经比较难，但能保住生命。

十、龟烂甲病

龟烂甲病是指龟背甲和腹甲因严重感染病原体后发生的腐烂性疾病，是目前危害较大的龟类病害之一，龟烂甲病的发生不但会影响龟的生长繁殖，也会影响龟的外形品相，特别是较名贵的宠物龟，会大大影响商品价值，所以烂甲病不但要预防好，更要及时发现控制好。

（一）原因

造成龟烂甲病的主要原因有以下几条。

1.人为损伤引发感染

主要是在长途运输，放养分养等生产活动中严重挤压、堆放、抛扔等粗暴操作，引发盾片脱落，龟甲损伤出血后感染细菌或真菌引发龟甲红肿、浓肿和腐烂（图7-27，图7-28）。

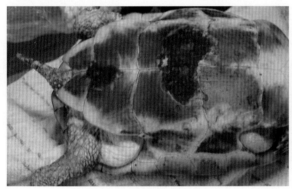

图 7-27　腹部腐甲已经很严重　　　　图 7-28　烂甲很影响龟的品相

2.脱落盾片季节感染

由于龟类也有在一定的生长年龄和季节进行脱老盾片和再生新盾片的生理行为，在脱和生的活动中，龟的背甲特别脆弱，如遇到敌害侵袭或人为损伤，甚至水质恶劣等因素都会导致龟甲感染病原生物而发生炎性病症（图7-29）。

3.寄生虫侵袭后感染

龟甲体表遭受大型寄生虫侵袭后留下的创口，也极易引发感染而发生烂甲病的发生，如水蛭、线虫等大型原虫。

4.放养时没做好体表消毒

由于在放养环节没有做好认真细致的体表消毒，使本来轻微的体表损

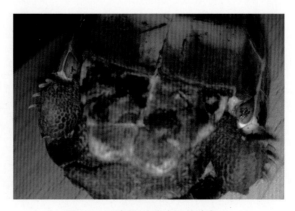

图 7-29　腹甲严重溃烂的病龟

伤，在放养后快速发展。

（二）病症

患烂甲病的主要是水栖龟类和半水栖龟类，初期病龟患处局部肿胀，并有淡黄色渗出物黏结在龟甲上，继而龟甲腐烂，严重后形成较大的疥疮或盾甲形成孔洞，大多因烂穿盾甲而感染内部器官而死亡。

患病龟随着病情的加重食欲下降或停食，活动迟缓，特别怕人，有的在隐蔽处独处，许多病龟往往等死后腐烂才发现。

（三）防治

1.预防

（1）在生产操作时一定要认真仔细，装运还要养殖的龟杜绝用网袋堆装和整袋抛扔。分养和放养时尽量轻拿轻放避免体表损伤出血。

（2）在龟脱片季节要做好龟的防护工作，同时要搞好生态环境，特别是水质一定要达到有关养殖用水标准，同时要做好水体的消毒工作。

（3）杀灭池水中的侵袭性寄生虫，特别是小苗阶段。如在野外最好做好空间的防护工作，以防飞虫叮咬。

（4）认真做好放养前的体表消毒工作，一般放养小苗可用1%的盐水浸泡5分钟，或用聚维酮碘按产品说明使用。如是长途运输的，可用庆大霉素粉和维生素C粉合剂浸泡，这样既可预防也起到治疗的作用。

2.治疗

发现病龟应及时隔离治疗，不严重的在患处用盐水洗净后直接用红霉素软膏涂抹就可，如是严重的，先把疮口用双氧水洗净后再用庆大霉素粉直接撒在疮口上，然后外周涂抹上红霉素软膏，处理好后先不要放到水中，等疮口愈合后再放到水中，病龟如能吃食，可先不要投喂抗生素类药物，因为这样会杀灭肠道的有益菌种而造成消化不良，可在饲料中添加些多维和蛋白粉增加营养以利疮口恢复。

十一、龟疥瘤病

龟疥瘤也叫龟疮瘤，是一种龟体表小创伤感染细菌后外部表皮自愈，内部组织仍在腐烂坏死并形成瘤状肿胀的一种疾病。同样这种疾病的发生不但影响龟的正常生长繁殖，也会严重影响龟体的外部形象，从而影响商品价值（图7-30）。

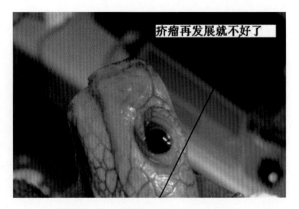

图7-30 头颈上刚长一个小疥瘤

（一）原因

一是因操作不当直接损伤龟体表引发感染；二是养殖密度过高龟互相

抓挠导致体表损伤感染；三是敌害和寄生虫侵袭后龟体表小部位受损后感染细菌引发，感染病原为金黄色葡萄球菌、化脓杆菌、假单胞杆菌等细菌。大多因初期创面细小不太留意，特别是表面自愈的小面积感染，多不被人重视，而发展后形成疥瘤，所以皮肤瘤大多发生在腿部和头颈部。

（二）病症

发病初期一般对龟生长和吃食没什么影响，但随着病情的发展，可出现三种症状：第一种是患处肿胀形成一个明显突出的疥疮，其中突出的疥头呈淡黄色，疥疮内大多为渗出物和脓液，挑破后能见大量淡黄色脓液流出；第二种则内部组织坏死形成体表光滑的圆球状纤维瘤，用刀切开后能挤出呈豆腐渣样的坏死组织；第三种是内部创面自行愈合后封闭，外部皮肤内组织继续增生并形成独立瘤体，这种症状除了影响行动外，并不影响内部器官的健康，所以病龟还能正常吃食和生长，而瘤体也会吸收内部营养继续增大。严重的病龟解剖可见大多肝脏肿大，但其他器官无特殊变化。龟皮肤疥瘤初、中期对龟的食欲和活动影响不大，但严重后随着疥瘤长大会严重影响龟的行动和吃食，并逐渐消瘦死亡（图7-31，图7-32）。

图7-31 应及时手术治疗　　　　　　图7-32 腿部疥瘤

（三）防治

1.预防

养殖生产操作过程中绝对避免对龟体表皮肤的损伤，合理制定和及时调整养殖密度。认真做好放养前的体表消毒工作，杀灭寄生虫，杜绝寄生虫对龟的侵扰，如是水栖龟类，应做好养殖期水体消毒工作（图7-33）。

2.治疗

对患初、中期疥瘤的龟根据病情不

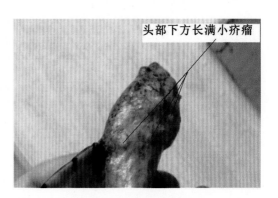

头部下方长满小疥瘤

图7-33 迅速发展的疥瘤

同可采取病轻的用涂抹药物的方法治疗，方法是先用碘酒擦净创面，然后用红霉素软膏涂抹在患处。对已经形成小脓包的，可用针先把脓包挑破，挤出脓液后用盐水洗净创面，然后用红霉素涂抹创面，如是水栖龟类，先不要放到水里，等封住创口后再放到水里单养，直到完全愈合后再放到群里。

对患病严重并形成较大疮包和球状纤维瘤的，应用手术治疗。根据疥瘤的三种类型，手术也采取不同的方法：

（1）处理大型疮包的手术方法是：先用碘酒在患处周围消毒，然后用手术刀切开脓包，切开后用药棉把脓液清除干净，然后用盐水洗净创面，创面洗净后用注射用的青链霉素粉撒在疮口，再用医用胶布包好创面即可。

（2）处理较大的纤维瘤，手术前也用碘酒擦洗瘤面，然后用手术刀切开瘤体，清出瘤体内的变性坏死组织，然后用双氧水洗净疮口，再在已空的瘤体内撒上注射用的青链霉素粉，如是比较大的瘤体手术施药后还应对切口表皮进行缝合，缝合后表皮再用碘酒擦洗一遍，然后用医用胶布包扎好就可。

（3）处理独立肌瘤的手术方法：先用碘酒在瘤的根部消毒，然后用医用缝合线在瘤体根部扎上一道，以达到瘤体外表皮肤与龟体皮肤的止血作用，然后切开瘤体，清除瘤体内组织，再切除瘤囊，并在瘤囊根部再扎一道线，然后用碘酒消毒即可，为了防止感染，手术后可在腿部注射青链霉素各 50 万单位。

以上手术后的龟要隔离精心单养，饲料中要求添加些能帮助恢复的维生素 C 和 B 族维生素。如是水栖龟类先不要放到水里，等完全愈合后再放到水里饲养。

第二节　龟鳖消化系统疾病的中草药防治

一、鳖冰海鲜中毒症

冰海鲜中毒症是近年来新发现的鳖类疾病，长期以来为了在饲料中添加鲜活饲料以提高饲料的适口性和营养，一些有资源优势地区利用冷冻冰海鲜添加投喂，结果造成大批的鳖种和成鳖死亡，由于其发病和死亡呈暴发性，最初以为是病毒引发的流行病，后来经过分析和检验，才发现是冰海鲜中毒症，由于许多养殖场对这种病了解还比较少，所以特别提醒在投喂冰海鲜饲料时应特别注意。

（一）病因

造成冰海鲜中毒引发暴发性死亡的原因有两种情况：一是在高温季节把没有化透的冰海鲜直接投喂后引发肠道应激后痉挛死亡；二是冰海鲜中一些已经变质并含

有大量组织氨的海鲜鳖吞食后中毒死亡（图 7-34 至图 7-36）。

图 7-34 大量堆放的冰冻海杂鱼　　　　图 7-35 化开后成分复杂的冰冻海鲜

（二）病症

投喂前几天鳖群没有什么大的异常，约 3 天后逐步出现转圈、仰头等神经症状，几天后群体在池塘边攀爬，有的在池水上下翻转，最后都在池边死亡，而且规格越大的死亡越多。解剖可见肠道扭曲，特别是中肠内壁有弥漫性出血点，心脏发白（图7-37）。

图 7-36 中毒死亡的亲鳖肠道严重充血　　　图 7-37 连续几天投喂冰海鲜后大批死亡的甲鱼

（三）防治

1.预防

绝对不投喂变质的冰冻海鲜，即使是优质的冰海鲜投喂也要适量，一般以不超过当餐干饲料量 20％的比例为宜，添加前最好打成鱼糜或鱼浆拌到饲料中投喂。如是单喂也一定要化透后经过挑选才能投喂，建议不要长期添加或不添加。

2.治疗

一旦发现病症出现，马上停喂，并在再投喂的饲料中添加葡萄糖粉，添加比例为当餐干饲料量的5％，也可用甘草40％、黄芪30％、葛根30％合剂以当餐干饲料量5％的量煎汁后拌到饲料中投喂。对于特别严重已经停食的鳖，要尽早处理。

二、鳖脂肪肝病

鳖脂肪肝病是鳖肝病的一种，脂肪肝病一旦形成病理，就很难治疗，鳖脂肪肝病不但影响鳖的养殖成活也会严重影响鳖的正常繁殖，所以防控鳖脂肪肝病的发生最好的办法是先预防早控制（图7-38至图7-40）。

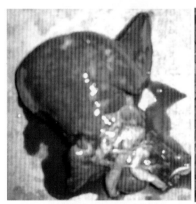
图7-38　发病初期的肝变

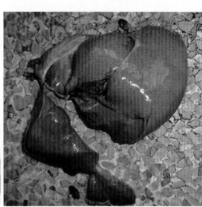
图7-39　发病后期的肝变

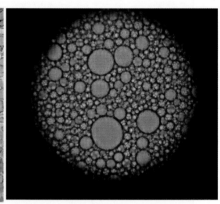
图7-40　脂肪肝显微镜下的脂肪滴（引自中国水产频道）

（一）病因

在正常情况下，肝脏不断地将游离的脂肪酸合成三酰甘油（TC），再以脂蛋白的形式输到血液中，若血液中游离脂肪酸过多，肝内三酰甘油合成增加或肝内脂蛋白排出减少，这种非动态平衡如得不到及时控制和逆转，随着时间的推移就会形成脂肝病。所以引发鳖脂肝性肝炎病变的主要原因是长期投喂高脂、高胆固醇或蛋白中缺乏蛋氨酸、胱氨酸的饲料所致。

（二）病症

发病鳖大多体厚肿胖，行动迟缓，如是成鳖，前期生长快后期慢并逐渐变成僵鳖。如是亲鳖，产卵与受精率降低，有的甚至不产。剖检可见肝脏肿大并有无数淡黄色的脂肪小滴。病鳖大多随着病情的发展吃食减少或停食，有的漂游水面后不久死亡（图7-41）。

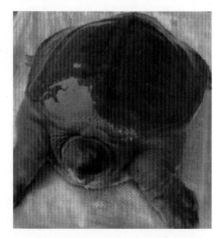
图7-41　患严重病脂肪肝亲鳖的肥胖体态

（三）防治

1. 预防

（1）加强管理。平时应加强饲养管理，绝不投喂变质隔餐或超脂超蛋白标准的饲料，投喂商品饲料应坚持添加鲜活饵料，一般在市售商品龟鳖饲料的基础上添加 10%～20% 的鲜活饵料（鲜活饵料须是无公害的新鲜淡水鱼、肉、蛋及无公害的瓜果菜草），特别是成熟亲鳖在产前培育阶段的饲料中一定要控制脂肪的比例，并添加新鲜的鲜活动物饲料。

（2）中草药投喂预防。实践证明用中草药预防效果明显，配方：茶叶 20%、蒲黄 20%、荷叶 25%、山楂 20%、红枣 15% 合剂打成细粉（药粉细度要求 80 目过筛，下同），用时以当日干饲料量 1.5%～2% 的比例添加到饲料中投喂，每月 10 天。药粉添加前要求在温水中浸泡 2 小时后，再连药带水一起拌入饲料中。

2. 治疗

发现疾病后及时控制能减少龟鳖的死亡，具体控制措施有以下几条。一是马上停喂变质隔餐或超脂超蛋白标准的饲料。二是用中草药投喂治疗，配方：绞股蓝 15%、三七 15%、虎杖 20%、茵陈 20%、泽泻 15%、白术 15% 合剂打成细粉。以当日干饲料量 1.5%～2% 的比例添加到饲料中投喂，一个疗程 7 天，一般需三疗程，疗程之间相隔 6 天，药粉添加前要求在温水中浸泡 2 小时后，再连药带水一起拌入饲料中，对那些比较肥胖的成鳖要及时处理掉。

三、鳖感染性肝炎

鳖感染性肝炎病是其他疾病的并发症，所以在防治时还应结合其他疾病的协调防治，效果较好。

（一）病因

大多鳖因感染疾病后并发感染肝脏或影响肝脏正常机能而引发肝病，如一般由气单胞菌、假单胞菌、温和气单胞菌、嗜水气单胞菌等病原微生物感染所致的鳖赤、白板病，穿孔病，鳃状组织坏死症等都会直接或间接并发肝炎（图 7-42，图 7-43）。

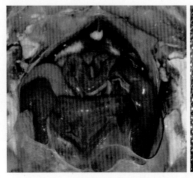
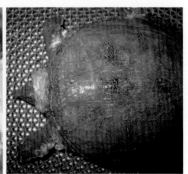

图 7-42 感染疾病鳖的肝脏　　图 7-43 烂颈病发展严重
　　　　　　　　　　　　　　　　　　　就会并发肝炎

（二）病症

除发病鳖病原微生物感染后各自特有的病状体征外（如鳖赤、白板病，穿孔病，鳃腺炎和龟的烂甲病，烂颈病等），大多行动迟缓，吃食减少或停食。剖检可见肝脏肿大，大多肝呈紫黑色，质脆，肝叶切面有大量出血点，肝叶肿大。

（三）防治

1. 预防

预防可采取以下措施。

（1）搞好水生环境，定期用低毒高效的消毒药泼洒消毒以减少病原微生物的数量。

（2）饲料中定期添加中草药预防，配方：黄芩20%、蒲公英15%、甘草15%、猪苓20%、黄芪15%、丹参15%合剂打成细粉，以当日干饲料量1.5%的比例每月添加10天，药粉添加前要求在温水中浸泡2小时后再连药带水一起拌入饲料中。

2. 治疗

发现感染性肝炎的疾病后应及时控制，控制可采取以下措施。

（1）病鳖及时隔离到环境较好的池中单养。

（2）投喂质量好的配合饲料，治疗期间在饲料中添加维生素C 0.4%、复合维生素B 0.3%、氯化胆碱0.2%、维生素E硒0.1%。

（3）如是体表感染的疾病（如穿孔、烂甲、腐皮等）应结合外泼中、西药治疗。

（4）如能吃食，可内服中草药治疗，配方：黄芩20%、垂盆草10%、田基黄20%、甘草10%、柴胡20%、猪苓20%合剂并以当日干饲料量2%的比例煎汁拌入饲料中投喂，6天一疗程，一般为3个疗程，疗程间隔7天。

鳖的肝炎病重在防，因当病情发展到停食后，就很难治愈。

四、鳖药源性肝炎

鳖药源性肝炎是在饲养期经常用化学药物进行预防性投喂或投喂损害肝脏的中草药而积累的肝病，这种肝病由于发展较慢，所以容易在长成大规格快上市前突然大批发病，造成的危害很大（图7-44）。

图7-44 长期服药引发鳖肝脏变性胆囊肿大

（一）病因

长期在饲料中添加化学药品进行主动防病或在治疗鳖的某种疾病时应用了肝损害的药物及用药不当是鳖发生药源性肝炎的主要原因。因为肝脏是药物进入鳖体内后主要的代谢、解毒场所，特别是来自消化道和门静脉的药物，对肝脏的影响尤其重要。药源性肝炎由以下几个因素造成：一是药物对肝脏的毒性作用、药物过敏反应。二是药物对胆红素代谢的影响。三是药物引起的溶血及蓄积中毒等。特别是不恰当的并用两种以上药物时，会出现相加作用，从而使毒性增强导致肝病。一般最易引起药源性肝炎的常见西药有四环素、苯唑青霉素、红霉素、氯霉素、磺胺类、呋喃类及雌雄激素等。中药有黄药子、苍耳子、草乌、五倍子等。

（二）病症

发病龟鳖大多突然停食，行动失常，有的呈严重的神经症状在池中水面转圈，不久后死亡。剖解可见肝胆肿大，肝体指数多在8％以上，肝叶发脆并呈灰黄或灰白色病变呈大理石状的花肝。有的严重腹水，肝组织变性、肝功能下降（图7-45）。

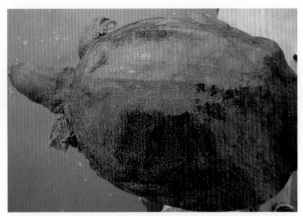

图7-45　患药源肝炎的病鳖大多形体消瘦，精神萎靡

（三）防治

1.预防

（1）平时用药应符合有关标准规定的用药准则，决不用已禁止使用的化学药品和抗生素，更不能长期添加化学一种化学药、抗生素防病。

（2）平时在饲料中应不定期添加些无公害的新鲜瓜果菜草，添加比例为当日干饲料量的10％，添加前须打成浆或汁后再拌入饲料中投喂。

2.治疗

（1）立即停喂添加有害于肝脏或其他机体组织的药物。

（2）发现症状后如还吃食，先用葡萄糖粉以当日干饲料量的3％和维生素C 0.1％的比例添加投喂5天，以尽快解毒。

（3）用中草药治疗，配方：甘草20％、五味子15％、垂盆草20％、生地黄25％、金银花20％合剂，以当日干饲料量3％的比例煎汁拌入饲料中连喂6天。

五、鳖肠道疾病

鳖肠道疾病是近年来发病率较高，且危害较大的病害之一，这种疾病一旦发生，就很难治疗，所以做好防控是杜绝该疾病发生的积极的措施。

（一）病因

鳖肠道疾病发生的主要原因有以下几点。

1. 饥饿后暴食

特别是外购鳖苗鳖种，尤其是从境外购买的鳖苗，因其在运输途中长期饥饿和周转，一到养殖基地投喂，如不进行投喂量的控制，就会因暴食而造成鳖消化道中肠（类似鳖的胃）鼓胀而大批死亡，如1995年杭州余杭一鳖场购进一批境外走私鳖苗，因这些鳖苗在走私途中长期停食，购进后暴食，7天后发现大批死亡，死亡率达68%，造成了很大的经济损失。再就是鳖种长时间运输后进行足量投喂而发生同样的死亡现象。

2. 摄入变质饲料

主要是摄入了含有较多病原微生物的变质饲料等，如已经过期变质的配合饲料，大肠杆菌超标的河蚌肉，变质或没有化好冷冻海鲜，也有病变严重的动物肝脏等，导致肠道直接感染病原菌而致病。

3. 并发感染

在鳖发生暴发性流行病时也极易并发肠道疾病，如鳖白底板、红底板病和严重的腐皮病就会发生肠道并发症。

（二）病症

长期饥饿后的鳖一见食物出现争抢现象，几天后突然停食，并出现大批底板朝上仰游，有的四肢强直浮游水面等异常症状，接着是漂浮在岸边死亡。解剖可见中肠破裂，肠壁光滑而薄，有的肛门堵塞，实验室检验并无发现致病性微生物。

摄食变质饲料和并发感染的病鳖多为肠道出血、糜烂、穿孔，镜检可见大量大肠杆菌、痢疾杆菌、嗜产气单胞杆菌等病原（图7-46，图7-47）。

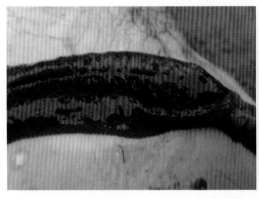 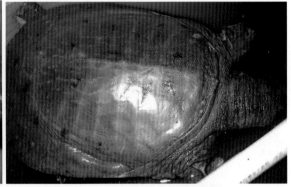

图7-46 病鳖肠道严重出血（引自中国水产频道）　　图7-47 患病鳖食欲下降皮肤灰暗

（三）防治

1. 预防

（1）对长途运输的鳖苗鳖种开食时一定要控制投喂量，采用逐步提高投喂量的措施，一般要求有一个星期的逐步适应期。而投喂的饲料要求是质量好，易消化吸收的优质饲料，并添加比例较多的鲜活饲料和中草药。中草药配方：山楂、鸡内金、草珊瑚、橘子皮、神曲各20％干品合剂，鳖种以当餐饲料量5％的比例打成细粉添加，添加前药粉要在温水中浸泡3个小时，如是鳖苗不要添加细粉，应煎汁拌入，也可添加中成药草珊瑚含片，效果也不错。

（2）杜绝投喂变质，过期，适口性差和有毒有害饲料。

（3）对并发感染的病鳖要进行隔离治疗喂养，绝对不能和健康鳖混养，以免交叉感染。

2. 治疗

对感染的患病鳖，如还能吃食，就可投喂中成药肠炎宁或庆大霉素等抗菌药物，同时添加多种维生素，具体剂量可按实际病情而定，一般要求治疗一个星期为一个疗程，然后视病情而定。

六、龟肠炎病

龟肠炎病也叫腐肠病和烂肠病，是一种极易引起暴发的传染性疾病，特别是以食草为主的陆龟，患病几率要多于其他龟类。

（一）原因

对水栖龟类和半水栖龟类来说，多为饲料变质特别是饲料原料中动物性饲料的变质，或饲料中有刺激性物质损伤肠道引发感染，也有在苗种期因投喂不当暴食引发消化不良后引发肠炎。对陆龟来说主要是鲜活植物性饲料的不卫生或饲草太老引起，肠炎病的暴发则因发病初期没有及时控制或隔离病龟，特别是饲料在水下投喂的养龟场，因饲料质量不好时，会有大量变质的剩饵分解于水中使水质很快恶化，就极易引起疾病暴发。此外，引有此病的龟种混养使龟互相感染也易引起此病。

（二）病症

病龟无任何外部症状，先是吃食减少继而停食，不久后大多趴于食台或池角阴避处。几天后如发现群体吃食量明显减少，可视为暴发病的先兆。陆龟患病后可见粪便明显变形，有的在粪便中可见很多没有消化的饲草，随着病情的发展而变稀，气味恶臭，严重的伴有出血。病龟解剖可见肠黏膜充血，有的肠壁严重溃疡，严重的后肠呈淡黄色变性坏死。特别严重的伴有肝变和腹水（图7-48至图7-52）。

（三）防治

1. 预防

（1）绝对不投喂变质或质量不好的饲料。

（2）每月定期投喂添加比例为干饲料量0.5％大蒜素的饲料连续10天，或用

图 7-48　正常的粪便　　　　　　　　　　图 7-49　发病较重的粪便

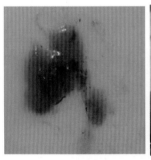

图 7-50　发病严重时的粪便　　　图 7-51　病龟肠道出血严重　　　图 7-52　陆龟粪便中有大量没有
　　　　　　　　　　　　　　　　　　　　　　　　　　　　　　　　　　消化的饲草

中药穿心莲、鱼腥草、甘草、焦山楂各 25％合剂按每日干饲料量 2％的比例煎汁拌入饲料中连喂 7 天。

（3）水栖龟类应调节好池塘水质，室内养殖应适当换新水。室外池塘应用生石灰每 20 天用每立方米水体 50 克泼洒调节。

（4）科学合理制定投喂量和投喂方法，避免龟苗龟种暴食。

（5）陆龟投喂的鲜草要经过消毒，一般可用 1％的盐水浸泡 5 分钟后晾干再投喂，不要喂木质素过多的植物品种，也不要投喂过老的草料。

2.治疗

（1）发现有病后应立即停喂有质量问题的饲料，调换新鲜的优质饲料。

（2）不太严重的可投喂市售的人用中成药肠炎宁片，按体重说明投喂 5 天，效果很好。

（3）比较严重可用的市售的兽用庆大霉素粉，以 1.5％的比例添加到饲料中作药饵连喂 5 天。好转后在饲料中添加少许胃蛋白酶，以促进龟的消化吸收。

（4）陆龟应投喂鲜嫩的草料，如黑麦草、地瓜秧等易消化吸收和营养丰富的饲草。

七、龟脂肪肝病

龟脂肪肝病也是一种积累性疾病，一般要到成年才会出现明显的症状，往往等发现时已经很难治疗，最好的办法是先预防早控制。

（一）原因

龟脂肝性肝炎病变的主要原因是长期投喂高脂、高胆固醇或蛋白中缺乏蛋氨酸、胱氨酸的饲料所致，特别有些地方为了龟的背甲油光好看，在饲料中长期添加猪油，虽然在很长一段时间很难出现病理性反应，但往往长大到繁殖阶段时，症状显现。

（二）病症

发病龟苗种阶段很难发现，到养成阶段大多体厚肿胖，但因龟和鳖的不同即龟的背甲覆盖更难发现，一直到成龟或亲龟阶段可见四肢粗胖，行动迟缓，食欲下降，有的眼球发黄，眼角渗出物黏结，严重的逐渐变成老僵龟。如是亲龟，产卵与受精率大大降低，有的甚至不产。剖检可见肝脏肿大并有无数淡黄色的脂肪小滴，肝体指数大大超标。病龟大多随着病情的发展吃食减少或停食，如是水栖龟会漂游水面后不久死亡（图7-53）。

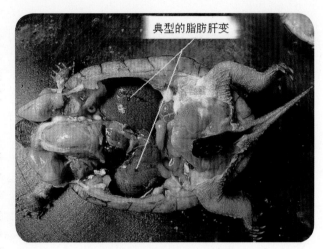

典型的脂肪肝变

图7-53　患严重脂肪肝的病龟

（三）防治

1.预防

（1）平时应加强饲养管理，绝不投喂变质隔餐或超脂超蛋白标准的饲料，投喂商品饲料应坚持添加鲜活饵料，一般在市售商品龟饲料的基础上添加10%～20%的鲜活饵料（鲜活饵料须是无公害的新鲜鱼、蛋及无公害的瓜果菜草）。

（2）中草药投喂预防 实践证明用中草药预防效果明显，配方：茶叶20%、蒲黄20%、荷叶25%、山楂20%、红枣15%合剂打成细粉（药粉细度要求80目过筛，下同），用时以当日干饲料量1.5%～2%的比例添加到饲料中投喂，每月10天。药粉添加前要求在温水中浸泡2小时后，再连药带水一起拌入饲料中。

2.治疗

发现疾病后及时控制能减少龟的死亡。

（1）马上停喂变质隔餐或超脂超蛋白标准的饲料。

（2）用中草药投喂治疗，配方：绞股蓝15%、三七15%、虎杖20%、茵陈20%、泽泻15%、白术15%合剂打成细粉。以当日干饲料量1.5%～2%的比例添加到饲料中投喂，一个疗程7天，一般需3疗程，疗程之间相隔6天，药粉添加前要求在温水中浸泡2时后，再连药带水一起拌入饲料中。

（3）也可配合人用的多烯磷脂酰胆碱粉和保肝宁片投喂，用量按产品说明。

第三节　龟鳖泄殖系统疾病的中草药防治

一、雄性鳖生殖器脱出症

正常鳖的雄性生殖器除成熟交配时与雌性泄殖孔交接外，平时是不露出体外的。但在人工养殖过程中有相当比例的雄性鳖出现异常脱出体外，且脱出后当发现时大多已坏死变性，病鳖不久就死亡。特别是在工厂化温室的养殖过程中尤为突出，严重的可达15%左右，大大影响养殖成活和产量。

（一）病因

雄性鳖生殖器脱出症发生的原因是多方面的（图7-54）。

1.饲料质量差

饲料原料的质量好坏是饲料质量的关键，如鱼粉中盐的比例超标，就易引发此病，因在食品中过多的钠离子能刺激肌神经兴奋，当然也包括性肌神经。此外，较差的鱼粉中过多的鱼内脏（包括性腺）和头部（内有鱼垂体）也易引发此病，因这鱼粉的有些成分能促进鳖的生理早熟。此外如在饲料中添加一些激素类的物质就更会引发此病。

图7-54　雄性鳖阴茎脱出

2.养殖环境持续高温

养殖环境持续高温也易引发此病，因鳖是变温动物，在持续高温的水环境中会持续快速生长而产生性早熟，如近年来在温室里养的境外鳖不到400克就开始交配产卵（图7-55）。

3.病原菌感染

病原菌感染后鳖出现全身症状后也易并发此病，如鳖的赤、白板病就有这种症状。此外养殖密度过高，水质败坏也易引发此病。

4. 养殖环境恶化

养殖环境持续恶化也极易发生雄性鳖生殖器脱出症，如水体冬季严重缺氧，养殖水体严重污染等等（图 7-56）。

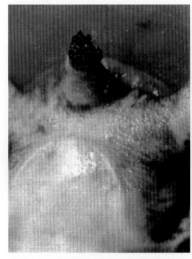
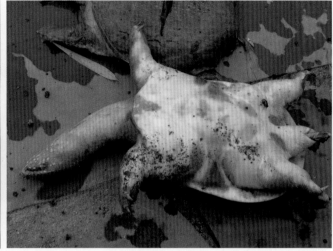

图 7-55　雄性亲鳖阴茎脱出　　　　　图 7-56　患严重水肿病死亡的鳖并发阴茎脱出

（二）病症

雄性鳖生殖器刚脱出时呈血红色，绵软。当充血的阴茎脱出体外后很快感染细菌病引发全身症状，随后阴茎逐步成灰白色并由软变硬。时间稍长些后有的被健康鳖咬掉，有的则开始腐烂变黑。大多病鳖发现后还没等治疗就死亡。

（三）防治

1. 预防

预防可采取以下一些措施。一是调整饲料结构，降低有害物浓度，即在原来的饲料中配合 20% 左右的无公害鲜活饲料；二是控制室内温度，适当降低过高的水温（降低至 29 ～ 30℃），并保持稳定；三是合理养殖密度，及时分养，合理调整养殖密度；四是选择优良品种，特别是选择抗病力比较强的优质中华鳖良种养殖，尽量不养易早熟的境内外鳖；五是定期药防，定期投喂中草药预防，以减少由病原菌感染引发此病。

2. 治疗

发现病鳖赶快捞出，用结扎法进行手术治疗，方法是：用消毒后的医用缝合线从泄殖孔基部把外露的阴茎扎紧止血，再用医用剪子把结扎以外的阴茎剪掉，然后用医用碘酒或龙胆紫药水在创口处进行消毒，消毒后结扎部位的阴茎基部会因碘酒的刺激缩回体内。手术后应在后肢基部注射青霉素 15 万单位，另一肢基部注射维生素 C 1 毫升。经过上述处理过的病鳖应放到隔离池单养。头 5 天投喂的饲料中应

添加多种维生素和氟苯尼考，一般几天后就可恢复。

二、龟泄殖腔器官脱出症

龟泄殖孔器官脱出症民间也叫脱肛症、脱肠症和露阴病等，龟泄殖孔器官脱出症近年来呈上升趋势，特别是雄性生殖器脱出和直肠脱出尤为多见，根据病例调查，水栖龟类多于其他龟类。龟泄殖腔内的主要器官是消化道末端和生殖系统器官，内有直肠、膀胱、雄性的阴茎和雌性的输卵管。因种种原因脱出后可引发系列的病症，如被别的龟直接咬掉，脱出感染后肿胀等，严重的随即死亡或感染后并发其他疾病死亡（图 7-57 至图 7-59）。

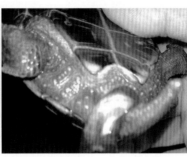

图 7-57　严重的肠道脱出症　　　图 7-58　水栖龟生殖器官脱出症　　图 7-59　雌亲龟输卵管脱出症（引自福建爱侣）

（一）原因

发生龟泄殖孔器官脱出症的原因很多，但主要为以下几点。

1. 消化道感染

因消化道感染后引发的结肠炎、直肠炎导致直肠充血肿胀后连带结肠脱出泄殖孔后感染加重，肿胀增大后难以回缩（图7-60）。

图 7-60　严重的消化道脱出症

2. 人为应激

各种人为过度应激是泄殖腔内器官脱出的原因之一，如为了鉴别龟的雌雄，人为把头部挤进体内，导致雄性生殖器从泄殖腔内挤出孔外，这种行为如果次数过多，雄龟会产生条件反射，一遇到挤压就会习惯性的脱出生殖器，如当时不能及时缩回就极易感染发炎。此外养殖密度过高，水质败坏，长途运输堆压也易引发此病。

3. 性比失调强行交配

成熟龟性比搭配不合理，主要是指雄性比例偏高，导致雄争雌性过度交配的不正常现象，导致雌性后端输卵管带出泄殖孔外引发感染导致肿胀。还有一种现象是雌性还没有完全成熟，雄性强行交配导致龟泄殖腔内输卵管肿胀滑出泄殖孔外感染后发病。

4. 饲料中盐度高

一些配合饲料中因为盐度超标，特别是原料鱼粉中盐的比例超标，就易引发此病，因饲料中过多的钠离子能刺激肌神经兴奋，当然也包括性肌神经。

5. 养殖环境异常

养殖环境持续高温也易引发此病，如长期在持续高温的温室里养的水龟类，因龟是变温动物，在持续高温的水环境中会持续快速生长而产生性早熟，如近年来在温室里养的草龟和黄喉拟水龟就较多出现雄性生殖器脱出的病症。

（二）病症

龟泄殖孔器官脱出症的病症根据病症发生时间的长短与脱出器官的区别，分为轻度、中度和重度三类。

轻度大多脱出器官比较少，也无较严重的感染和肿胀，病龟只感到不适，也有食欲，但行动稍有不便，这种病例只要处理及时，可以较好地复位治愈。

中度脱出部位较多，脱出部位严重充血，虽有感染但还未形成严重的肿胀。病龟稍有食欲，并有一定的反应，但因行动不便不会主动觅食。

重度的脱出部位较多，并已形成感染后的严重肿胀，肿胀部位充血，有的出血，有的甚至发黑变硬，如是直肠形成球状肿胀。雄性伞状阴茎头严重充血或感染后已经变性发白。重度病龟基本停食，行动迟缓或不动，解剖可见已经影响到内脏器官的，如肝脏、胆囊肿大，后结肠严重充血，有的膀胱破裂（图7-61）。

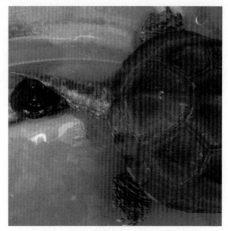

图7-61 雄性龟生殖器脱出症

（三）防治

1. 预防

（1）杜绝人为应激，合理养殖密度，规范生产操作。

（2）投喂营养配制合理的优质饲料，杜绝投喂变质，劣质和盐度高的饲料，平时在投喂人工机制配合饲料的同时，适当添加或直接投喂鲜活的动物饲料和瓜果菜草。

（3）龟从150克开始尽量做到雌雄分开饲养，特别是温室高密度恒温养龟，更应注意这个问题。如是成熟亲龟性比一定要根据不同品种搭配合理，并做到两年一次根据当时的规格进行合理调整。

（4）搞好养殖环境，尽量做到空间环境安静优美，并有一定的植被。水生环境净、活、爽，并有一定的栖息地和水生植物。

（5）平时可投喂些中草药预防消化道疾病发生，配方为：马齿苋30%、甘草20%、山楂20%、陈皮10%、穿心莲10%、田三七10%干品合剂，以当餐干饲料量5%的比例每月投喂7天。用于幼苗阶段煎汁后拌入饲料中投喂，150克以上的龟可打成细粉添加，但要求在拌入饲料中前用温水浸泡3小时。

2. 治疗

治疗采取手术和药物相结合的方案。

（1）直接复位治疗。对轻度的器官脱出症，可以采用直接复位，方法是：首先用碘酒在脱出的器官上和周边进行消毒，然后用手轻轻揉推，一般都能直接复位，为了复位后不再马上出来，可采用轻压泄殖孔10分钟，最后再用碘酒涂抹一遍，由于碘酒的刺激，括约肌会收缩，一般不会再出来，然后再涂抹红霉素软膏就可，最好两天后再涂抹一次。轻度的一般还能很好的吃食，可在饲料中添加多种维生素，同时投喂些新鲜的动物性饲料和瓜果菜草，以增加适口性和营养，以利康复（图7-62）。

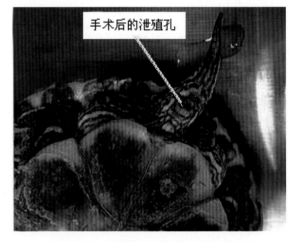

图 7-62　手术复位后的创口已经愈合

（2）消炎复位治疗。对于中度脱出的龟，无论是生殖器还是肠道器官，虽然脱出比较多，也有些感染肿胀，但还能治疗，就采用先消炎再复位的办法，方法是：首先用1%的盐水洗净脱出器官和周边，然后用市售的聚维酮碘药水用小型喷雾器喷雾在脱出的器官上，每天3次，一般几天就会消肿，消肿后有的会自行缩回，不能缩回的可采用处理轻度的方法人工复位。在外部治疗的同时如龟有食欲，可在饲料中添加庆大霉素和多种维生素投喂，但饲料一定要少喂，相当于平时的1/3。要注意的是治疗后要单独喂养，装龟最好用光滑的塑料盆，并在盆底铺上海绵，海绵中也洒些药水以保持湿度，同时还应保持环境安静。

（3）切除保命治疗。切除手术主要是指雄性生殖器出来无法治疗复位的龟类，因为雄性生殖器中有非常发达的血管和神经，一旦感染肿胀后不能复位，很快会变性坏死影响生命，所以只好采取以保命为主的切除手术。方法是：用消毒后的医用缝合线从泄殖孔基部把外露的阴茎扎紧止血，再用医用剪子把结扎以外的阴茎剪掉，然后用医用碘酒或龙胆紫药水在创口处进行消毒，消毒后结扎部位的阴茎基部会因碘酒的刺激缩回体内。手术后应在后肢基部注射青链霉素各15万单位合剂，另一肢基部注射维生素 C 1 毫升。经过上述处理过的龟应放到隔离池单养。头 5 天投喂的饲料中应添加多种维生素和庆大霉素，一般几天后就可恢复。

第四节 龟鳖寄生虫病的中草药防治

一、鳖穆蛭病

鳖穆蛭病也叫水蛭（蚂蟥）病，指鳖被穆蛭侵袭后引发的疾病。

（一）病因

体表黏附数量众多一种叫鳖穆蛭的水蛭侵袭，是直接致病的主要原因，发病多是室外利用江河湖库水作水源的鳖鱼混养池、亲鳖池。

（二）病症

鳖被鳖穆蛭侵袭后，鳖体表与裙边内侧和腹甲连接处可见淡黄、橘黄色黏滑的虫体，严重的寄生到头部眼睛和吻端，虫体一般手触微动，遇热则卷曲但并不脱落，当强行将虫体剥落时，可见寄生部位严重出血，病情严重的鳖焦躁不安，有爬到晒台上不愿下水，当寄生在眼、吻端的则头往后仰，并四处乱游，病程长的食欲减退，体表消瘦，呈严重的呈贫血状。水蛭病直接死亡的较少，大多是寄生部位并发其他疾病或因失血消瘦死亡（图 7-63）。

图 7-63　鳖穆蛭成体

（三）防治

1. 预防

池塘在放养前用生石灰每亩 200 千克干法消毒，连续进行两次，每次间隔时间为 10 天。养殖期在用有鳖穆蛭的水源时应先用生石灰处理后再应用，这样可预防鳖穆蛭进入养殖池。

2. 治疗

泼洒生石灰，使池水 pH 上升到 9，刺激水蛭脱落，然后用漂白粉 1.5 毫克 / 升泼洒 1 次，6 天后再用高锰酸钾 5 毫克 / 升浓度泼洒 1 次，即可除去水蛭。此外也可用鲜猪血浸毛巾在进水口处贴着水面诱捕，一般 3 ～ 4 个晚上，就可捕掉大部分水蛭（图 7-64，图 7-65）。

图 7-64　被蚂蟥侵袭的鳖　　　　　　　　图 7-65　泼洒生石灰控制
　　　　　精神萎靡

二、鳖原生动物寄生虫病

鳖原生动物寄生虫病也叫鳖绿毛虫病，是鳖体表被原生动物寄生虫寄生后形成一层绿色纤毛的寄生虫病。

（一）病因

侵袭鳖体表的原生物动物寄生虫主要是原生动物纤毛虫纲，缘毛亚纲，缘毛目中的螺枝虫、聚缩虫、钟形虫等纤毛类寄生虫。该病主要发生在室外养殖池塘，池中病原体与晒背条件不完备是发生该病的主要原因。

此病的流行大多发生在春季放养后开始升温的 5 ～ 7 月和秋季 8 ～ 9 月的龟鳖苗种在室外池塘的暂养阶段。寄生虫病的最大危害是寄生部位组织被破坏后，即使虫体杀灭掉，寄生部位也会感染发生其他疾病引起死亡（图 7-66，图 7-67）。

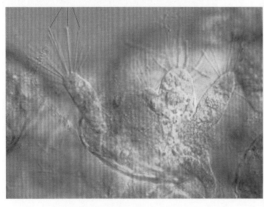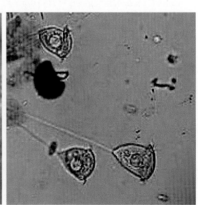

图 7-66　显微镜下的纤毛虫　　　　　　　图 7-67　显微镜下的钟形虫

（二）病症

发病龟鳖初起时在背甲、腹部和四肢上可见灰黄色或黄绿絮状簇生物。因虫体与水色相近，所以平时极难发现，发现时龟鳖已呈不安、停食现象，即使在阴天也往晒台附近游曳，捞出后用手抹去虫体，寄生处可见出血现象，严重的发展到整个颈部、眼敛四肢及泄殖孔，龟鳖大多因食欲下降后并发其他疾病衰竭死亡（图7-68，图7-69）。

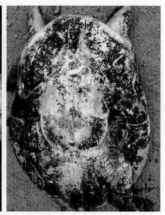

图 7-68　体表感染纤毛虫病鳖背部　　　图 7-69　感染寄生虫鳖的腹部

（三）防治

1.预防

养殖池在放养前应用生石灰彻底清塘消毒，养殖期间可用市售的渔用杀虫药物按说明要求泼洒预防。

2.治疗

如果是发病初期，可用硫酸铜每立方米1克，硫酸亚铁0.5克合剂全池泼洒，也可用高铁酸锶按其说明应用。病情严重的捞出用6%的高浓度盐水浸泡1～2分钟，也可以用每立方米水50克浓度的高锰酸钾水浸泡10分钟治疗，同时改善晒背条件，池水 pH 用生石灰调节到7～8。

三、陆龟蛔虫病的防治

家养的陆龟大多为观赏性宠物龟，所以价值都比较高，而寄生虫病是陆龟常见也是危害比较大的疾病之一，虽然寄生陆龟体内的寄生虫种类有很多，但数蛔虫病的侵袭尤为严重。所以如不及时控制，会对陆龟的养殖和繁殖造成很大的影响。

（一）原因

1.摄食了带有蛔虫卵的饲料

由于陆龟喜欢吃的新鲜的植物性饲料，如果这些饲料不经过清洗和消毒处理，直接投喂，就会因陆龟摄入这些带有虫卵的饲料而在陆龟体内生长繁殖。

2.在环境中感染

带有虫卵的粪便没有清扫干净，或养殖场地没有定时消毒，当龟在环境内活动时接触虫卵带入。

3.猫狗带入虫源

有关研究认为陆龟的蛔虫品种类与外形与狗的蛔虫差不多，所以养殖场养狗或养猫，是直接或间接带入虫卵的因素之一。

4.管理人员和外来参观人员带入虫源

由于管理人员，特别是饲养员人员不固定，或是饲养员服装随便，特别是鞋在进出饲养场时没有精心消毒。还有对外来人员控制不严，随便进出养殖场地等，都会有机会带入虫源。

（二）病症

病龟起初产生不安，行动失常或迟缓，然后食欲下降，大便失常，大便带有虫卵和虫体。继而形体消瘦，最后并发其他疾病死亡，解剖可见大量虫体在消化道充塞，有的虫体已钻出消化道外进入体腔，死亡病龟大多伴有消化道出血（图7-70，图7-71）。

图7-70 寄生蛔虫陆龟粪便（引自龟友之家）　　图7-71 蛔虫雄虫（引自龟友之家）

（三）防治

1.蛔虫生活史

通过了解蛔虫的生活史，可以帮助我们防治蛔虫病。蛔虫属原腔动物门，线虫纲，蛔目，蛔科。蛔虫的种类很多，但有提出陆龟的蛔虫是犬类品种中的犬弓首蛔虫和狮弓蛔虫。陆龟蛔虫的生活史还没有见过系统的报道，目前的生活史也大多引用陆生宠物的研究，所以只能作为参考。

蛔虫成虫寄生于小肠，以半消化食物为食。雌、雄成虫交配后雌虫产卵，产卵后卵随粪便排出体外。排出的卵分受精卵和非受精卵两种，受精卵为金黄色，内有球形卵细胞，两极有新月状空隙。不受精的卵窄长，内有一团大小不等的粗大折光颗粒。只有受精卵才能卵裂、发育。受精卵在隐蔽、潮湿、氧气充足和环境温度21～30℃的条件下经过10天，受精卵细胞就发育成第一期幼虫（杆状蚴），再经一周，在卵内第一次蜕皮后发育为感染期卵，感染期卵被动物吞入后在小肠内孵出幼虫。幼虫能分泌透明质酸酶和蛋白酶，侵入小肠黏膜和黏膜下层，钻入肠壁小静脉或淋巴管，经静脉入肝，再经右心到肺，穿破毛细血管进入肺泡，在此进行第2次和第3次蜕皮，然后，再沿支气管、气管移行至咽，再次被宿主吞咽，经食管、胃到小肠，在小肠内进行第4次蜕皮后经数周发育为成虫。

　　自感染期卵进入动物体到雌虫开始产卵约需2个月，成虫寿命约1年。每条雌虫每日排卵约24万个，宿主体内的成虫数目一般为一至数十条（图7-72，图7-73）。

图7-72　寄生大量蛔虫的陆龟胃肠道　　　　图7-73　寄生蛔虫的陆龟总是显得焦躁不安
　　　　　（引自龟友之家）

　　2. 预防

　　（1）对投喂的新鲜植物性饲料在投喂前用2％的盐水浸泡20分钟，一般虫卵在高盐度的环境中很难生存，然后空干后再投喂。

　　（2）所有食物一定要设饲料槽或饲料台定点投喂，并在投喂结束后清扫干净，而饲料槽最好用容易清洁的不锈钢板或木板制作，如是饲料台最好用木板和水泥地板，一般不要用沙土地下投喂，因为在潮湿泥土中蛔虫卵相对容易存活。

　　（3）定期用0.04％的碘伏溶液进行养殖场地消毒，据上海动物园报道的应用经验，碘伏有很好的杀灭蛔虫卵的作用，同时碘伏还具有杀灭细菌繁殖体、真菌、原虫和部分病毒的作用。

　　（4）尽量不要让猫狗进入养殖场地，以免带入虫源。

　　（5）饲养员进入养殖场地也要统一服装，并进行鞋底消毒，外来人员要参观，也要进行鞋底消毒。

3. 治疗

（1）初步发病时还能吃食的，首先停喂不卫生的食物，清理改善环境卫生，投喂人用儿童宝塔糖（每粒含枸橼酸 200 毫克）250 克以上陆龟一次投喂 1/3 粒，250 克以下的一次投喂 1/4 粒，每 6 日投喂一次，投喂三次，投喂时可把儿童宝塔糖研碎拌入水果中。

（2）肠虫清（芬苯哒唑）每天每千克体重 50 毫克，每月一次，连服三次即可。

（3）也可用中草药进行治疗，效果也很好。

方一：苦楝树二层皮 10％浓度的水煎汁内服。

方二：使君子 35％，槟榔 35％，石榴皮 30％合剂 10％浓度的煎剂内服。

四、龟纤毛类寄生虫病

龟纤毛类寄生虫病也叫绿毛病，是养殖水体中一种以纤毛为运动胞器的原生动物寄生虫，纤毛类寄生虫侵袭的主要龟类为水栖龟类。此病的流行季节为在春季放养后开始升温的 5～7 月和秋季 8～9 月的养殖阶段。寄生虫病的最大危害是寄生部位组织被破坏后，即使虫体杀灭掉，寄生部位也会感染发生其他疾病引起死亡，从而影响养殖产量和经济效益（图 7-74）。

（一）原因

发生龟纤毛类寄生虫病的主要原因有以下几条。

1. 养殖池塘存在大量纤毛类寄生虫

对龟危害比较大的纤毛类寄生虫主要有以下两种：

第一种是纤毛虫纲，缘毛目，固着亚目的累枝虫，这种虫为群体淡水生活种，虫体柄呈二叉式分支，最后一级的分支最短，虫体柔软并呈半透明状，完全伸展时为长喇叭形（图 7-75）。

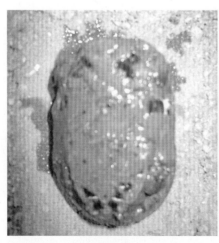
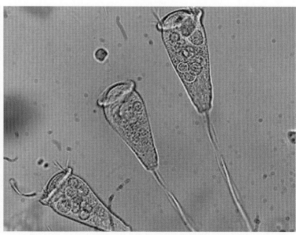

图 7-74　体表粘满纤毛虫的龟体腹部　　图 7-75　钟形虫体

群体各虫单体不同步收缩或伸展；虫体各具寄生柄，同时与共同的寄生柄相连；单独的寄生柄虽与共生柄相连，但不互通；各寄生柄内均无肌丝。虫体头盘口围唇外展处最宽，口围盘的口漏斗开一端隆起，口前庭较窄，背位有一个较大的伸缩泡。其单体呈筒状，口漏斗、伸缩泡、大小核及食物泡等细胞器均位于虫体上部 2/3 的区域内，下部约 1/3 的区域为一明显的亮区，呈透明状，表面隐约可见纵向细长的条纹。

第二种是原生动物纤毛虫纲、缘毛亚纲、缘毛目、钟形虫。钟形虫钟形或圆筒形，口端有一圈明显的纤毛环，反口端有一根能伸缩而不分枝的柄。以细菌和微小的原生动物为食。常附于淡水或咸水的水生植物、水面浮膜、淹没物或各种水生动物上。虽然常成簇生长，但每一个体的柄均单独固著。虫柄由包含液体的外鞘和一根螺旋状的伸缩丝构成。当虫体收缩时其柄丝变短，外鞘盘曲如瓶塞起子。纵分裂繁殖，两个子体之一留在原柄上，另一子体在反口端长出一圈临时纤毛，借纤毛推动游开，最后长出一柄附着在基质上，临时的纤毛随即消失。在接合生殖时，一个形小游动的小接合子等到固着的个体（大接合子），两者完全合并成一体，最后导致分裂。

2. 养殖池塘设施不完备

在室外池塘中养龟的晒背台特别重要，许多病害可以通过龟晒背得以预防和控制，如这些原生动物寄生虫，只要离开水体经日光照射，大多会得到控制，但许多养龟池缺乏这种设施。

3. 管理差发现晚

室外养龟池塘的管理中，巡塘是一个重要的管理环节，一般情况下龟在水中如果发生纤毛类寄生虫，是容易及时发现的，特别是有些纤毛类寄生虫，也附着在其他生物体上，如鱼类、水草上，甚至饲料台边的绿苔上等，如仔细观察是不难发现的。

4. 没有定期杀虫

在正常的养殖管理中，定期进行池水消毒和杀灭寄生虫，是养殖生产措施之一，由于有些养殖单位没有做好这个生产环节，导致寄生虫发展流行。

（二）症状

1. 累枝虫寄生

目测龟体，其背甲、腿部有绒毛状物体附着，绒毛长 1～2 毫米，外观呈灰白絮状，取镊子拔下少许绒毛，显微镜观察可见累枝虫的大小个体有节奏地伸缩，借助银线系染色，可观察到竹节状的基柄上有纤细肌丝状纹迹（图 7-76）。

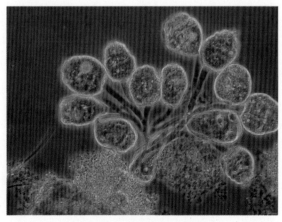

图 7-76 显微镜下的累枝虫

2. 钟形虫寄生

钟形虫主要寄生在龟头颈部、腿部内侧的体表部位，虫体颜色会随水体颜色改变，如在淡绿色水体中，成簇的虫体呈淡绿色，如在黄绿色的水体则呈黄绿色。

在寄生以上纤毛类寄生虫的病龟严重时先呈不安继而逐步停食，病龟大多行动迟缓，即使在阴天也往晒台附近游曳，捞出后用手抹去虫体，寄生处可见出血现象，严重的发展到整个颈部、眼敛四肢及泄殖孔，如再严重发展病龟大多因食欲下降后并发其他疾病衰竭死亡。

3. 龟纤毛类寄生虫病与龟水霉病的鉴别诊断

龟纤毛虫类寄生与龟水霉病都是体外体表着床寄生，寄生体表都出现"长毛"现象，所以很容易误诊并采取截然相反的治疗措施，这样不但起不到防治作用，反会贻误最佳治疗时机和产生不良结果，所以可从以下几点来进行鉴别诊断。

（1）病原体性质不同。水霉属于真菌类微生物，纤毛虫属原生动物。

（2）发生的条件不同。水霉生长必须是龟体表损伤后才能感染，而纤毛虫会在正常的体表生长。

（3）生长的水体条件不同。水霉生长的水体温度最好在24～26℃之间，纤毛虫生长的温度阈值更宽。水霉喜欢在水清的水体中生长，水体透明度低或较混的水体很难生存。而纤毛虫在任何水色的环境中都生长，有些虫还会随水体的颜色变化而变化，如钟形虫。

（4）外部观察的颜色不同。纤毛虫在清水或黄色浊水中呈土黄色，在绿色肥水中呈淡绿色，放在清水中清洗，总觉得洗不干净，颜色也不会改变；水霉菌的菌丝呈浅白色，如果有污物，一冲洗就干净。

（5）镜检观察形体不同。在显微镜下，纤毛虫会呈现不同虫体的各自特征并呈絮状或簇状，有的虫体相连成串，粗大且粗糙，而水霉菌则是长条状光滑的菌丝。

（三）防治

1. 预防

预防可采取以下几个措施：一是养殖池塘在放养前应用生石灰每亩100千克干法彻底清塘消毒；二是养殖期间，可用市售的纤毛净按产品说明，每个月泼洒1次预防；三是设置晒背台，让龟有充分的晒背场所。

2. 治疗

如果是发病初期，可用硫酸铜每立方米1克，硫酸亚铁0.5克合剂全池泼洒，也可用市售的高铁酸锶按产品说明应用。

病情严重的捞出隔离治疗，治疗可采用以下两个方案：一是用4%的高浓度盐水浸泡2分钟；二是用每立方米水50克浓度的高锰酸钾水浸泡10分钟治疗。治疗后的龟最好隔离到有阳光又清静的地方单独喂养，并在饲料中应添加些新鲜的动物性饲料，添加比例为当餐饲料量的6%。

五、龟水蛭、扬子鳃蛭侵袭的防治

龟水蛭和扬子鳃蛭病是龟被野外池塘水体中一种名扬子鳃蛭的水蛭侵袭后引发的疾病，是目前危害最大的原虫性寄生虫病，发病多是室外利用江河湖库水作水源的商品龟养殖池塘和亲龟繁育池塘，所以发生龟水蛭和扬子鳃蛭病的龟主要是水栖龟类。龟水蛭和扬子鳃蛭病的发生不但影响龟的正常生长繁殖，侵袭后留下的创面还会感染病原菌引发龟的各种体表性疾病，所以不但会影响养殖产量，更会影响经济效益。

（一）原因

1.养殖水源中有水蛭和扬子鳃蛭

有的养龟场养殖用水是利用当地农田排放水或农用水渠水，由于水中有大量的水蛭和扬子鳃蛭，进入养殖池塘后大肆繁殖侵袭龟体。

2.没有认真清塘消毒

由于养龟池塘多年不清塘消毒，加之放养前没有认真清塘消毒杀灭寄生虫，给水蛭和扬子鳃蛭生长繁殖创造了条件。

3.管理不严

没有及时发现水蛭进行及时控制，导致水蛭和扬子鳃蛭大量繁殖（图7-77，图7-78）。

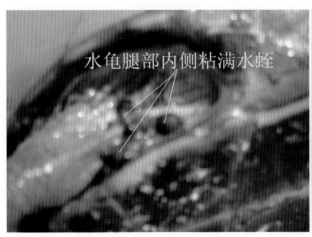

图7-77 水龟腿部内侧粘满水蛭

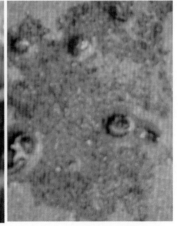

图7-78 龟体用生石灰水浸泡后脱落在地面的水蛭

（二）症状

无论是幼体还是成体，一旦龟被水蛭和扬子鳃蛭侵袭后，龟的头部、颈部和腿部体表可见淡黄、橘黄色黏滑的虫体，严重的寄生到头部眼睛和吻端，虫体一般手触微动，遇热则卷曲但并不脱落，当强行将虫体剥落时，可见寄生部位严重出血，病情严重的龟会焦躁不安，爬到晒台上或池堤不愿下水，当寄生在眼、吻端的则头往后仰，并四处乱游，病程长的食欲减退，体表消瘦，严重的呈贫血状。

龟被水蛭和扬子鳃蛭病侵袭后直接死亡的较少，大多因不能正常生长，缺乏营养并逐步失血消瘦，或寄生部位并发其他疾病死亡（图7-79，图7-80）。

图 7-79　放大后的水蛭成体　　　　图 7-80　显微镜下的扬子鳃蛭

（三）防治

1.预防

（1）做好放养前的清塘消毒杀虫。池塘在放养前第一次用生石灰每亩200千克干法消毒杀虫，为了达到杀灭水蛭和扬子鳃蛭的目的，第二次用茶饼再消毒一次，方法：先把水位降到20厘米，再用每立方米水体500克茶饼化好后泼洒，3天后，再注满水位。

（2）在养龟池里套养黄颡鱼也可控制扬子鳃蛭的繁殖，一般每亩套养200尾。

（3）做好养殖水蛭的防控工作。养殖期间可定期泼洒生石灰控制。

2.治疗

水蛭和扬子鳃蛭是一种抗逆性很强的水体原虫，水蛭一般比较好杀灭，就是用高浓度的生石灰水，因为在强碱性的环境中都很难成活，但扬子鳃蛭它可在冰点以下的温度存活，所以防治不能用常规的化学药品，经有关研究，烟丝和茶叶是很好的治疗中药。

（1）用烟丝杀灭，方法是：先放低池水水位，一般为30厘米，然后每立方米水体用烟丝1 000克，烟丝可用纱布袋装好后浸泡在池塘中，浸泡时间按水温变化而定，一般水温越高，效果越好，杀灭时间也短，否则反之，所以建议连续浸泡4～6天，结束后再注水到标准水位。

（2）用茶叶杀灭，同样先放低水位至30厘米，然后用茶叶每立方米水体1 500克，茶叶用纱布袋装好后浸泡在池塘中，连续用5天，然后再注水到标准水位，效果也不错。

（3）为了控制扬子鳃蛭杀灭脱落后留下在龟体表伤痕的感染，杀灭扬子鳃蛭3天后可泼洒中草药进行控制，配方是：五倍子30％、黄柏20％、黄芩20％、土三七20％、乌梅10％合剂干品，打成细粉后用每立方米水体10克的量浸泡后泼洒。

杀灭扬子鳃蛭后可能还有扬子鳃蛭的卵存在，可放养黄颡鱼把其吞食，效果也不错。

第五节 龟鳖营养性疾病的预防

一、鳖营养不良症

鳖营养不良症也叫僵鳖病、萎瘪病，是严重影响养殖效果的病害之一。据调查，一些较严重的养殖企业因有近1/5养不大的僵鳖而濒临亏损。所以，这一现象已引起养殖企业的高度重视。

（一）病因

造成鳖严重营养不良原因主要有以下几条。

1. 放养密度过高规格不齐

多因放养时密度过大又不及时分养，造成长期规格不齐。

2. 长期营养不足

长期投喂蛋白质比例较低，原料蛋白质质量较差，严重缺乏维生素或配比较单一营养不全面的饲料，从而引发群体营养不良阻碍生长渐成僵鳖（图7-81）。

3. 吃不到足够饲料

部分鳖因吃不到足够饲料而造成营养不良渐成僵鳖，特别是近年来的无沙挂网养殖模式堆广后，一些地方因布置网袋的方法不当而造成僵鳖和死亡的现象特别严重，布置网袋方法不当而造成的问题有四：一是网袋布置太少鳖苗放养密度太大，如

图7-81 已经养了6年的鳖还不到500克

有的鳖场只在池中布几条网袋，而放养密度却超过常规的几倍，使鳖苗放养后集中挤堆在少量的网袋中不肯出来，造成互相抓伤或长期不出来吃食而成僵鳖或瘦弱死亡。二是水浅网低，一般网袋在一定深度的水中会随水浮起使网袋底部呈伞形张开，然而当网袋很低水位很浅时（如低于30厘米），鳖苗钻进后都会本能地向网袋的顶部挤爬，当网袋的重量达到一定程度时就会收紧网袋并下垂至池底，使本应在水中张开的袋口因收紧和垂底成为一个封口的死袋子，鳖苗在袋中也是长时间无法出来吃食而僵亡（图7-82至图7-84）。

图7-82　这样设网太多

图7-83　已经僵死的鳖.

图7-84　少挂网多养草的方式可改善棚内水环境

（二）病状

病鳖体薄萎缩，四肢消瘦无力，皮肤暗淡背甲棱状突起。病鳖虽然长期不死，但因生长缓慢甚至停止，所以很难养成预定规格。其结果不但影响产量，也影响销售价格，从而影响养殖的整个经济效益。

（三）防治

1.预防

预防可采取以下措施：

（1）制定科学合理的放养密度。制定放养密度时既要看鳖不同规格阶段的活动能力和生长率，又要结合实际的养殖环境，所以在人工控温的封闭性温室养殖环境中，鳖苗培育阶段放养 3～5 克规格的鳖苗以每平方米 80～100 只为宜。鳖种培育阶段每平方米放养 50 克规格的鳖种以 15～20 只为宜。养成鳖阶段放养 400 克左右的鳖种以每平方米 8～10 只为宜。而室外池塘搞鱼鳖混养的池底如是纯泥的，2 米² 放养 1 只。如是半沙半泥底质的，每平方面积放养 1 只。精养水泥池中养成鳖，每平方米放养 6 只。

（2）及时合理分养。分养的前提是在周期平均密度的基础上进行前期密养，以后根据生长规格情况进行合理分养，并根据自身的具体条件来制定分养次数，所以它有以下几个好处，一是前期密养可减少用池面积、减少耗能和节省用工量。如设计在平均养殖规格到 250 克时的周期平均密度为每平方米 25 只，前期鳖苗规格是 3～50 克时，前期密养的密度就可增加到每平方米 50～70 只，是周期平均密度的 2～3 倍，这在养殖规模较大的养鳖场来说不但减少了 2/3 的养殖面积同时也相对减少了用工量和相应的能量消耗（如水、电、热等）。二是能加快鳖苗的生长速度。由于鳖与其他鱼类一样，苗种阶段能产生群居效应，所以能提高鳖苗的摄食和生长率。如我们试验发现，在同样面积中养鳖苗，密度以每平方米 100 只为基数，然后以每减 20 只下行梯度进行试验，三个月试验期间用同样的方法进行管理，考核其成长速度、饵料系数和发病死亡几个指标，结果为第一个月密度为每平方米 100～60 只的各项指标最好，20 只以下的最差，第 2～3 个月为 60～40 只的最好，40 只以下的次之，80 只以上的最差。这个试验表明，苗种阶段前期密养对养殖是有利的，而密养的密度以不超过平方米 60 只为最好。三是通过分养合理调整密度后，便于规格大的强化养成商品鳖先上市，以回笼资金。通常鳖苗经过前、中期的适当密养后，难免会出现规格差，一般是以大的 30%，中的 50%，小的 20% 的比例出现，此时可把大的以低密度进行强化养殖（一般为每平方米 15～20 只的密度）养到春节前后可逐步上市。由于通过分养规格较整齐，所以上市时捕捞也很方便，可放干池水整池捕出。而不分养的虽然在同池中也有部分规格较大的可上市，但上市时不但捕捞不便，也极易损伤同池不够规格的鳖种，往往会出现捕一次就发生一次疾病，很不方便。相反如不捕出上市，又会使同池的规格差更加悬殊，从而影响群体产量和质量。所以在操作水平较高的养殖场，只通过分养这一措施就可提高养殖效益 15% 左右。

分养可采取以下两种方法。一是疏散法：即从密养池中疏出计划数量到其他池中的方法，如密养池中原来是每平方米 50 只，现在需疏出 25 只，就直接从密养池中捕出 25 只即可，不必分规格，这种方法多用在 50 克以内的鳖苗阶段。操作时应先把空池消毒后培好水，再用光滑的盆在密养池中带水摸出即可。如是无沙养殖的，可用捞海捞出，有的无沙池中是吊网袋的，就用捞海直接伸到网袋底下后，再把袋中的鳖苗倒进捞海即可。总之，疏散法比较简单，但也要求放鳖苗的容器用光滑无死角的塑盆，并始终带水。二是清池分档法：一般用在鳖种规格 100 克以上，并明显出现规格差的情况下，通常在每年的 2～3 月份。操作方法是：如是有沙养殖的先放干池水，再把鳖全部抓出，然后在盆中带水进行分档，一般可分为大中小三档。

与此同时把捕出的空池冲洗干净等待放养。如是无沙养殖就先把水放低到20厘米，然后用捞海捞出，最后剩个别的捡出就可，同时把空池冲洗干净。分档法不但要求全过程带水操作，还要求操作时动作轻快，尽量减少鳖种在盆中的密养时间并进行严格的鳖体消毒。

（3）改进养殖模式注意挂网方法。一是提倡鳖苗阶段前期有沙密养，由于无沙网袋养殖的主要危害在鳖苗规格3～30克之间的培育阶段，因这阶段的鳖苗绝对吃食量较少，排污量也少，所以可采用有沙浅水密养，其中放养密度为每平方米80～100只。密度提高了，池中的食台应多布些，这样有利鳖苗同时到食台吃食。当把鳖苗养到30克规格时再分养到无沙网袋池中养殖。这样不但成活高，规格整齐，管理也方便（图7-85）。二是合理置网，置网最好用条趟法，即从里到外分成2～3趟，趟之间留出空间，空间宽不少于50厘米。而趟中的网袋要求密到无空间，每趟网袋不少于6～8条，以利形成一定的荫避面积供鳖栖息。而留出的空间要求直通食台，以便鳖苗去食台吃食。布网袋时要求袋底离池底15～20厘米。吊网袋的横筋最好用拉力强的八号铁线而不用拉力差的塑料绳，此外，网片的网目要求不小于0.5厘米。三是合理的放养水位，由于水位直接影响网袋的张力，所以放养前要求水位最低不少于35厘米，以后随着鳖的生长逐步加高的标准水位（一般为50厘米）。四是定期洗网，为了避免网目被污垢糊死，可在换水前用手抖袋的方法洗网，然后注上新水。也可定期如每20天洗一次网袋。情况好的也可在分养时洗网（图7-86）。

图7-85　适量挂网给鳖苗提供栖息环境

图7-86　苗在网里挤成一堆

（4）选择优质饲料吃饱吃好。养殖期始终应选择优质的配合饲料投喂，让鳖吃饱吃好。值得提出的是一些地方投喂采取八分饱，认为让其吃八分饱更能促进鳖的食欲和消化吸收。笔者认为这是没有科学根据的，养鳖投喂不应采用八分饱。道理是鳖在养殖中采取的是群体集养方式，其每天的投喂量是根据当时养殖群体的总体重再结合其他具体情况来制定的，而不是按每个个体的实际吃食量来制定的。这与陆生动物的个体隔离饲养不同，如牛、猪、马等，可以根据其吃食方式或吃食量来人为单独控制，而群体水生动物在集养方式的摄食中，无法也不可能较精确地掌握每个个体的吃食情况和摄食量，因群体水生动物在吃食时某个个体绝不会像人想象那样只吃八分饱就让给其他个体吃，而是只要有饲料就要吃饱，通常是强的先吃，弱的后吃，所以养殖中常会出现个体规格差，而所谓八分饱，无非是在原来正常投食量的基础上减去20%。这样就会出现强的永远吃饱，弱的永远吃不着，有的甚至因吃不到足够的饲料而成为僵鳖，最后影响群体的产量和质量。所以喂鳖一定要让其吃饱吃好，不应采用八分饱。吃饱吃好的标准是投喂后半小时，食台上还剩少许饲料，一般为投食量的3%以内。如吃光和剩饵超过5%时就应调整下一餐的投食量，以达到大小规格都能吃饱吃好同步生长。

2.治疗

发现僵鳖应及时捞出按大小规格单独精养，在饲料中应添加些适口性好的鲜活饲料，也可添加些奶粉、葡萄糖钙等营养品进行强化饲养。

二、龟畸形病

龟畸形是指龟个体发生病变异常而产生越出变异范围的异常形态，也就是与品种本来主要外部性状的极大差异，如四条腿的龟出现五条腿或三条腿，一个头颈的个体出现两个头颈等等。对龟来说，特别是宠物龟，畸形的危害是降低了某品种原有的观赏价值和经济价值，即使一些畸形个体产生的奇特形态有升值空间，但也是一次性的，因其是一种异常现象，就会形成价值的不确定性，所以畸形的产生不但会对现实造成损失，也会影响今后的繁养和发展。近年来由于种种原因，龟的畸形现象呈上升趋势，应引起重视（图7-87）。

图7-87 背甲一侧内陷的畸形龟

（一）原因

产生龟畸形的原因很多，但基本可归纳为两个大类主要原因，一个是从蛋壳孵出前的先天形成，另一个是从蛋壳孵出后的后天形成。

1.先天性原因

先天性原因主要分遗传因素、先天发育不全和孵化环境不稳定三个原因。

（1）一般龟的形态发生是受遗传因素控制的，先天畸形的发生绝大多数与遗传有关，如染色体畸变、单基因遗传、多基因遗传等。再是近亲交配，形成后代基因突变引发畸形产生。

（2）先天发育不全，主要是亲龟培育不好，特别是亲龟的产前、产中培育过程中营养不充足或不全面就会造成龟孵出后畸形率升高。

（3）孵化环境不稳定，龟蛋在孵化过程中，也是龟的胚胎在蛋内发育的过程中，如果孵化期间孵化环境不稳定特别是温度的不稳定，就极易造成龟苗畸形，特别是采用常温孵化方式，往往会因气候的突然变化而影响龟的孵化环境，如台风、寒流等（图7-88）。

（4）龟蛋转运翻动，在自然界，龟蛋从产出开始实际上就直接进入了野生龟自己设定的孵化环境进行常温孵化，不再移动，而人工养殖往往在交易买卖过程中，使龟蛋在非正常孵化环境中转运和搬动，特别是纬度差较大的跨区域远距离运输，就极易造成出壳龟苗畸形。

另外龟蛋产出后动物极还没有完全端位，就开始采卵，并进行堆放以及在人工孵化过程中无端的翻动和移动也极易造成畸形（图7-89）。

图7-88　双头畸形龟　　　　　　　　　　　图7-89　背凸的畸形龟

2. 后天性

主要是指龟苗出壳后因疾病和环境造成的龟畸形。

（1）饲养营养不全。在龟的一生中，龟的苗种阶段是生长最快的阶段，也是营养要求和需求最高的阶段，特别是对龟盾片盾甲和骨骼生长形成所需的矿物质、微量元素和与之相关的维生素，如果缺乏或不全面，就会产生畸形，特别是人工设施培育的情况下，如养殖管理者不能满足龟苗种的生长发育需要，极容易引发畸形。当然，饲料中乱添加增效物质如多矿、促长微量元素等造成营养不平衡，也可导致龟畸形。也有养殖户反映，最后产出的龟蛋和最晚出壳的龟苗畸形率很高，这也许与末尾的蛋和苗缺乏营养影响发育有关。

（2）养殖环境恶劣。恶劣养殖环境是导致龟后天畸形的因素之一，如在工厂化培育水栖龟类苗种时，遇到水质败坏导致非离子氨浓度过高时，龟会引发神经性抽搐症状，严重的就造成脖颈弯曲或缘盾上翘等异常现象。另外水体中重金属盐类浓度过高或pH过低也会引发龟体骨骼变形造成畸形。

（3）严重的体表性疾病，本身就会造成龟体表外形残缺或变形，如严重的烂尾病使龟失去尾巴，腐甲病久治不愈，会造成盾甲变形或凹凸，严重的烂脚病会造成肢体残缺等。

（4）药物致残。在龟病的防治过程中使用不恰当的药物，也会造成龟畸形，如喹诺酮类药物不能用于幼小的龟苗，因为喹诺酮类药物会使幼龟产生软骨病而致畸，这是因为喹诺酮类药物干扰软骨基质成分（氨基葡萄糖、胶原、蛋白等）的分泌及合成和破坏线粒体 DNA 代谢有关。

（二）症状

龟畸形的症状很多，但大致分以下三种类型。

（1）缺失型。多为缺少外部体表的某个部位，如缺腿、缺尾等，这种现象一般水栖龟类比较多。

（2）增生型。多为外部增加某个部位，如双头、多腿等。

（3）怪异型。多为与品种本来正常形体不同，有极大的变异或变形，如驼背、歪脖、凹甲、曲肢等比较怪异的表象（图 7-90）。

图 7-90 两侧内陷的畸形龟

（三）预防

龟畸形发生后很难治疗，所以预防是关键。

（1）培育优良品种和成熟亲本。选择培育成熟，品质优良并采用同品种异地亲本间作为繁殖亲本，做好亲龟产前、产中和产后的培育，培育用饲料一定要做到多样化，全面化，完整化的原则，如在人工全价配合饲料的基础上水栖龟类每天添加些新鲜的淡水小鱼，一般最好添加比例不少于日粮的 20%。半水栖龟类投喂些黄粉虫裸虫或蚯蚓，陆龟在投喂新鲜的植物枝叶饲料外也要适当的投喂些以谷物粉为主的人工配合饲料。

（2）完善孵化设施，加强孵化管理，稳定孵化环境。按目前人工孵化的成熟经验，人工孵化龟蛋的温度以始终稳定在 32℃为宜。

（3）运输龟蛋的环境要稳定，杜绝途中搬动环节，避免过度应激，运输龟蛋的容器，不但要牢固更要平衡稳定，尽量避免龟蛋震动和颠倒。

（4）搞好养殖环境，特别是养殖用水和调水要达到国家有关养殖标准，发现问题可采用换水，生物制剂调水等措施改善。

（5）及时防治疾病，避免因疾致残而畸，科学合理用药，充分了解防治药物的毒副作用，杜绝用药致残致畸现象发生。

三、龟软骨病

龟软骨病又叫骨软化症和龟软体病，是一种影响龟正常生长和繁殖的营养性疾病。

（一）原因

动物的骨是由钙、磷、镁构成的结晶沉着于胶原组成的骨基质上共同构成的，骨基质与骨矿物质之间呈一定比例。如果骨基质无改变而骨化障碍称为骨矿化不足，特点是新形成的类骨质钙化障碍，发生在生长发育已完成的龟为软骨病，如是幼苗就是畸形。所以造成龟软骨病的主要原因主要有以下几条：

1.饲料中严重缺乏矿物元素

龟软骨病的根本因素是骨质软化，而造成骨质软化的主要原因不外以下四个因素，一是矿物元素严重不足，即矿物质和微量元素，其中最主要的是钙和磷；二是合成骨质的矿物元素比例失调，特别是钙磷比例失调，如当磷不足时，高钙日粮可加重缺磷性软骨病的发生；三是与矿物元素共同形成骨质的维生素严重缺乏，主要是维生素 D；四是其他微量元素（如锌、铜、钼、铁、镁、氟）的缺乏与过剩，也可产生间接影响。而造成上述因素的主要原因是日常投喂的龟饲料中营养不全面所致。

2.龟体光照少维生素 D 合成不足

由于光照能给龟经过皮肤产生维生素 D，而且是最经济的维生素 D 补给方法。这也是我们平时主张龟一定要有晒背设施给龟有充分晒背的场所，让龟通过光照能经过皮肤产生维生素 D 的主要原因之一。因为维生素 D 在龟骨质合成中起到维持血清钙磷浓度的稳定作用。如当血钙浓度低时，其能诱导甲状旁腺素分泌，将其释放至肾及骨细胞，刺激肾和骨中的活性，使血钙浓度恢复到正常水平。当血钙浓度高时，维生素 D 刺激甲状腺 c 细胞，产生降钙素，促使钙及磷从尿中排出，使血磷浓度恢复正常。所以龟缺乏光照影响维生素 D 的产生，也会得软骨病。

3.疾病和药物影响

当龟有肝、肾及胃肠道疾病时，也会大大影响维生素 D、钙、磷的吸收和利用。

（二）病症

一般病情较轻的龟表面上看不出什么异常，如果不十分注意，很难发现，但仔细观察发现病龟比较胆小，虽有食欲但不敢像正常龟那样的争食，如用手来触摸一下龟的背甲可以发现比较发软，尤其是缘盾边缘有错落现象。

稍严重的病龟可见四肢很臃肿，趾甲柔软，稍动就会脱落，病龟行动比较迟缓，有食欲但因争不上往往不能吃饱，时间一长，体形消瘦，体重很轻，有的甚至背甲有塌陷。

最严重的基本是变形体形，背甲凹凸不平，腹甲多有破损甚至烂甲，部分趾甲脱落。病龟大多独处一隅，消瘦（图 7-91，图 7-92）。

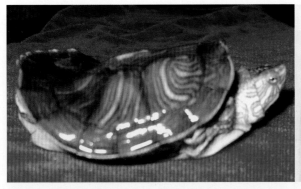

图 7-91　背甲凹陷的红耳龟

图 7-92　背甲错乱的病龟

（三）防治

1.预防

（1）配制或购买能满足龟不同生长阶段需要全价配合饲料投喂，如购买的饲料不放心，在日常投喂中，可定期在饵料中添加钙片或钙粉，如是水栖龟类，可定期投喂鲜活的动物性饲料。对价值比较高的宠物龟可添加些人用的钙片等。

（2）提供安全舒适的晒背场所，让龟有充分的晒背时间和运动场所。如是室内养殖的应有光照设施。

（3）进行健康养殖，预防其他影响钙磷吸收的胃肠、肝肾疾病发生。

2.治疗

病情较轻且有食欲的龟，通过转移到环境比较好的单舍进行单独精心喂养，如果是水龟可通过投喂动物性饲料或在饲料中添加葡萄糖酸钙片和维生素 D 进行补充性治疗，病龟会随着食欲的好转和环境的改善逐步自行痊愈。

对比较严重的龟也要转移到环境比较好的地方进行隔离治疗，治疗可采用肌肉注射人用的维丁胶性钙注射液每次 500 克以上的龟 3 毫升，500 克以下的龟 2 毫升，300 克以下的 1 毫升，每日 1 次，连续注射 7 天。如还能吃食，水栖龟类在每天的饲料中添加鲜活的动物性饲料和新鲜的菜草，如是半水栖和陆龟，在投喂新鲜的水果除外，还应在饲料中添加人用的葡萄糖酸钙。

对那些已经无食欲又行动困难的病龟已经很难进行治疗，应及时处理掉。

四、雌亲龟产异常蛋症

雌亲龟产异常蛋主是指雌亲龟产出的蛋为非正常的软壳蛋、畸形蛋、沙壳蛋等。异常蛋的产生，不但会大大降低亲龟的产出合格率，也会影响亲龟的健康繁殖。这种产异常蛋的现象，近年来呈上升趋势，所以如不加以分析预防，就会大大降低亲龟的繁殖率，严重的会造成亲龟疾病（图7-93，图7-94）。

图7-93　中间细的异形龟蛋

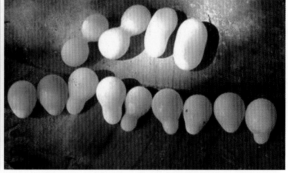

图7-94　各种异形龟蛋

（一）龟蛋形成的要素与条件

为了弄清龟蛋在雌亲龟体内的形成，有必要了解龟蛋形成的主要要素与条件。

1.龟蛋在雌亲龟体内形成的过程

雌雄龟交配后受精的卵细胞最早是在卵巢中生长成大小不等的卵泡，即通常说的蛋黄，卵泡外面有一层卵黄囊，当卵泡发育成熟后，卵黄囊破裂，卵泡掉入输卵管的漏斗部，这个现象叫排卵。

卵泡通过漏斗部进入输卵管后，在输卵管中形成龟蛋中的蛋白、蛋壳膜、蛋壳，完整的蛋形成后就会从泄殖孔产出体外，这个现象叫产蛋。要说明的是卵泡（蛋黄）与卵细胞是两个概念，卵细胞很小，属于卵泡中的一部分。排卵与产蛋也是两个概念，排卵仅指卵泡落入输卵管，产蛋则是整个完整蛋产出龟泄殖孔。

2.龟蛋在形成过程中所需的环境条件

有人提问成熟亲龟不产蛋会憋死吗，回答是不会的。这是因为成熟亲龟在产生卵泡时，就会对今后产卵的环境和营养需求做好充分的准备，如果其中一个因素达不到要求，亲龟就会自觉地抑制卵泡的继续生长和排卵，如当产卵环境不具备（有的地方没有产卵场或可供产卵的陆地等），饵料来源匮乏不能保证在卵巢内形成完整的蛋等不利龟繁殖的因素等。

由于龟的这个生物学特性，即使成熟的亲龟不产蛋也不会憋死，所以要想雌亲龟高产完整的受精蛋，除了需要与雄亲龟的正常交配，还必须满足设施完备的产卵环境和充足的营养供应这几个要素。

3.龟蛋在形成过程中所需哪些营养要素

成熟的卵泡进入输卵管，输卵管分泌的蛋白将卵黄包住，然后逐渐下行，龟输卵管利用自身代谢产生的二氧化碳，在碳酸酐酶作用下与水结合成碳酸，碳酸离解而产生碳酸根离子，碳酸根离子再与血液中的钙结合成碳酸钙，碳酸钙均匀的沉积于蛋壳膜上，形成内外壳膜和坚硬的蛋壳。所以蛋壳中的主要要素是碳酸钙，含量为95%～98%，其余的为蛋白质。

（二）雌亲龟产异常蛋的主要原因

1.亲龟发育不充分或老化

一般发育没有完全成熟的后备亲龟初产，软壳蛋比较多，这是因为后备亲龟的输卵管有些功能还没有达到形成蛋壳的要求，如虽然进入输卵管的卵泡很多，但因为输卵管中的某种功能还不完全，就无法满足形成蛋壳等营养的要求，从而形成软壳蛋。还有是龟龄过大的老龟，也因输卵管道功能逐渐退化，同样会产生较多的软壳蛋或畸形蛋（图7-95）。

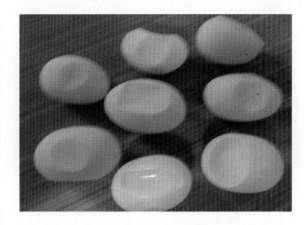

图7-95 龟软壳蛋

2.怀卵雌亲龟应激过度

怀卵亲龟因不合时令的多次转运或长途恶劣环境运输，特别是在转运过程中的粗暴装卸引发的过度应激，都会影响怀卵亲龟输卵管中蛋的正常形成，因此也会产生较多的异常蛋。

3.雌亲龟输卵管炎症

因种种原因造成雌亲龟生殖道或输卵管疾病，特别是输卵管有严重的炎症，导致输卵管分泌碳酸酐酶的功能消失或减弱，使卵泡进入输卵管后不能正常形成蛋壳而变成异形蛋。

4.怀卵期营养不足或产卵环境变化

由于在产前、产中投喂的饲料中营养不全面，特别是形成蛋壳的钙磷含量不足或比例失调，就极易造成异常蛋的出现。因此亲龟产蛋少与前期的营养不足有关，因为营养不充足就会减少卵泡的数量和排卵，而异常蛋多是与后期的营养和产卵环境没有满足要求所致。

（三）症状

（1）后备亲龟和老亲龟的异常蛋会超过50%，其中软壳蛋为最多，从而影响整体的繁殖效果。

（2）产异常蛋多的亲龟大多产后精神萎靡，行动迟缓，有的水栖龟类甚至不愿回到水中栖息，在产卵床的边角爬卧，特别是年龄老化的亲龟产后钻在产卵场床的基质中不愿出来。

（3）如是因输卵管炎症严重的，除了精神萎靡外，还可见到泄殖孔流出较黏的分泌物，并有股较浓腥臭味。

（四）防治

雌亲龟大量产异常蛋的现象，主要靠预防，因为等现象发生，治疗不但被动，效果也是有限的。

1.预防

（1）最好不用发育不完全的后备亲龟作为繁殖亲龟。如是水栖龟类最好每三年清塘后清理一次亲龟的老化度和性比，并按实际情况进行更新调整，定期淘汰老化的亲龟，不断更新合格成熟的产卵亲龟。

（2）做好产前、产中、产后的亲龟培育。培育期间的饲料结构一定要配比合理，以满足亲龟受精蛋形成的营养需要。特别是在产前，可适当添加些人用的维丁钙片，如是水栖龟类，产卵期间可适当投喂些新鲜的淡水小鱼、贝壳粉、虾壳粉、蟹壳粉等，以补充钙磷的不足。

（3）做好产后的疾病预防工作。亲龟在产中和产后，可在饲料中适当添加些抗菌的中草药粉，如马齿苋、蒲公英、紫花地丁等，效果不错。

（4）为了能使亲龟按时正常产卵，产卵场设施一定要完备。一般产卵场有屋子式、棚子式和洞穴式。大多水栖龟类和陆龟产卵用产卵屋比较好，半水栖龟用棚子式和洞穴式比较好，产卵床可用细沙土铺设，一般要求沙土厚 30 厘米左右，而半水栖龟类的产卵床中最好铺设松软的苔藓，一般厚为 50 厘米左右。

（5）杜绝成熟亲龟在恶劣的环境下长途运输，避免怀卵亲龟过度应激。

2.治疗

（1）如是产卵初期发现亲龟产有异常蛋，就应马上找出原因进行针对性治疗，如因营养不足造成的应马上加强投喂补充营养，如是缺乏钙磷，可选人用的钙磷补养剂灌服或投喂，如蓝瓶钙、葡萄糖酸钙等。

（2）发现泄殖孔流液，可判定为输卵管有炎症，应及时注射人用的青链霉素及时治疗，用量为 500 克以内注射青链霉素各 15 万单位，500 克以上的 20 万单位，也可内服庆大霉素药片进行控制。

第六节 龟鳖环境恶化造成疾病的中草药防治

一、鳖水体氨中毒

鳖水中毒主要发生在水环境严重恶化后的养殖池中，介于目前我国对养殖水源的控制比较严格，所以因水源污染而导致水中毒的病例已越来越少，然而在一些工厂化设施养鳖过程中，鳖水中毒现象近年来呈上升趋势，特别是氨中毒尤为严重。

（一）病因

氨在鳖池中的发生主要是由鳖的剩饵、排泄物和池水中各种生物死亡后的尸体在异养微生物的氨化作用下形成的，特别是在封闭性温室中，当硝酸盐被还原时，氨浓度升高并成为无机氮的主要形式。鳖氨中毒主要是水合氨能通过生物表面渗入体内，其渗入量取决于水体与生物体液（如血液、水分等）的 pH 差异，如果任何一边液体的 pH 发生变化，生物表面两边的未电离 NH_3 的浓度就会发生变化，为了取得平衡，NH_3 总是从 pH 高的一边渗入 pH 低的一边，如当水体中 pH 高时，NH_3 就从水中渗入生物的组织液中，生物就会中毒，相反 NH_3 从组织液中排出体外，这是一种正常的排泄现象。这也是我们平时强调在温室鳖池中泼洒生石灰前必须测定 pH 和氨浓度的道理。此外，由于 NH_3 分子不带电荷，有较强的脂溶性，故易透过细胞膜而造成对生物的毒性。通常就鳖而言，当氨的浓度达到致鳖中毒时，首先通过呼吸系统，破坏鳖的正常呼吸机能和对呼吸器官的损害，同时刺激神经系统，使其产生异常反应，最后导致抽搐死亡（图 7-96）。

图 7-96 温棚水质败坏后中毒的鳖

（二）病症

当鳖池的空间环境中可闻到明显的刺激味，测定空气中氨的浓度超过 1 毫克/升时，水体中氨的浓度超过 0.5 毫克/升时，就会影响鳖的吃食，并会出异常现象，如轻度上浮转圈等，此时如情况不能得到改善，池水就会很快开始恶化，池水中氨的浓度就会很快上升到 3 毫克/升，并基本处于缺氧状态，鳖就会出现严重的中毒现象，表现症状为漂浮水面，原池转圈，有的腹部朝上，有的抽搐，大多则在池的四角堆挤争先上爬。死亡时大多头颈发软，体色变淡，鳖裙边发硬。剖解可见肺肿大，呈紫黑色瘀血，有的在抽搐时雄性生殖器脱出，充血，心脏微白衰竭，其他脏器无明显变化，经氨中毒后的鳖即使是轻度中毒，当时不死，也大多吃食不畅、活动迟钝，以后会不间断地逐步少量死亡（图 7-97，图 7-98）。

（三）预防抢救

1. 预防

平时要定期开通气窗，降低室内空间环境中有害气体的浓度，平时要定期排污减少池底的有害物质，如果是采光棚应搭晒背台，封闭性温室也应在水下离水面

图 7-97　因水中重金属盐类浓度过高而中毒死亡的鳖　　图 7-98　水体重金属污染造成鳖死亡

1 厘米处设栖息台，再是加强科学投饵，减少饲料散失对水体的污染并选择质量好的饲料投喂。

　　2.抢救

　　当发现有氨中毒现象时，千万别乱泼生石灰，首先应打开室内的通气窗把有害气体排出，同时在池中泼洒市售鱼用增氧剂（按说明浓度）或每立方水 1 千克黄土化水泼洒，同时泼洒每立方米水体米醋 0.20 千克。紧接着在池中架几块水泥瓦或木板，放时瓦或板在水下离水面 2 厘米，使鳖能爬到板上呼吸新鲜空气，然后彻底换水。一般抢救及时即能避免死亡，如 1998 年上海某养鳖场发生此病，后经笔者确诊后用上述方法抢救无一死亡。

二、雌亲鳖产后死亡症

　　雌亲鳖是种苗场繁殖主要生产力，但雌亲鳖产后死亡率较高的现象一直比较严重，所以做好产后雌亲鳖死亡症防治工作十分重要。

（一）病因

　　雌亲鳖产后死亡症的主要原因有以下几点。

1.性比严重失调体表损伤严重

　　在正常的亲鳖繁殖生产中，性比的合理搭配不但能有效提高亲鳖的产蛋率、受精率，更能提高亲鳖的成活率，而鳖性比搭配与其年龄和体重的变化而进行合理调整的，如日本鳖亲鳖在亲鳖平均体重 1000 克时，其雌雄（♀：♂）搭配比例是 3:1，而到平均体重达到 1500 克时其雌雄（♀：♂）搭配比例是 5:1，所以亲鳖池塘必须两年清理一次，这样既可以清塘消毒防病，也可了解和调整亲鳖的性比。

　　通过调查，在发生产后雌亲鳖死亡严重的种苗繁育场，大多是没有定期清塘和调整亲鳖的性比，有的甚至到了亲鳖的规格越来越大，雌雄性比反转的现象，即雄性超过了雌性，造成了在交配季节众雄争雌的不良现象，由此对雌亲鳖体表损伤和泄殖孔的损伤引发感染的现象尤为严重（图7-99）。

2.环境恶化

由于亲鳖池塘长期不清塘，池塘地质淤泥大量淤积，特别是春季亲鳖交配产卵季节随着气温的不断上升，鳖活动增加，底泥上翻池水恶化，大批亲鳖上浮，特别是雌亲鳖产完卵后无法回到池塘中，只好被动再爬回产卵场沙床钻沙躲避，最后造成严重脱水死亡（图7-100）。

图7-99　体色发黑躲在产卵床中的雌亲鳖

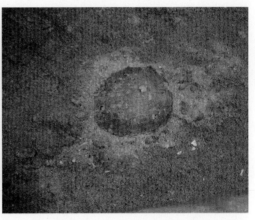

图7-100　死亡在产卵床中的雌亲鳖

（二）病症

雌亲鳖体表伤痕累累，特别是体背前缘大多疣粒被雄亲鳖交配时抓伤，感染后肿胀，有的化脓，有的出血。泄殖孔红肿流出大量分泌物，发病雌亲鳖大多在产卵床的沙中蛰伏不动，有的已经脱水死亡干枯，解剖可见肝脏肿大，心脏淡灰色衰竭，肠道无任何食物，其中中肠有出血点（图7-101）。

图7-101　雌亲鳖产后死亡

（三）防治

1.预防

亲鳖池塘每2年清理一次，并做好清塘消毒工作，及时调整亲鳖规格和性比，越冬后做好产前培育和池水消毒，并在饲料中添加中草药细粉。添加量以当餐投喂量5%的比例添加，添加前药粉要在温水中浸泡3小时，一般要求添加7天，中草药配方为：甘草30%，黄芪30%，益母草20%，黄芩20%合剂。

2.治疗

把病鳖隔离到有加温条件的室内单养，放养前先洗净体表，再用2%的盐水浸泡10分钟进行体表消毒，然后放到池中，池水不用太深，一般以30厘米就可，然后把室温提高到28℃。第一天先不喂饲料，第二天可用鲜活的螺肉和淡水鱼，每天一次，连喂5天，当食欲好转时，再用配合饲料添加葡萄糖和奶粉各1%。另外再添加庆大霉素和市售的多种维生素成品配合治疗。如进温室后几天不吃食的，说明已无治疗希望，不必再治疗。一些地方用注射药水来治疗，不但效果不佳，反会在注射处起泡，因为在鳖的血液循环还没恢复正常时进行注射是不会什么作用的。当鳖逐步恢复正常后可在饲料中添加预防用的中草药配方用同样的方法添加。

三、鳖水肿病

鳖水肿病是指鳖体腔内水比重过高而使鳖病理性肿胀的疾病，这种病一旦发生往往会大批出现，并很难恢复，严重时会大量死亡，所以损失很大。

（一）病因

发生鳖水肿病主要有以下几个原因。

（1）水体缺氧。水体缺氧多年发生在秋冬季节室外池塘。当池塘水温降到15℃以下时，凡是养在室外池中的鳖都会本能地潜入水底钻进沙层或泥穴中进入冬眠状态。此时鳖体内的运动和代谢也降到最低限度，而呼吸则完全靠皮肤和咽喉部的鳃状组织获取水体中的溶解氧，所以水体中溶解氧的富缺，可成为冬季鳖能否安全成活的关键。而水肿病的发生就是在水体严重缺氧的情况下，作为鳖在水中的主要呼吸器官鳃状组织吸吐水的频率加快仍不能满足氧的需要，最后导致鳖只有张嘴不断吸水而无力吐水时水流通过咽腔进入体腔引起鳖全身肿胀。这种情况多见于水体清瘦一见到底的养殖池（图7-102）。

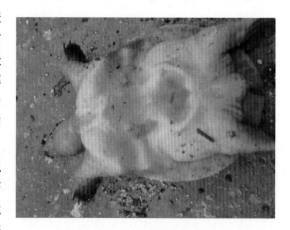

图7-102　全身肿胀的鳖

（2）水质恶化。多发生在封闭性温室里。时间在开春前后，发病池水质恶化严重缺氧，检测可见氨等有害物质严重超标，大批鳖攀附在饲料台，有的则张嘴伸脖在池的四角攀爬并不时跌落水中大量吸水使鳖全身肿胀，这种情况主要是水质恶化后有害气体通过鼓风机搅动水体把水体中的有害气体逸出进入空间。由于温室封闭较好，随着时间的延长室内空间有害气体的浓度也会随之升高。并有刺激性恶臭。使鳖难以通过露出水面进行肺呼吸获得氧气，爬出水面的鳖会重新跌落水中张嘴吸水导致肿胀（图7-103）。

（3）肝变性水肿。多见于温室和室外的高密度养殖模式中。由于在快速生长的环境中添加催肥促长剂和投喂营养成分不合理的饲料，特别是长期使用化学药品和抗生素防病治病，使肝胆严重损害病变从而引发肝水肿，继而水肿液自肝被膜渗出进入体腔，并渗透到四肢和颈部。有的因吃了营养不合理的饲料后（如含盐量超标）使体内的渗透压失衡而吸水引起肿胀。

图7-103 全身肿胀四肢强直的鳖苗

（二）病症

（1）外部形态变化。鳖发生水肿病后体形由正常变成体高背厚，脖颈四肢粗大，严重的全身肿胀四肢强直，严重的雄性生殖器外露脱出。发病初期发病鳖头颈上仰，鼻孔喷小气泡，有的爬出沙层或泥穴在池底缓慢爬行，有的集群在池的四角攀爬，严重的在水面平游，不怕惊扰，更严重的腹部朝上仰游，死后飘浮水面。

（2）体内组织变化。通过对临死鳖的解剖观察，体腔大量积水。大多脏器表面黏膜脱离。血色淡，肝胆肿大，肺部泡沫样积水，呈灰白色。肠管内有的瘀血，有的发白。心水肿，灰白色。四肢皮内脂肪呈豆腐样变性。鳃样组织发黄或灰白色变性坏死，有的眼珠突出（图7-104）。

图7-104 水肿后开始上浮水面的鳖

（三）防治

根据水肿病发生的原因和特点，采取相应的防治方法。

（1）改善水环境。在室外因水体缺氧引发水肿病的，可采取换新水和肥水的方法。具体做法是，平时要求每10～20天换一次新水，换水量为原池水的1/2。如发现有水肿病，就应彻底换水，换进的新水最好是流动的上层河水或水库水。换水后应适当肥水，方法是换水后第三天可用尿素呈8×10^{-6}的浓度泼洒，如一次不行隔三天后再泼一次，使水色达到淡绿色，透明度不超过30厘米为宜。

（2）脱水抢救。而对已发水肿病的病鳖如没有死亡，捞上来后放到干沙堆里浅埋几天，让其自行脱水，正常后就应马上卖掉。如是因水质败坏引发水肿的，首先应马上捞出，放到室温25℃的地下，上面盖些鲜嫩的水草，大约3～5天就能恢复并开始活动，此时如是规格大的就可直接卖掉，如规格小还需养殖的，就应放养到环境好的温室中养殖。

（3）药物抢救。对刚发病的池，首先应彻底换水，然后泼洒些化学增氧剂 并在饲料中添加干饲料量0.02％的维生素C`、维生素B_6和干饲料量1％的葡萄糖酸钙。也可用中药甘草、西瓜翠衣按干饲料量各3.5％的量煎汁拌入饲料中投喂。有条件的地方再投喂些新鲜的瓜果菜草汁，比例为饲料的10％。对恢复和预防都有很大的帮助。

（4）积极预防。平时应注意科学投饵，尽量减少饲料散失对水的污染，多排底污，少换池水，使水保持既良好又稳定。同时要注意开气窗，排出室内的有害气体，使室内的空间环境常处于良好的状态。对于肝变性水肿病，首要是注意合理用药和投喂优质饲料，杜绝应用对肝有损害的化学药品和抗生素。防治疾病应多考虑用毒副作用小的中草药，现提供一个预防的中药配方，供参考应用：茯苓35％、茅根30％、黄芪35％合剂按每日投喂量的8％比例煎汁添加，此方有较好的补气利尿预防水肿作用，但因这个配方的成本比较高，所以可采取在快长期进行定期应用，不要长期应用。此外，目前市售的护肝制品较多，在快长阶段可适当添加些，平时也应定期添加些新鲜的动植物饲料以增加饲料的适口和营养。

四、龟野外越冬死亡症

龟野外冬季死亡近年来呈上升趋势，特别是一些刚收购的野生龟和比较幼小的龟苗，约占龟野外冬季死亡数的60％，龟野外冬季顺利过冬，不但是一个保种的过程，也是一些龟类生长成熟的必经阶段，如经有关研究，黄缘龟的性成熟必须经过野外越冬期，否则就会影响成熟和繁殖。所以越冬死亡不但给养殖者造成了巨大的经济损失，也影响了产业的健康发展，所以弄清

图7-105 黄缘龟在野外无设施条件下越冬风险很大

龟野外越冬死亡的原因并采取有效的技术措施意义重大（图7-105）。

（一）原因

由于龟的品种较多，它们对野外越冬的要求和死亡特点也不同，所以有必要进行分类研讨。

1.水栖龟类的野外越冬死亡原因

水栖龟类野外越冬死亡主要是幼苗与亲龟，发生死亡的季节主要是快结束或刚结束越冬这段时间。通过对水栖龟类野外死亡的越冬环境和操作管理等主要因素的

研究分析，发现造成龟野外冬季死亡症的主要原因有以下几条。

（1）越冬池塘环境恶化。冬季越冬池塘水质恶化是龟越冬死亡较多的一个因素，越冬池水恶化分三种类型：第一种是由于越冬池塘长期不清整消毒，池塘底泥淤积过多，导致冬季水质恶化龟水中毒死亡，或是开春后龟一开始活动泛起底泥引发池塘水质迅速恶化死亡；第二种是冬季池塘水质太清，透明度一见到底，水中没有浮游植物增氧导致水体缺氧死亡；第三种是池塘长满水草，水体得不到光照和风浪增氧，导致水体缺氧死亡。

（2）亲龟和龟苗体质差。越冬亲龟和幼龟体质差分两种情况，一种是亲龟产后培育不好，龟苗培育时间短，体质差，体能积累少，导致越冬期消耗大逐步消瘦死亡。特别是亲龟的营养需求不同于一般的商品龟，其不但要满足正常越冬的体能消耗，还要满足精、卵细胞的正常发育和形成的营养需求，所以体能消耗更大。另一种是把龟养的过于肥胖导致脂肪肝，再是养殖期本身有内脏疾病的龟没有完全治好就进入越冬，如肠胃炎、肝炎等。

（3）越冬密度过大。虽然冬季水栖龟类的活动减少，相对说密度可以大些，但500克以上个体规格的越冬密度我们要求每平方米不超过10只为好，但一些越冬死亡养殖场的密度每平方米超30只，最多甚至大小在一起有超过60只的，这么大的密度如果冬季万一天气转暖活动增强，造成水环境突变死亡的概率就很大。

（4）外来病原带入暴发疾病死亡。一些地方从外地引种补充，因没有认真消毒或没有隔离单养而直接与原池亲龟、苗种放入一起越冬，结果到春季越冬一结束就暴发疾病大批死亡。

2.半水栖龟类野外越冬死亡的原因

由于半水栖龟类的野外越冬，不但是其生长过程中的必要过程，也是其性成熟的必要过程，半水栖龟类的冬季死亡主要是以下几个原因（图7-106）。

图7-106 在有保暖填充料的棚内越冬比较安全

（1）龟本身体弱或带病。一些孵化出壳不久的晚苗，因培育时间短，体质比较弱，或是养殖期有病，还没有完全治疗好就进入冬眠期，也有一些亲龟产后培育恢复差，这些龟都很难在野外度过天气寒冷的冬季。

（2）进入冬眠前暴饮暴食。一般半水栖龟类野外温度降到18℃时吃食减少甚至停食，所以一般情况下胃肠道中的食物也会逐步消化干净，问题是刚进入冬季时也会出现几天小阳春的好天气，室外气温有时会达到20℃以上，这时龟会主动出来觅食，这时如果喂给它食物，龟会猛吃猛喝，然后等天气一冷，龟的消化机能也马上降低，这时食物会储积在胃肠道内形成胃肠道堵塞并继发消化系统疾病而死亡（图7-107）。

（3）越冬条件设施差。主要是没有供龟冬季栖息的洞穴或屋棚，又没有铺设适合供龟野外随气候变化而栖息躲避的人工介质，特别一些栖息场所既坚硬又干燥等，使龟始终处在恶劣的野外环境中越冬，逐步造成脱水，冷冻而死亡。

图7-107　黄缘龟在冬眠前切忌暴食

（4）越冬期管理不精心。和水栖龟类不同，只要水环境好，健康龟过冬一般不会造成死亡。而半水栖龟类要在陆上过冬，但环境要求柔软，并有相当的湿度，所以冬季管理要比水栖龟类更要精心和注意观察，否则就会造成疾病或因环境不适而死亡。

3.陆龟野外冬季死亡的原因

我国的陆龟，大多是从热带或亚热带的国家或地区引进，在适合的气候地域养殖陆龟，其实是不存在越冬问题的，如我国的海南，但在纬度稍低的内地养殖陆龟，除非是控温的设施养殖，否则在野外养殖因其四季气候变化明显，所以陆龟也有一段较短的越冬时间，如广东、福建和江浙一带，造成陆龟冬季死亡的原因主要是以下几条。

（1）设施条件差。虽然陆龟大多时间在室外活动吃食，但当遇到恶劣天气时，作为人工养殖必须有避风躲雨的设施，特别是冬季温度如过低，还要进行适度的增温，这些设施是保证陆龟安全越冬的必备条件。但有些地方不是不设就是简陋，就会增大冬季气候突变染病死亡的风险。

（2）大小混养。越冬期陆龟应该大小分开，因为在气候转冷的天气里，一般都回到屋里躲避，这时如不分开，小的不是被大龟赶到门口或角落，就是被压在底下，很容易造成伤亡。

（3）管理不到位。除了自然气候条件好的地域，一般冬季温度比较低的区域陆龟越冬期能否安全越冬，与越冬期的管理密切相关。如不及时掌握天气的变化情况，就不能把龟在暴风雨来之前安置好，最后导致陆龟患风寒感冒或肺炎。陆龟怕干渴和干燥，特别是箱养的陆龟，如越冬期没有适当补充水，或定期泡澡，会导致陆龟因脱水而得病或死亡。再是越冬屋温度过低，导致陆龟冻伤甚至冻死。再有是一些体质差，规格小的陆龟承受不了越冬期的消耗而瘦弱死亡，等等。

（二）症状

1.水栖龟类

（1）一般的越冬龟在进入越冬期最冷的时候只出现零星死亡，病龟大多肿胀漂浮水面。

（2）因水体恶化的病龟可大批上浮水面打转，大多被动爬到池塘边，严重的全身肿胀四肢强直，解剖可见腹水，心脏发白衰竭，这些出水的龟即使不死也会导致呼吸道疾病。

（3）因疾病暴发死亡的大多头颈后仰，如是亲龟大多爬到产卵场里，有的甚至口鼻出血，解剖可见肠道出血，肝肿大（图7-108）。

图7-108 越冬期因水质败坏死亡的水龟

2. 半水栖龟类

较轻的爬出洞穴或露出体背，体背干燥，即使天晴也不爱活动，严重的发现时大多死亡，有的甚至已经干枯。此外也有被啮齿类野生动物侵害的，四肢咬伤等现象。

3. 陆龟

大多因感染呼吸系统或消化系统疾病，表现为精神萎靡，行动迟缓，反应迟钝，有的则因天气恶劣直接冻伤死亡，也有因越冬前投喂高蛋白肉类而增加龟体内尿素水平导致肾脏损害和脂肪肝在冬季引发疾病与死亡。

（三）防治

1. 预防

水栖龟类应做好以下几项预防工作：

一是搞好越冬水环境，要求每两年做好清塘消毒，当年不消毒的池塘，越冬前也要清理干净池塘中死亡水草，要保留活水草也不能全覆盖，最好不要超过池塘水面的1/3。越冬期间要求水体溶解氧一直保持在4毫克/升以上（图7-109）。

图7-109 华南地区家庭养龟设置的小型越冬屋

二是亲龟要做好产中和产后的培育，使越冬水栖龟有足够的肥满度，方法是在日常饲料中每天添加日量5%的鲜鸡蛋黄，不要添加油脂，这样不但对雌亲龟体内的卵细胞有利，也利于安全越冬。

三是对100克以内的幼苗尽量不在野外越冬，可采取加温培育的措施。

四是及时观察越冬水体的变化情况，如有不适可采取换水，肥水的措施进行调节。

五是杜绝外来病原输入，凡是从外引进的种苗都应隔离单独越冬（图 7-110，图 7-111）。

图 7-110　铺设好的越冬材质　　　　　图 7-111　藓苔是半水栖龟越冬的好材质

半水栖龟类应做好以下几项预防工作：

一是越冬场所一定要达到越冬标准，使龟能在冬眠期间根据土壤的温度，既可以向地表面移动也可以向更深的洞穴移动，使自己保持一个合适的恒定的温度，特别是栖息处的基质一定要选择好，目前大多采用搭建越冬屋或设置越冬洞穴内铺设小块的苔藓和椰果壳纤维等柔软的介质，也有用稻草、沙子、泥土的。

二是越冬期要定期检查越冬场所和龟的体重变化，如场所过于干燥要及时喷水，最好是湿度保持在 70% 左右。对体重下降过快的应隔离到室内找原因后进行单独处理。

三是做好产后培育使越冬龟达到一定的肥满度，但杜绝在越冬前的气温回暖时暴饮暴食，以免引起消毒道疾病。

四是对幼小的龟苗幼龟尽量不要在野外越冬，特别是华东以北地区冬季经常会出现寒流，而半水栖龟类的越冬场所需要一定的湿度，这样就容易冻冰冻伤龟。

五是杜绝外来病原和啮齿类动物带入。

陆龟安全越冬，在冬季气候较寒冷的地区，尽量做到不要在野外越冬，要在设施完备的室内饲养过冬，即使采取停食过冬，越冬环境也不能低于 10℃，或高于 10℃。适合越冬的地区（如广东、海南）也要设置完备的防寒、防台设施，以免冬季陆龟因风寒和暴风雨侵袭而染病死亡，此外不要投喂高蛋白的肉类，以免引发内分泌性疾病（图 7-112，图 7-113）。

2. 治疗

治疗采取对症治疗的措施：

图 7-112 给红腿陆龟设置的越冬小屋　　　图 7-113 良好的水环境是水龟安全越冬的关键

对水栖龟类因水环境恶化引发的疾病或死亡，应立即采取换水，调水的办法急救和控制。对有疾病的转移到室内加温进行单独饲养治疗，如是水肿但还能活动的龟可采取埋到干沙堆中去脱水，如肿胀到已经引发内脏疾病比较轻微，并还能活动的龟，可采用注射抗生素药物进行治疗，药物有庆大霉素、氟苯尼考，按说明应用。如肿胀后已引起内脏器官坏死的，基本无治疗价值。

对半水栖龟类和陆龟，除了及时转移到好的环境中进行单独饲养外，也要采取对症治疗的措施，如龟到室内后还能活动并有食欲时，呼吸系统的疾病可采取消炎、止咳、平喘等方法并用人用的西药和中成药进行治疗。对消化道疾病也可采用消炎、除积、消化等措施治疗，药物也可采用人用的西药或中成药，如肠炎灵、消食片等药物内服治疗。

五、龟感冒

易患感冒病的龟主要是陆龟和半水栖龟类，水栖龟类比较少见，这与龟本身的生物学特性和栖息环境有关，如水栖龟类的主要栖息在水中，而人工养殖水域的环境大多比较稳定，加之水层之间的环境又有较大的缓冲性，所以水栖龟类在水中时有较大的选择性，如天气太冷时水栖龟类可在温度相对较高和稳定的底层栖息，而到天晴温度又适宜时，可以到水面上栖息或晒背。而大多时间生活在陆上的陆龟和半水栖龟类，它们生活的环境受自然气候变化的影响比较大，如果养殖者不给创造良好稳定的环境和管理方法，就会发生像感冒这样的疾病，龟发生感冒后如不及时控制，就会严重影响呼吸道和心血管的功能，从而也影响龟的生长与成活。

（一）原因

龟患感冒的原因是多方面的，主要有以下几条。

1.龟自身体质差

除非是严重的流行性传染病，否则即使是流行性感冒，也只有体质较差的龟得

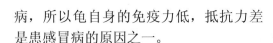

病，所以龟自身的免疫力低，抵抗力差是患感冒病的原因之一。

2.长时间在不稳定环境中运输

温差显著的区域长途转运，或转运过程中没有很好的喂养，长期饥饿并处于过渡应激状态的龟特别容易患感冒（图7-114）。

图7-114 这种多次堆放和跨地域转运的龟极易患感冒

3.养殖环境条件差设施简陋

养殖环境差，周边干扰多，设施简陋到既没有挡风的棚也没有遮雨的屋，更没有可供养殖龟栖息的绿色植被，一遇到天气恶劣或气候突变，龟会因无处躲避而遭受风寒雨淋，从而引发感冒。

4.突发性环境改变

在短时间内温差变化大，如夜间的寒流，夏季的台风，或一直在温度较稳定的室内箱养，突然转移到低温的室外环境中的突发性改变环境，也极易引发感冒。

5.感染病原微生物

因外来人员进入养殖区域没有消毒，从外地引的龟没有经过检疫检验带入病原，一旦龟受凉、淋雨或应激过度等因素刺激，使全身或呼吸系统防御功能降低，使原已存在于上呼吸道或从外界侵入的病毒或细菌迅速乘虚而入引起发病，尤其比较幼小的龟和产蛋的亲龟更易罹病。感冒感染的病原微生物70%～80%由病毒引起。包括鼻病毒、冠状病毒、腺病毒、流感和副流感病毒、呼吸道合胞病毒、埃可病毒、柯萨奇病毒等。另有20%～30%的上感由细菌引起。细菌感染可直接感染或继发于病毒感染之后，以溶血性链球菌为最常见，其次为流感嗜血杆菌、肺炎球菌、葡萄球菌等，偶或为革兰阴性细菌（图7-115，图7-116）。

图7-115 葡萄球菌染色图

图7-116 患感冒后精神萎靡的陆龟

（二）症状

龟感冒可分普通感冒和流行性感冒两种。

1. 普通感冒

俗称"伤风"，又称急性鼻炎或上呼吸道炎，多由鼻病毒引起，其次为冠状病毒、副流感病毒、呼吸道合胞病毒、埃可病毒、柯萨奇病毒等引起。一般起病较急，潜伏期1～3天不等，随病毒而异，肠病毒较短，腺病毒、呼吸道合胞病毒等较长。主要表现为鼻部症状，如喷嚏、鼻塞、流清水样鼻涕，2～3天后鼻涕变稠，呼吸不畅、声嘶，脓性痰。这个阶段如不及时控制，就会并发气管炎和肺炎。

2. 流行性感冒

一般的人工养殖龟类不会发生流行性感冒，因为诱发流行性感冒的病原是流感病毒，但因不慎从外地带入这种病毒后，如不彻底消毒处理，就会潜伏下来，一旦条件成熟，就会暴发流行性感冒，流行性感冒的表现症状大多和普通感冒差不多，但传染性要比普通感冒强而且快，特别是流感病毒所致的急性呼吸道传染性疾病，不但传染性强，而且流行范围大，其临床特点是起病急，全身症状重，畏寒、独处或起堆，停食，眼结膜炎症明显，部分还有呕吐、腹泻等消化道症状。

（三）防治

1. 预防

针对龟感冒发生的原因，对应的做好以下预防工作。

（1）选择设施完备，条件稳定的运输工具和方法运输养殖龟类，运输时间比较长的，还应适当投喂。养殖企业尽量不要采购转运次数多，运输条件差，又没有经过精心驯养过的野生龟类，因为这些龟类大多体质较差，很容易患病。

（2）完备养殖设施避免风寒感冒。陆龟和半水栖龟类主要生活在陆地上，所以无论是生长繁殖都要把设施搞好，如越冬屋，不但要求保温还要达到不受外界干扰的标准。栖息棚不但要牢固，还要达到空气畅通，环境安静。活动场所不但要光照充足，还要有一定的植被，如半水栖龟类一定要铺设柔软的草皮和置放盆景等。同时在管理中还要保持环境的清洁卫生，并做到定期消毒。

（3）精心喂养提高龟的抗病力。提高龟的抗病力，是预防得感冒的根本，所以在平时的饲养管理中，不但要投喂营养合理的优质饲料，更要科学投喂。实践证明，龟的许多疾病都是因为在饲料结构和投喂上不科学造成的，如投喂数量的不标准不科学，投喂场所的环境卫生恶劣，饲料结构的单一和不合理等，所以要提高龟体质，必须从营养和管理上下功夫。特别是那些跨区域引进的外地龟，必须先隔离精心喂养，以提高这些龟的体质和抗病力。

（4）杜绝外部病原带入。做好防疫消毒是杜绝感冒病毒传播的有效措施，无论是本单位的管理人员，还是外来的参观人员，进入养殖区域必须进行消毒，特别是外地引进的龟类，更要做好隔离检疫，等确定安全才可以进入养殖区混养。

（5）定期投喂中草药预防。定期投喂中草药，不但可预防感冒也能提高龟的体质，现提供一个经验配方，供养殖者试用。

配方：甘草20%、柴胡20%、金银花20%、仙鹤草20%、陈皮10%、桔梗10%干品合剂，煎汁或打成细粉浸泡后拌入饲料中投喂，投喂量为每千克龟10克，一般在易发感冒季节每月连喂7天效果不错。

2.治疗

（1）普通感冒的治疗。感冒后发现病龟气喘、流涕、嘶鸣、食欲下降等症状时，应赶快隔离治疗，并用药物控制，比较有效的措施是进行肌肉注射青链霉素，体重500克以下的龟30万单位，500克以上的50万单位，早晚各一次，连续3天。3天后如有好转并有食欲时，可投喂人用的抗生素头孢和多种维生素片剂，投喂最好做成药饵，不要直接拌到饲料中，投喂饲料前先喂药饵后喂饲料，连续3天，一般都会痊愈，治疗期间搞好环境卫生，每天进行环境消毒。

（2）流行性感冒的治疗。龟流行性感冒是感染流感病毒引发的，龟流感初期除了出现普通感冒的一些症状外，如果能吃食，可以投喂药物控制，特别是控制并发的呼吸道和消化道疾病，控制采取服用抗病毒药的同时加强营养增加体抗力。具体方法是：用人用的抗病毒药物利巴韦林按人用量的20%的量做成药饵投喂或人工灌服（是一种抗多种病毒的药物），也可用人用的吗啉胍（病毒灵）用同样的剂量和方法进行。同时在饲料中添加多种维生素一起投喂。也可用市售的人用中成药柴胡颗粒内服治疗。所以龟流感主要是要发现早、控制早，否则就很难治愈。

六、龟肺炎病

易患肺炎病的龟主要是半水栖龟类和陆龟，而水栖龟类相对不容易患肺炎，除非呛水后并发肺炎也是极少数的，这也是水环境相对稳定和水栖龟类的生物学特性有关。

（一）原因

1.长途运输环境突变

黄缘龟、黄额龟用袋子堆装，并用冰块降温，运到气候较热目的地又遇到高温，导致呼吸道异常后肺部扩张引发肺气肿与肺炎。陆龟在比较炎热的养殖环境中，紧急包装后在温度比较低的运输车辆中长途装运，运到后还没完全适应，又放养到温度较高的室内，从而引发呼吸异常导致肺部感染发炎。也有在发闷的罐车中长途运输造成肺部不适后引发肺炎。

2.气候突变环境温差大

本来在养龟场内正常吃食运动，突然受到狂风暴雨打击，或冷空气袭击导致龟呼吸异常，感染病原菌引发肺炎（图7-117）。

3.刺激性气体

在养殖场附近放鞭炮或烟火，导致空气中烟雾弥漫，或因狂风扬起大量灰尘，或在养殖场附近焚烧化学制品产生强刺激的有毒的化学气味，都会导致龟的肺部损伤和中毒，继而引发肺炎。

4.感冒并发肺炎

在家里箱养清理时箱内外温差太大或清洗时水温差太大引起风寒感冒后，发生呼吸道感染没有及时控制，并发肺炎，也有冬季在温室里恒温养殖，因没门关灌入寒风后引发感冒继发肺炎。也有给陆龟泡澡或体表定期消毒时水温差太大，也容易引发感冒而继发肺炎。

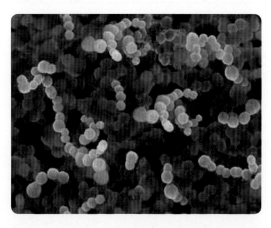

图 7-117　肺炎球菌染色图

5.外来感染病原传入

因引种和买卖活动，引入发病龟后传入病原引发肺炎。引发肺部感染的病原微生物主要是金黄色葡萄球菌、甲型溶血性链球菌和绿脓杆菌等，也有少数严重的有支原体感染（图 7-118，图 7-119）。

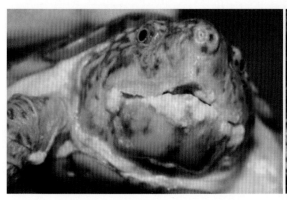

图 7-118　患肺炎的水龟口吐黏沫

图 7-119　患肺炎的龟在大口喘气

（二）病症

龟的肺炎病症分急性肺炎和慢性肺炎两类。

1.急性肺炎的病症

突然停食，表现异常，行动迟缓，发病龟初期眼睛微红，半水栖龟时而头颈上仰，呼吸急促，并发出嘶嘶声。陆龟无端往高爬动，还有很粗的喘气声，并在水槽边不停转悠和喝水，严重的就会口鼻流涕和出血。上述病情如不及时控制，龟不久就死亡。解剖可见肺脓肿，并有瘀血，心肌充血（图7-120）。

2. 慢性肺炎

急性肺炎治好后没有继续巩固，时间一长形成气候或环境一变就发病，气候或环境一改善就好些的慢性疾病状。或本来不是很严重的呼吸道疾病，由于开始没有重视，慢慢酿成慢性肺炎。病龟气候与环境好的时候，吃食正常，行动自如，也能正常生长。但一旦气候与环境变化较大或变坏，就会复发。此时

图7-120 患肺炎病的陆龟食欲下降萎靡不振

病龟食欲下降，行动迟缓，鼻部有黏液流出，如果长时间气候与环境得不到改善，会导致鼻腔堵塞，严重的出现灰色脓液，并有腥臭味，随着病情的继续恶化不久死亡。

（三）防治

1. 预防

（1）长途运输时只要是还继续养殖的龟，必须用盒子或布袋单独包装后再平放在大包装中装运，杜绝挤压堆放，同时要控制好运输途中的温度并做到适时调节，避免运输龟因环境突变而引发呼吸道和肺部的感染。

（2）养殖场应设置避风屋或避风棚等设施，避免龟因突发气候变故而染病。养殖场所要打扫干净，杜绝有刺激性气体发生。家庭饲养的在清理饲养箱时箱内外温度要一致。如要清洗饲养箱，清洗时水温要和箱内的温度相同，而且要求清洗的水绝对不能有异味，泡澡和消毒的药水不要用气味太大的药物，并注意水温一定要和原来的保持一致。

（3）外边引入的种苗一定要经过检疫检验，引进后要单独饲养，确定无病原后才可以混养。

2. 治疗

（1）当发现有明显症状的急性肺炎病龟，要立即隔离到环境好温度适宜的室内治疗。首先是洗净龟的体表和头部嘴鼻吻的流涕，然后用青霉素和链霉素各10万单位合剂和维生素C分别部位进行注射治疗，注射每天一次，连续3天。如能控制住病情并发现龟有食欲，说明治疗有效，下步可转为投喂饲料和药物，进行恢复性治疗，治疗采用中西药结合的方法。中药配方：天门冬25%、麦门冬20%、知母20%、黄柏20%、金银花15%合剂打成超细粉按日量10%的比例伴到饲料中投喂第一餐，第二餐投喂人用的西药盐酸米诺环素每30千克体重1片化水拌入饲料中投喂，有很好的治疗作用。

投喂饲料中可添加些新鲜的瓜果菜草，药物可用兽用庆大霉素按说明要求添加

就可。相反如果第一步治疗没有效果，说明病入膏肓，无法救活。

（2）慢性肺炎可通过投喂和调养的办法治疗，首先也要隔离到环境好，空气清新的场所单养，然后在日常饲料中添加兽用庆大霉素，并在饲料中添加多种维生素，也可用中药治疗。配方为：麻黄20%，杏仁20%，桔梗20%，甘草10%，银花10%，浙贝10%、茅根10%合剂以当餐饲料量的6%的比例，煎汁拌入饲料中连续投喂7天，如果治愈就不再用药，没有治愈7天后再用药5天，效果不错。

七、龟过度应激症

龟过度应激症是龟在生长、转移过程中遇到不正常环境、行为刺激引发的影响龟健康生长的疾病，特别是价值比较高的宠物龟，会给养殖者造成很大的经济损失。近年来随着我国宠物龟产业的迅猛发展和交易活动的越来越频繁，发生这种疾病的病例也越来越多，为此，介绍一下龟过度应激症的发生原因和防治方法。

（一）什么叫应激

所谓应激是机体在各种内外环境因素刺激时所出现的全身性非特异性适应反应，又称为应激反应。这些刺激因素称为应激源。应激是在出乎意料的紧迫与危险情况下引起的高速而高度紧张的情绪状态。应激的最直接表现即精神紧张，继而是对生物系统导致损耗性的生理反应（图7-121）。

龟在受到应激时，就会产生一种相应的反应，并在新的情况下逐渐地适应。如果应激过度当龟不能或无法适应这种刺激时，同样会在生理上产生异常并发生疾病，过度应激反应对龟造成的不利影响有以下几点（图7-122）。

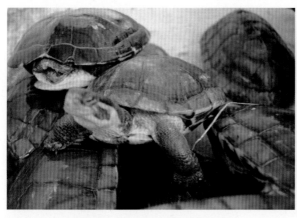

图7-121　惊恐应激的龟　　　　　图7-122　在正常的饲养期尽量减少
　　　　　　　　　　　　　　　　　　　　　　　　干扰，以免产生应激

1.对中枢神经系统的影响

因神经系统是应激反应的调控中心，过度应激后，机体会出现紧张、专注程度升高、焦虑、害怕、抑郁、厌食等。

2. 对免疫系统的影响

应激时机体的免疫功能增强，但是持久过强的应激会造成机体免疫功能的紊乱。

3. 对心血管系统的影响

交感—肾上腺髓质系统兴奋会使心率加快、收缩力增强、外周总阻力升高、血液重分布，有利于提高心输出量、提高血压、保证心脑骨骼肌的血液供应，但也会使皮肤、内脏产生缺血缺氧（图7-123）。

图 7-123　经常闭壳或闭壳时间过长会降低龟的免疫力

4. 对消化系统的影响

主要为食欲减退，应激时交感肾上腺髓质系统兴奋，胃肠缺血，是胃肠黏膜糜烂、溃疡、出血的基本原因。

5. 对泌尿生殖系统的影响

肾血管收缩，肾小球滤过率降低，血浆中抗利尿激素（ADH）分泌增加，出现尿少等现象，所以应激会对生殖功能产生不利影响。

6. 对呼吸系统的影响

一些闭壳龟的紧急闭壳就是应激的最强反应，如果时间很长，就会因长时间闭合而造成窒息死亡。

（二）原因

造成龟过度应激的原因很多，但主要有以下几点。

1. 粗暴操作的惊扰

粗暴操作的惊扰会使龟产生强烈的应激反应，如抛扔、高空悬倒，快速换水，无端抓捕，饲养或观赏者对宠物龟的突然挑逗等。

2. 环境变化大

剧烈变化的温差，高强度声音的刺激，强烈气味和强光照射的刺激等。

3. 长时间堆放运输

长时间用网袋堆放运输，会造成挤压，互咬等过度应激。

图 7-124　水体败坏应激的龟

4. 水质败坏

当水体因污染物积累突然恶化产生有毒气体时，龟会异常不安造成应激（图7-124）。

5.闭壳反应时间过长

闭壳龟类为了躲避惊扰因素，长时间闭壳屏气的应激反应，会造成呼吸系统的肺部肿胀，严重的甚至缺氧窒息，同时也会降低龟的免疫力。

（三）病症

根据龟受应激程度的不同，可出现各种症状。

（1）轻度应激。一般初期表现胆怯，躲避或独处，不敢吃食，但过一段时间后会恢复正常（图7-125）。

（2）中度应激。龟对环境特别敏感，并呈惊恐状，病龟行动迟缓，躲避一处，不正常吃食，但当环境安静时会试探性的出来觅食，稍有动静迅速缩回，故短期内不能形成正常的饲养规律。中度应激可出现两种预后，一种是当环境好转，病龟逐

图7-125　室内养殖密度太高也会产生应激

渐适应新环境，并有采食欲望，这样的会逐步好转，并经过精心饲养可以恢复生长，另一种是病情继续恶化，病龟长时间拒食，并躲在隐蔽处不愿出来，由于不吃食形体逐渐消瘦，这种情况会逐渐往重度发展。

（3）重度应激。主要发生在长期转运贩卖的折腾中，由于病龟长期得不到应激的缓解和不正常饲养，环境变化过于频繁，病龟会出现两种现象，一种是出现明显的神经症状，如异常兴奋，到处乱爬，见到食物不经分辨大口暴食，有的甚至啃食树皮，这种龟往往在第二天就开始死亡，解剖可见消化道中肠破裂或严重出血，心脏充血肿胀。另一种是反应迟钝，行动迟缓，几天不吃食，只少喝水，大多因营养缺乏而衰竭死亡。解剖可见肝脏肿大，质脆，胆管破裂，心脏发白，呈严重的贫血状。

（四）防治

龟过度应激症是个可以避免的常见龟病，主要是以防为主。

1.预防

按照第六章综合预防的措施，一是搞好配备各种养殖设施和管理好养殖环境；二是制定合理的放养密度和及时调整养殖密度；三是按标准化操作规范进行认真的生产操作和包装运输；四是摸清龟的生态生物学特性，按龟的正常习性进行养殖管理和饲养，不做任何影响龟正常生长繁殖的负面工作。

2.治疗

对中、轻度应激的龟，特别是还能吃食的龟应采取以下几条措施。

一是绝对保持环境安静和优美，特别是半水栖和陆龟应有相当的植被，使龟处于一种近似野生自然的环境中；二是不要急于投喂精饲料，如是半水栖龟和陆龟可

以先用口味好易消化吸收的水果，如是水栖龟类可用新鲜的淡水小鱼，少量投喂以诱食，等几天后龟表现有明显食欲时再进行正常投喂，并在饲料中国添加些消炎止血和提高免疫力的中草药以当餐饲料量5%的比例添加，同时也可添加维生素K、维生素C和B族维生素。中药配方为：党参20%，黄芪20%，甘草20%，黄芩20%，三七10%，马齿苋10%，煎汁去渣拌入饲料中投喂连续8天。

对应激过度的特别是经过长途转运的龟，因为比较严重，所以先以静养适应环境为主，对那些长时间不吃食，趴着不动但还活着的龟不但是应激过度还有严重的内伤，所以可先注射抗生素类药物，如青链霉素等，同时可注射维生素C，但养殖环境中的温度必须是最适合生长的环境，等有好转有采食欲望后，再采取和轻、中度应激龟一样的投喂方法进行调养。

八、龟呛水死亡症

（一）发生原因

龟呛水死亡症是一种人为操作不当而引发的非生物感染性死亡症，这种事件主要发生在水栖龟类和半水栖龟类的带水消毒、放养、分养操作中，就是直接把完全闭合在龟甲中或四肢和头尾龟缩的龟直接倒入水中所造成的。

由于龟的特殊应激特性，就是在遇到惊扰和危险时会很快闭合龟甲以防伤害，此时龟处于的呼吸处于屏蔽状态，一直要等到感觉安全时才会伸出头呼吸，此时如在陆地上，伸头呼吸不成问题，如果是在水中，就会直接呛水后水流从呼吸道进入肺部，造成肺部突发性水肿死亡。

（二）病症

呛水初期龟在水中伸长头颈作喘气状，这样反而形成再次呛水，接着从鼻孔冒出气泡或水泡，时间不长后有的四肢无力沉入水底，有全身肿胀，四肢强直在水边漂浮。解剖可见龟肺部严重充水呈水肿状，心脏发白衰竭。

（三）预防抢救

1.预防

无论是带水消毒还是放养、分养，都不能把已经闭合或四肢紧缩的龟直接倒入水中，而应把龟放在干池底后再缓慢进水，或是把龟放在水边的池坡上，让龟自行爬到水中就可。

2.抢救

发现后马上放干池水，把病龟抓起头部朝下轻压腹部进行空水，然后放到潮湿的木板上，一般抢救及时的能够恢复，如果沉入水底或漂浮水面的时间较长就很难救活，特别是呛进呼吸道的水是很浓的泥浆水，即使当时救活以后也会发生肺部感染死亡（图7-126，图7-127）。

图 7-126 家庭缸养应先放龟后放水

图 7-127 正确的放养方法是避免龟呛水死亡的关键

第七节　龟鳖暴发性疾病的中草药防治

龟鳖暴发性疾病主要是指具有发病速度快，传染性强，流行时间长，死亡率高等特征的暴发性发展的疾病。到目前为止，这种暴发性很强的疾病主要是鳖，龟除了环境恶化中毒大批死亡外，还没有发现龟有传染性疾病暴发现象。所以这里主要介绍鳖的暴发性疾病。

一、鳖赤、白板病

鳖赤、白板病(其中赤板病俗称红底板、白板病俗称白底板病，最早命名于日本)，此病最早发现于日本的养鳖场，大约于 20 世纪 90 年代中期输入我国，是我国近年来危害较大的鳖病之一。

1.流行特点

来势猛、病程长、死亡率高并与气候环境条件密切相关是赤、白板病的流行特点。无论春夏秋冬，当气候环境恶劣或正常养殖环境被突然改变等都是诱发赤、白板病的主要因素，特别是春季温室鳖种出池到室外养殖的发病率占 80% 左右，在发病鳖的品种中，日本鳖约占 60% 左右。笔者认为，赤白板的发生原因主要是环境恶化或突变环境超出鳖生理调节能力造成强应激破坏机体防御机能所至。

2.病因病原

有关赤、白板病的病因和病原有较多的研究，但较有说服力的是鳖受到不良环境变化应激后，机体免疫力下降，从而感染病原微生物暴发疾病，其中先感染细菌为原发性，后又感染病毒为继发性，且细菌中的嗜水气单胞菌为主要病原（图7-128）。

3. 发病症状

（1）行为变化。突然或长期停食是赤、白板病的典型症状，减食量通常在50％以上。发病后病鳖多在池边漂游或集群，大多病鳖头颈伸出水面后仰，并张嘴作喘气状，有的鼻孔出血或出气泡，严重的有明显的神经症状，故对环境变化异常敏感，稍一惊动迅速逃跑，不久就潜回池边死亡（图7-129）。

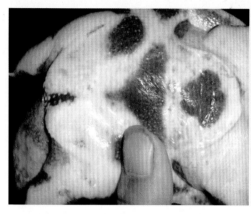
图 7-128　体色苍白头颈发软的日本鳖患病幼鳖

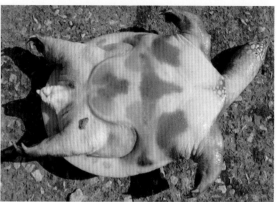
图 7-129　患白底板病神经性抽搐死亡的鳖

（2）外部症状。病鳖体表无任何感染性病灶，背部中间可见圆黑色影块，俗称"黑盖"病鳖死亡时头颈发软伸出体外，有的因吸水过多全身肿胀呈强直状，刚死的病鳖头部朝下提起时，口鼻滴血或滴水。有的腹部呈浊红色（红底板），有的则苍白色（白底板）大多雄性生殖器脱出体外，部分脖子肿大（图7-130）。

图 7-130　患白底板病的鳖死亡前鼻孔出血四肢强直

（3）内部病状。剖解可见头颈部鳃样组织糜烂呈淡黄色或灰白色变性坏死，气管中有大量黏液或少量紫黑色血块。肺充血脓肿，有的气肿，丝状网络分离，有的有大量紫黑色血珠或淡黄色气泡。肝肿大，有的呈紫黑色血肿，有的为淡黄色或灰白色"花肝"。胆囊肿大。肠管中有大量瘀血块，有的肠壁充血，也有的肠管空白，肠中无任何食物。膀胱肿大充水稍触即破。心脏灰白色，心肌发软无力。雌性输卵管充血，雄性睾丸肿大充血，阴茎充血发硬，也有的大量腹水（图7-131至图7-133）。

4. 预防

（1）培育体质强壮的优质鳖种。体质好坏与疾病发生有关，通常体质好、抗

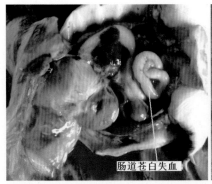

肠道苍白失血

图 7-131　患白底板病的鳖肠道呈现失血型苍白

图 7-132　患红底板病鳖腹部发红的成鳖

图 7-133　患红底板病鳖肺部充血脓肿形成背部黑盖

病力强的鳖种适应力强恢复正常也较快，所以培育肥瘦适中，活力强，体质好的优质鳖种十分重要，但要做到这一点，须在培育期间做到以下几点：一是整个培育期间要经过几次分养锻炼，二是饲料中应添加一定比例的鲜活饲料，这样不但能减少肥胖鳖，也补充了某些营养不足能增强鳖的体质，三是培育密度要合理。出温室养殖的鳖一定经过挑选，对那些体质差有病未愈的残次鳖不应移到外边养殖（图7-134）。

（2）外运鳖种应做好隔离暂养和鳖体消毒工作。由于一些地方的赤、白板病发生是因外地鳖种与本地鳖混养后诱发的，所以除了要注意外运季节的天气状况和装运管理方法，还应把运到的外地鳖先隔离暂养一段时间，等完全适应和正常觅食后再行分养，同时在隔离放养和分养时要做好鳖体的消毒工作，以免外地鳖病源传入本地诱发赤、白板病（图7-135）。

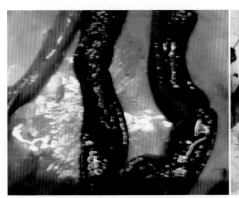

图 7-134　肠道出血坏死

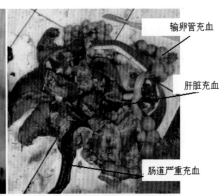

输卵管充血

肝脏充血

肠道严重充血

图 7-135　患红底板病的内脏

（3）平稳过渡室外环境。用全封闭温室养的鳖，出温室前1个月应做好室内环境的调控工作，如逐步降温与饲料转口等。降温不单纯是停止加温，而应在晴好无雨时逐步打开窗户或塑棚膜，调控到移出温室时室内的室温与室外气温同步，而投饲也应放在白天，饲料品质也应在室内逐步从幼鳖料转为成鳖料。

（4）加强出池后的投喂和药防。鳖经过环境变换，多少会有些应激和体表损伤，所以除做好鳖体消毒外，出温室后应加强投喂，投喂方法原来在温室里是水下投喂的，到室外头几天也应在水下投喂，并逐步引到水上食台投喂，如温室水上投喂的，可采用食台斜放法半水下半水上投喂，也逐渐引到食台上吃食，在加强投喂的同时，饲料中还应添加些果寡糖和维生素 C 连喂 6 天，当吃食完全正常后应投喂些促进消化吸收和解毒杀菌的中草药，通常为干饲料量的 1.5％煎汁拌入饲料中每月 10 天投喂防病，有条件的也可在饲料中按说明用量添加氟苯尼考和利巴韦林合剂进行预防。

（5）华南地区的养殖场在养殖期除在养殖池中种好草外，还应搭些晒背台供鳖栖息，经验表明，当养殖池中有水草和栖息条件的地方，暴发此病的概率就大大减少。

5.控制

由于赤、白板病的发生呈暴发性，一旦发病大多停食，所以治疗要根据具体情况而行，具体做法是：一是用二氧化氯进行池水消毒，用量可按产品说明大些；二是适当换水，每隔 3 天换出原池 2/5 的水，如条件较好的可采用微流水的方式，以保持水质良好；三是如水温在 26℃以上鳖开始吃食时，就应采购些质好味鲜的海，淡水鱼或鲜猪肝打成浆拌到饲料中投喂。同时在饲料中按产品说明添加水溶性氟苯尼和一些含多糖及解毒生物碱的中草药进行治疗。

二、鳖鳃状组织坏死症

鳖鳃状组织是鳖在咽喉腔内密布的毛状微小血管，其主要功能是在特定环境中除肺之后的主要呼吸器官，如越冬期，鳖不能到水面进行肺呼吸，主要利用这些微血管在水中交换溶解氧，所以其有类似鱼鳃的作用，故叫鳃状组织。鳃状组织如一旦病变就会从这些微小血管传导到全身，所以一旦暴发疾病就很难控制和治疗，死亡率多在 50％以上，严重的几乎全军覆没，特别是近年来该病的流行呈上升趋势，它是目前继鳖赤、白板病后的又一个难治的鳖病，许多养殖户因流行该病而造成亏损甚至破产，故应引起高度重视（图 7-136，图 7-137）。

图 7-136 正常的鳃状组织　　图 7-137 病变初期充血严重的鳃状组织

1. 病因

鳖鳃状组织坏死症主要发生在野外泥塘养殖池中，发病原因主要有以下几种：

（1）水环境恶化。池水环境恶化是暴发此病的主因之一，发病期间水呈土黄色泥浆状，水体透明度为零。水体表面一层深黄色水，味恶臭，水体溶解氧为零。水温底层和表层差大，特别是后半夜，底层和表层呈高低逆反时（即底层水温高于表层），水体浑浊度加重。

（2）养殖密度过高。由于放养时气温较低，鳖的规格也较小，而经过几个月的饲养后，有的规格已超过放养时的1倍，所以密度大大超过常规要求。特别是随着气温的逐渐升高，鳖的活动能力增强，给土底池塘水体恶化增加了因素。

（3）病原传播。外来苗种不经过检疫检验和消毒带入病原，流浪的陆生动物也能带入病原，如狗在吃过发病鳖场抛弃的病死鳖后到其他未发病的养鳖场就易传入该病。

（4）池塘设施不全。池塘中无晒背和栖息场所也易发生该病，如在华南地区，同一个鳖场，在晒背和栖息条件较好又在池中种草的鳖池就不易发病。

2. 病症

（1）表现行为。病鳖先表现不安，反应迟钝，头颈后仰，口鼻喷水，并在水上直立拍水行走，俗称跳"芭蕾"，严重的趴在食台或池堤水边死亡，发病池基本停食，投饵率降到0.3%以下。

（2）外部症状。病鳖体表体色无异常，病鳖有的口鼻出血沫，死时大多头颈发软或略肿胀，四肢伸开，严重的呈强直状。

（3）内部症状。通过解剖可见肝胆无异常，肠道无食物，肠管内壁无明显坏死症状，小肠内有的有水样充血但无凝血，有的无血。鳃状组织呈淡黄色或灰黄色细颗粒状变性坏死、肺略气肿、成熟雄性有的生殖器外露，雌性生殖器官和卵细胞发育正常（图7-138，图7-139）。

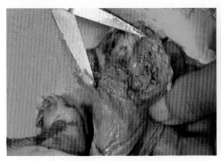

图7-138　完全变性坏死的鳃状组织　　图7-139　体表正常脖子肿大的病鳖

3. 预防

预防可采取下列措施。

（1）改善环境。由于该病的发生原因是池水环境恶化造成的，所以预防应把搞好水环境放在首位，改善水环境的具体措施有以下几项：一是降低水位适当换水，只要水不冻，即使在冬季也不需要很高的水位，一般华南地区可保持在30厘米左右，华东地区保持在40厘米左右就可，这样上下层水体对流交换的速度会相对快些，也能使底层的有害气体溢出。而有换水条件的地方还应适当换水，使水质保持活爽；二是种好水草，水草一般以水浮莲和水花生为好，把草种养在池边离岸1米处，也可养在晒背台的周围，如浙江海宁的养殖户几年来在池中种好水草后很少发生该病。

（2）控制投饵。过量投饵是造成水体败坏的原因之一，一些养殖场因饲料台设在池底，又不及时检查当餐的吃食情况，投饵凭感觉和经验，造成大量饲料腐败变质污染水体。所以要控制饲料的投喂量，一般成鳖阶段因控制在体重的3%左右，并根据前一天当餐的吃食情况灵活调整。

（3）定期泼洒生石灰。由于排泄量大，所以养鳖水体大多呈酸性，一般pH都会在6左右，而这对喜欢pH在7～8之间微碱性水体生活的甲鱼来说是很不合适的，所以要求每15天每立方米水体泼洒50克生石灰调节池水。

（4）搭建晒背台。有关鳖喜晒背的习性和作用已人人皆知，但一些地方养殖池塘很大，却不在池中设一个晒背台，鳖只好在杂草丛生的池坡上晒背，爬上爬下时把泥土带入池塘，把池水搞混。有的池塘池坡很陡，甲鱼无晒背的地方，只好在池边爬行，也把池水搞浑。所以我们要求养殖池塘应设池水总面积5%的晒背台。

（5）科学制定放养密度。通过多年的实践，一般土池塘养殖密度以1米^{2}不超过1只为好，特别是亲鳖，一定要做到每两年清一次，以调整合理密度。

4. 控制

控制可采取以下措施：

（1）泼洒药物。发病池每隔6天用二氧化氯泼洒控制，每次的用量为产品说明消毒浓度的2倍，要求连泼3次控制病原。

（2）内服治疗。对投饵率还不低于0.5%的鳖池，可在饲料中添加药物控制，方法是用头孢拉丁和庆大霉素各50%以日投喂干饲料量的0.5%比例添加，共喂5天，5天后停西药喂中药，用量为当日干饲料量的2%，共喂15天，中药配方为：甘草10%、三七10%、黄芩20%、柴胡20%、鱼腥草25%、三叶青15%，合剂打成细粉添加，添加前药粉要用温水浸泡2小时。

三、亲鳖冬春死亡症

亲鳖冬春死亡症是一般中华鳖种苗繁育场损失比较大的病害。

（一）病因

1. 水质恶化

长期不清塘，池塘底泥淤积过多，导致开春季节鳖活动后底泥泛起引发池塘水质迅速恶化是春季亲鳖死亡。

2. 性比失调

因多年不清塘调整亲鳖的性比，使亲鳖雌雄比例严重失调，引起雌雄交配不正常，特别是雌亲鳖既不能正常吃食又不能正常栖息活动，有些亲鳖池还出现群雄争雌的追逐现象，而雌鳖则伤痕累累后感染疾病死亡。

3. 产后培育不好

亲鳖产后培育的好坏不但直接影响体质，同时也影响越冬成活。由于亲龟、亲鳖的营养需求不同于一般的商品龟鳖，其营养需求不但要满足正常生活和生长的需要，还要满足精、卵细胞的正常发育和形成，更要经历产卵、交配和长时间越冬中的大能量消耗。

4. 种质太差

由于没有经过专业技术人员的精心选育，许多养殖场的亲鳖存在严重的质量问题。如有些场在普通的境外商品成鳖中直接挑出个大的作亲鳖，结果因难适应当地的越冬气候条件而大批死亡，也有把温室控温培育的小鳄龟没经过野外池塘驯养就直接移到野外池塘越冬，也易造成大批死亡（图7-140）。

5. 养殖密度过大

一般情况下亲鳖的放养密度为每2米^{2}1只，但有些地方放养的密度为每平方米2只甚至更多，几年后随着个体的长大密度就更大，到冬季后都集中在池底挤堆受伤，开春后随天气转暖而感染疾病大批死亡（图7-141）。

图7-140 因水体缺氧表现焦躁不安爬上水面的亲鳖　　图 7-141 越冬期死亡的后备亲鳖

6. 外来病原带入

一些地方从外地引种补充，因没有认真消毒或没有隔离单养而直接与原池亲鳖混养，使外来病原互相感染而暴发疾病大批死亡。

（二）病症

除个别在池中死亡后肿胀漂浮水面外，大多亲鳖死亡在产卵场的沙床里，其中亲鳖死亡中85％为雌性，死亡鳖大多泄殖孔肿胀，有的充血，少部分有抓伤痕迹，也有严重的腐皮穿孔症状。解剖体内可见：肝胆肿大，有的呈灰白色变性，其中亲鳖雌性输卵管充血，带状卵巢呈液化分离。

（三）防治

1. 预防

（1）水生态管理。池水在越冬前1个月分几次彻底换一掉老水，越冬期间也应把池水的透明度控制在30厘米以内，有条件的应每20天换一次水，换水量为原池水的 $1/3 \sim 1/2$，也可设增氧机进行冬季适当增氧（图7-142）。

图7-142 创造环境幽静水质良好的越冬环境

（2）及时调整性比。亲鳖性比搭配应按年龄而定，即后备亲鳖年龄8个月以上，体重 $250 \sim 750$ 克，培育时要求雌雄分开单养。成熟亲鳖年龄24个月以上，体重 $750 \sim 1\,000$ 克。性比搭配（♀：♂）$(5 \sim 6):1$。年龄36个月以上，体重 $1\,000 \sim 2\,000$ 克，性比搭配（♀：♂）$(6 \sim 8):1$。年龄48个月以上，体重 $2\,000$ 克以上，性比搭配（♀：♂）$10:1$。根据上述性比搭配，如从后备亲鳖开始培育，必须每两周年清池一次以调整性比。

（3）选好种质。用来繁殖的亲鳖种质一定要选好，选种时不但要注重品种的选择，还应注重个体质量的选择。

（4）中草药预防。亲鳖产后，在提高营养的同时，可配伍中草药进行预防，效果很好，配方为：仙鹤草20%、龙胆草10%、蒲公英15%、北沙参15%、益母草20%、川芎20%合剂共同打成细粉，投喂前用60℃温水浸泡4小时，然后以当日投喂量的5%的比例添加到饲料中投喂。

2. 控制

（1）冬春季节有上浮或爬出池塘的亲鳖，如确定是因营养不良引起的，就应及时捞出移到有保温设施的室内饲养，放养前除进行正常的体表消毒外，还应在肢腋皮下注射10%的葡萄糖注射液2毫升，另一肢腋皮下注射维生素C同等量，放养后应把室温逐步调高 $29 \sim 30$℃，然后投喂亲鳖产前的配方饲料，直到鳖完全恢复为止。

（2）当确认是因病原菌感染所致的发病鳖，也应及时捞出移到温室隔离暂养治疗，放养前做好体表消毒，然后肢腋皮下注射维生素C每只1毫升和庆大霉素或氨苄青霉素20万单位/千克，每4天注射一次，三次即可。室温逐步调高的 $29 \sim 30$℃，然后投喂亲鳖产前的配方饲料，直到完全恢复为止。

（3）当水质发黑、发臭、亲鳖大批上浮时，首先彻底换出池中的坏水，注上新水后可用二氧化氯按产品说明泼洒消毒，如水质太清瘦，可用尿素和磷肥 $1:1$ 的比例每立方米水体6克泼洒培肥。

附录1：龟鳖不同生长阶段生物学名称

（一）鳖

1. 稚鳖

刚出壳腹部中间卵黄囊还未消失，体表蛋壳膜还未完全脱落。

2. 鳖苗

蛋壳膜脱落，卵黄囊完全消失，营养靠外源，一般稚鳖暂养10小时后开始至50克的个体。

3. 鳖种（幼鳖）

鳖苗经过人工培育，规格至400克，其中51~250克为小鳖种，251~400克为大鳖种，在此基础上经过精心选优的为后备亲鳖。

4. 亲鳖

后备亲鳖经过培育成熟后再次精心选优，常温养殖5冬龄，工厂化培育10个月再常温培育2冬龄，雌亲龟年产卵达到35枚以上的个体和雄鳖达到1 000克的个体。

5. 成鳖

个体性成熟并有性行为的个体。

（二）龟

1. 稚龟（刚出壳）

腹部中间卵黄囊还未消失，体表蛋壳膜还未完全脱落。

2. 龟苗

蛋壳膜脱落，卵黄囊完全消失，营养靠外源（一般稚鳖暂养10小时后开始至50克）。

3. 龟种（幼龟，广东叫龟碌）

龟苗经过人工培育规格至250克，其中51~150克为小龟种（小幼龟，小龟碌）

151~250克为大龟种（大幼龟，大龟砾或亚成体），在此基础上经过精心选优的为后备亲龟。

4.亲龟

后备亲龟经过培育成熟后再次精心选优，其中雌亲龟年产卵达到20枚以上，雄龟能进行正常交配的个体（由于龟的品种较多，所以很难制定统一的体重规格所以以繁殖力为标准）。

5.成龟

个体性成熟并有性行为的个体。

通过长期试验发现，中草药在龟鳖防病和治病方面有神奇的作用，而且应用成本低。浙江金甲水产饲料有限公司在饲料中添加中草药防治龟鳖病，并且通过技术讲座、举办培训班、参加交流会等形式在龟鳖养殖户中大力推广中草药防病技术，效果很好，受到了广大养殖户的欢迎。

附录 2：度量衡名称与公、市制符号及换算

法定计量单位		常用非法定计量单位		换算关系
名称	符号	名称	符号	
长　**度**				
千米（公里）	km		KM	1 千米（公里）=1 000 米 =2 市里
米	m	公尺	M	1 米 =1 公尺 =3 市尺
分米	dm	公寸		1 分米 =1 公寸 =0.1 米 =3 市寸
厘米	cm	公分		1 厘米 =1 公分 =0.01 米 =3 市分
毫米	mm	公厘	m/m，MM	1 毫米 =1 公厘
		公丝		1 公丝 =0.1 毫米
微米	μm	公微	μ，mμ，μM	1 微米 =1 公微 =0.001 毫米
		丝米	dmm	1 丝米 =0.1 毫米
		忽米	cmm	1 忽米 =0.01 毫米
纳米	nm	毫微米	mμm	1 纳米 =1 毫微米 =10^{-9} 米
		市里		1 市里 =150 市丈 =0.5 公里
		市引		1 市引 =10 市丈
		市丈		1 市丈 =10 市尺 =3.333 3 米
		市尺		1 市尺 =10 市寸 =0.333 3 米
		市寸		1 市寸 =10 市分 =3.333 3 厘米
质　**量**				
吨	t	公吨	T	1 吨 =1 公吨 =1 000 千克
		公担	q	1 公担 =100 千克 =2 市担
千克（公斤）	kg			1 千克 =2 市斤
克	g	公分	gm	1 克 =1 公斤 =0.001 千克 =2 市分
分克	dg			1 分克 =0.000 1 千克 =2 市厘
厘克	cg			1 厘克 =0.000 01 千克
毫克	mg			1 毫克 =0.000 001 千克
		公两		1 公两 =100 克
		公钱		1 公钱 =10 克
		市担		1 市担 =100 市斤 =0.5 公担

法定计量单位		常用非法定计量单位		换算关系
名称	符号	名称	符号	
平方千米	km²			1 平方千米（平方公里）=1 000 000 平方米 =100 公顷 =4 平方市里
		公顷	ha	1 公顷 =10 000 平方米 =100 公亩 =15 市亩
		公亩	a	1 公亩 =100 平方米 =0.15 市亩
平方米	m²	平米		1 平方米 =1 平米 =9 平方市尺
平方分米	dm²			1 平方分米 =0.01 平方米
平方厘米	cm²			1 平方厘米 =0.000 1 平方米
		市顷		1 市顷 =100 市亩 =6.666 7 公顷
		市亩		1 市亩 =10 市分 =60 平方市丈 =6.666 7 公亩 =0.066 7 公顷
		市分		1 市分 =6 平方市丈
		平方市里		1 平方市里 =22 500 平方市丈 =0.250 0 平方公里
		平方市丈		1 平方市丈 =100 平方市尺
		平方市尺		1 平方市尺 =100 平方市寸 =0.111 1 平方米
		平方英里		1 平方英里 =640 英亩 =2.590 0 平方公里 =10.360 0 平方市里
平方千米	km²			1 平方千米（平方公里）=1 000 000 平方米 =100 公顷 =4 平方市里
		公顷	ha	1 公顷 =10 000 平方米 =100 公亩 =15 市亩
升	L(l)	公升、立升		1 升 =1 公升 =1 立升 =1 市升
分升	dL			1 分升 =0.1 升 =1 市合
厘升	cL			1 厘升 =0.01 升
毫升	mL	西西	c.c.，cc	1 毫升 =1 西西 =0.001 升
		市石		1 市石 =10 市斗 =100 升
		市斗		1 市斗 =10 市升 =10 升
		市升		1 市升 =10 市合 =1 升
		市合		1 市合 =10 市勺 =1 分升
		市勺		1 市勺 =10 市撮 =1 厘升
		市撮		1 市撮 =1 毫升
立方米	m³			1 立方米 =1 000 立方分米 =27 立方市尺
立方分米	dm³			1 立方分米 =0.001 立方米
立方厘米	cm³			1 立方厘米 =0.000 00 立方米
		立方市丈		1 立方市丈 =1 000 立方市尺
		立方市尺		1 立方市尺 =1 000 立方市寸 =0.037 0 立方米

面积

容积

体积

参考文献

[1] 李正化.药物化学.北京：人民卫生出版社,1990.

[2] 季宇彬.中药有效成分药理与应用.哈尔滨：黑龙江科学技术出版社,1995.

[3] 王建平.水产病害测报与防治.北京：海洋出版社,2008.

[4] 翁少萍,叶巧珍,等.中华鳖红底板和白底板病病原及组织病理.中山大学学报论丛(增刊),1996:61-65.

[5] 徐国钧,施大文.生药学.北京：人民卫生出版社,1987.

[6] 杨先乐,柯福恩,等.中华鳖稚鳖对水体盐度和酸碱度敏感性的研究.淡水渔业,1995(5)：3-6.

[7] 赵春光.龟鳖工厂化设施养殖的环境特点与调控技（上）.北京水产，2005.

[8] 赵春光.龟鳖工厂化设施养殖的环境特点与调控技（下）.北京水产，2005.

[9] 赵春光.我国龟鳖主要养殖品种及苗种生产情况分析.中国水产,2010(5)：20-23.

[10] 赵春光,田文瑞,等.龟鳖饲料的合理配制与科学投喂.北京：金盾出版社,2009.

[11] 赵春光,图说龟鳖疾病的有效防控.北京：金盾出版社,2013.